高等职业教育“十四五”规划教材

液压与气动传动

张双侠　赵红梅　主编

中国农业大学出版社
·北京·

内容简介

为了满足液压、气压动力机械企业对人才的需求，缩小学生就业时知识结构与企业岗位能力要求之间的距离，提高学生的就业能力，本书把企业液压、气动技术工作的实践经验与人才需求标准引入教学，以培养学生的技术应用能力为目的，基于工作过程导向，整合、序化和重构教学内容。本书共设计了6个项目，每个项目又分解为若干个任务，以任务训练为引领，突出学生的能力和创新意识的培养。

本书的主要内容包括：液压与气压传动认知、液压元件、液压控制阀及基本回路、气压传动元件及基本回路、典型液压传动系统实例和典型气压传动系统实例。

本书适用于高等职业院校机械类、近机械类专业教学，也适用于短期机械类、近机械类职业的液压与气动传动技能的培训。

图书在版编目(CIP)数据

液压与气动传动/张双侠，赵红梅主编．--北京：中国农业大学出版社，2022.6
ISBN 978-7-5655-2811-8

Ⅰ.①液… Ⅱ.①张… ②赵… Ⅲ.①液压传动-高等职业教育-教材②气压传动-高等职业教育-教材 Ⅳ.①TH138②TH137

中国版本图书馆CIP数据核字(2022)第105879号

书　名 液压与气动传动
作　者 张双侠　赵红梅　主编

策划编辑	张　玉	**责任编辑**	张　玉
封面设计	郑　川		
出版发行	中国农业大学出版社		
社　址	北京市海淀区圆明园西路2号	**邮政编码**	100083
电　话	发行部 010-62733489,1190		读者服务部 010-62732336
	编辑部 010-62732617,2618		出　版　部 010-62733440
网　址	http://www.caupress.cn	**E-mail**	cbsszs@cau.edu.cn
经　销	新华书店		
印　刷	北京鑫丰华彩印有限公司		
版　次	2022年12月第1版　2022年12月第1次印刷		
规　格	185 mm×260 mm　16开本　14.5印张　360千字		
定　价	45.00元		

图书如有质量问题本社发行部负责调换

编写人员 CONTRIBUTORS

主　编	张双侠	新疆农业职业技术学院
	赵红梅	广西安全工程职业技术学院
副主编	王　静	新疆农业职业技术学院
	田多林	新疆农业职业技术学院
	胡新蕾	湖南生物机电职业技术学院
参　编	陈　魁	新疆农业职业技术学院
	赵沙沙	新疆农业职业技术学院
	刘新军	新疆农业职业技术学院
	于海丽	新疆农业职业技术学院
	张绍军	新疆农业职业技术学院
	王　萍	黑龙江农业职业技术学院

前言 PREFACE

党的二十大报告指出，统筹职业教育、高等教育、继续教育协同创新，推进职普融通、产教融合、科教融汇，优化职业教育类型定位。加快建设国家战略人才力量，努力培养造就更多大师、战略科学家、一流科技领军人才和创新团队、青年科技人才、卓越工程师、大国工匠、高技能人才。建设现代化产业体系。坚持把发展经济的着力点放在实体经济上，推进新型工业化，加快建设制造强国、质量强国、航天强国、交通强国、网络强国、数字中国。实施产业基础再造工程和重大技术装备攻关工程，支持专精特新企业发展，推动制造业高端化、智能化、绿色化发展。液压与气动技术作为动力传递和控制技术的重要组成部分，是当前自动化生产中典型的先进科学技术之一，液压与气动技术的发展程度已经成为衡量一个国家工业水平的重要标志。

本教材编写贯彻全面推进素质教育，以就业为导向、以能力为本位、以学生为主体的职业教育理念，着力适应高等职业教育人才培养模式、教学模式、评价模式的改革需要，对高等职业院校液压与气压传动教材内容进行资源整合，精简部分理论性过强的知识，保留对高职学生未来工作岗位中适用的内容，即有效地对高等职业院校液压与气压传动课程展开任务驱动化教学。

本教材编写特色是把教学内容分为学校篇和企业篇两部分，每篇分为不同项目，每个项目由各个任务为引领，按照“单项职业能力培训一岗位职业能力培训一综合职业能力培训”的能力增长规律和工学结合的教学模式分解和安排学习内容。从生产和实践中挖掘和筛选出一个最能反映本课题相关知识点的具体工程现象来提出问题，建立本课程的任务目标；介绍完成任务的相关知识，根据相关知识给出任务实施流程，引导学生利用所学的知识去解决开始提出的实际问题。作为拓展知识，把液压企业新产品、新技术内容编入教材，使教材具有较强的针对性和适应性，使书本知识与企业产品技术保持一致。

本书由张双侠和赵红梅担任主编，王静、田多林和胡新蕾担任副主编。本书由赵红梅统稿，张双侠审稿，其中，张双侠编写了项目一、项目二；赵红梅编写了项目三和项目四；王静、胡新蕾编写了项目五及附录；田多林编写了项目六；陈魁、赵沙沙、刘新军、于海丽、张绍军、王萍也参与了本书插图的绘制和内容的整理工作。

本书在编写过程中参阅了大量同行专家的相关书籍以及网上资源，在此向原作者表示衷心的感谢。

由于编者水平有限，书中还有很多不足之处，有待在教学实践中不断完善，恳请广大读者批评指正。

编　者

2022年11月

目录
CONTENTS

学校篇

企业篇

学校篇

项目一
液压与气压传动认知

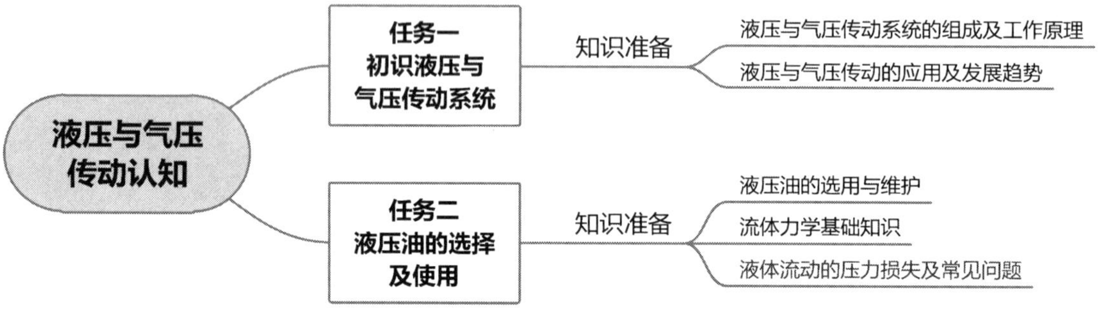

项目知识分布图

任务一 初识液压与气压传动系统

【任务描述】

观察、使用液压千斤项，了解液压系统的组成和工作原理。

【知识准备】

一、液压与气压传动系统的组成及工作原理

(一)液压传动系统的组成及工作原理

由图 1-1(a)中磨床工作台液压系统例子可看出，一个完整的液压系统由以下五部分组成。

(1)动力装置：最常见的形式就是液压泵，是将原动机输出的机械能转换成油液液压能的装置。其作用是向液压系统提供压力油。

(2)执行装置：包括液压缸和液压马达，是将油液的液压能转换成驱动负载运动的机械能的装置。

(3)控制调节装置：包括压力、流量、方向等控制阀，是对液压系统中工作液体的压力、流量和流动方向进行控制或调节的装置。

(4)辅助装置：包括上述三部分以外的其他装置，如油箱、蓄能器、油管、管接头、滤油器、压力表以及流量计等。这些元件分别起散热、储油、蓄能、输油、连接、过滤、测量压力和测量流量等作用，以保证系统正常工作，是液压传动系统不可缺少的组成部分。

(5)工作介质：它在液压传动及控制中起传递运动、动力及信号的作用，包括液压油或其他合成液体。

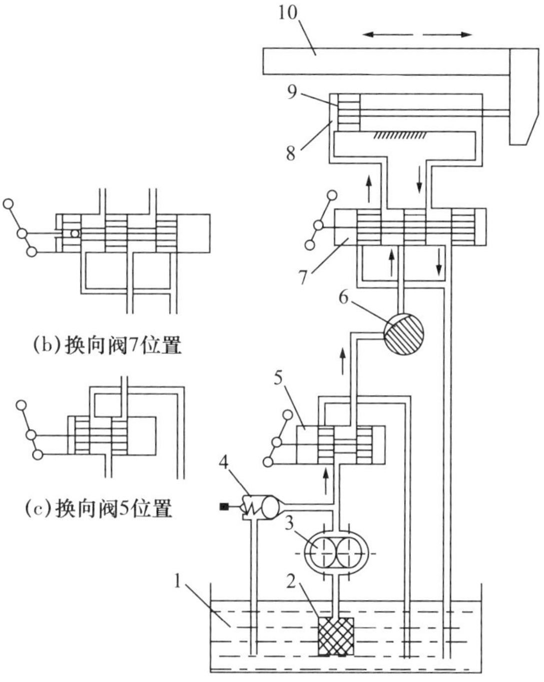

(b)换向阀7位置

(c)换向阀5位置

(a)磨床工作台液压系统工作原理

图 1-1 磨床工作台液压系统工作原理

1-油箱；2-过滤器；3-液压泵；4-溢流阀；5、7-换向阀；6-节流阀；8-液压缸；9-活塞；10-工作台

在图 1-1(a)中液压泵 3 在电动机(图中末画出)的带动下旋转，油液由油箱 1 经过滤器 2 被吸入液压泵 3，由液压泵输出的压力油通过换向阀 5、节流阀 6、换向阀 7 进入液压缸 8 左腔，推动活塞 9 和工作台 10 向右移动，液压缸 8 右腔的油液经换向阀 7 排回油箱。如果将换向阀 7 换成图 1-1(b)所示状态，则压力油进入液压缸 8 的右腔，推动活塞 9 及工作台 10 向左移动，液压缸 8 左腔的油液经换向阀 7 排回油箱。

工作台 10 的移动速度由节流阀 6 来调节。当节流阀开大时，进入液压缸 8 的油液增多，

工作台的移动速度增大；当节流阀关小时，进入液压缸 8 的油液减少，工作台的移动速度减小。液压泵 3 输出的压力油除了进入节流阀 6 以外，其余的打开溢流阀 4 流回油箱 1。

如果将换向阀 5 换成图 1-1(c)所示状态，液压泵输出的油液经换向阀 5 流回油箱。这时工作台处于停止状态。

从上述分析可知，液压传动是利用液体的压力能来传递动力的一种传动形式，液压传动的过程是将机械能转换成液压能，经控制再将液压能转换成机械能去做功的过程。

图 1-1 所示的液压系统图是一种半结构式的工作原理图。它直观性强，容易理解，但难以绘制。在实际工作中，除少数特殊情况外，一般都采用 GB/T 786.1—2021 中所规定的液压与气动图形符号绘图，如图 1-2 所示。图形符号表示元件的功能，而不表示元件的具体结构和参数。使用图形符号既便于绘制，又可使液压系统简单明了。

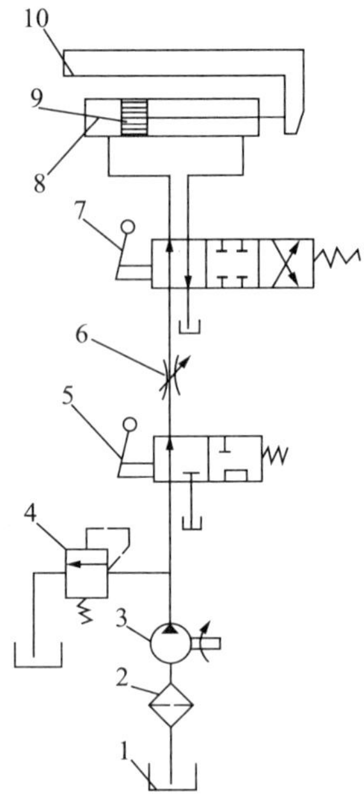

图 1-2　磨床工作台液压系统图形符号

1-油箱；2-过滤器；3-液压泵；4-溢流阀；5、7-换向阀；6-节流阀；8-液压缸；9-活塞；10-工作台

(二)气压传动系统的组成及工作原理

在气压传动系统中，根据气动元件和装置的不同功能，可将气压传动系统分成以下五个组成部分，如图 1-3 所示。

(1)气源装置：将原动机输出的机械能转变为空气的压力能。主要设备是空气压缩机，为系统提供压缩空气。

(2)执行元件：将压缩空气的压力能转换成工作装置的机械能的能量转换装置，如气缸和气马达。

(3)控制元件：用来调节或控制压缩空气的压力、流量和流动方向，以保证执行元件具有一定的输出力和速度并按设计的程序正常工作，如压力阀、流量阀、方向阀和逻辑阀等。

(4)辅助元件：用于元件内部润滑、消减排气噪声、元件间的连接以及信号转换、显示、放大、检测等所需的各种气动元件，以保证气动系统正常工作，如油雾器、消声器、管件及管接头、转换器、显示器、传感器等。

(5)工作介质：工作介质即传动气体，为压缩空气。气压系统是通过压缩空气实现运动和动力传递的。

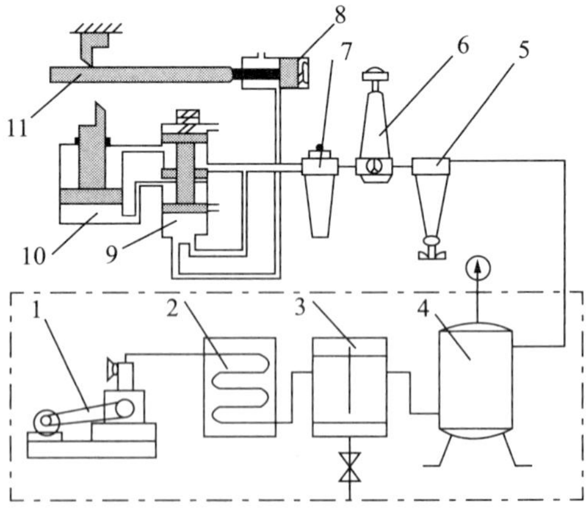

图 1-3　气动剪切机的工作原理

1-空气压缩机；2-后冷却器；3-分水排水器；4-贮气罐；5-空气过滤器；6-减压阀；7-油雾器；8-行程阀；9-气控换向阀；10-气缸；11-工料

气压传动系统的工作原理是利用空气压缩机将电动机或其他原动机输出的机械能转变为空气的压力能，然后在控制元件的控制和辅助元件的配合下，通过执行元件把空气的压力能转变为机械能，从而来完成直线或回转运动并对外做功。

下面以气动剪切机为例，介绍气压传动的工作原理。图 1-3 所示位置为剪切前的情况。

空气压缩机 1 产生的压缩空气经后冷却器 2、分水排水器 3、贮气罐 4、空气过滤器 5、减压阀 6、油雾器 7 到达气控换向阀 9，部分气体经节流通路进入气控换向阀 9 的下腔，使上腔弹簧压缩，气控换向阀 9 的阀芯上移；大部分压缩空气经气控换向阀 9 后进入气缸 10 的上腔，而气缸的下腔经气控换向阀 9 与大气相通，故气缸 10 活塞处于最下端位置。当上料装置把工料 11 送入剪切机并到达规定位置时，工料压下行程阀 8，此时气控换向阀 9 阀芯下腔压缩空气经行程阀 8 排入大气，在弹簧的推动下，气控换向阀 9 阀芯向下运动至下端；压缩空气则经气控换向阀 9 后进入气缸 10 的下腔，气缸 10 的上腔经气控换向阀 9 与大气相通，气缸 10 活塞向上运动，带动剪刀上行剪断工料。工料剪下后，即与行程阀 8 脱开。行程阀 8 阀芯在弹簧作用下复位，堵死出路。气控换向阀 9 阀芯上移，气缸 10 活塞向下运动，又恢复到剪断前的状态。

气动剪切机系统的图形符号如图 1-4 所示。气动职能图形符号和液压职能图形符号有明显的一致性和相似性，但也存在不少区别之处。例如，气动元件向大气排气，就不同于液压元件回油接入油箱的表示方法。

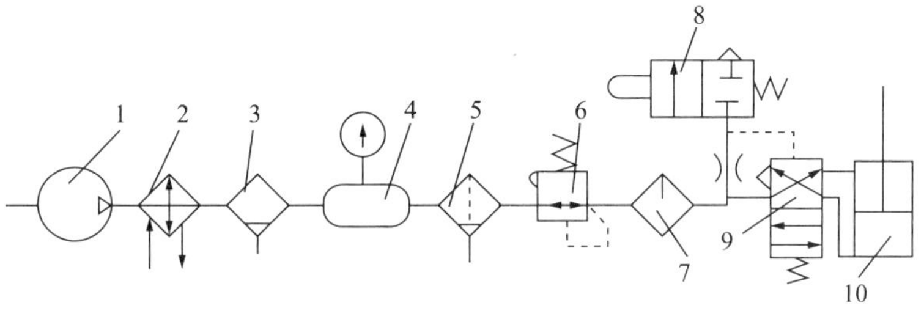

图 1-4 气动剪切机的图形符号

1-空气压缩机；2-后冷却器；3-分水排水器；4-贮气罐；5-空气过滤器；
6-减压阀；7-油雾器；8-行程阀；9-气控换向阀；10-气缸

二、液压与气压传动的应用及发展趋势

(一)液压传动的优点

(1)液压传动装置运动平稳，反应快，惯性小，能快速启动、制动和频繁换向。

(2)在同等功率情况下，液压传动装置体积小、质量轻、结构紧凑。例如，同功率液压马达的质量只有电动机的 10%～20%。

(3)液压传动装置能在运行中方便地实现无级调速，且调速范围最大可达 1∶2 000(一般为 1∶100)。

(4)操作简单、方便，易于实现自动化。当它与电气联合控制时，能实现复杂的自动工作循环和远距离控制。

(5)易于实现过载保护。液压元件能自行润滑，使用寿命长。

(6)很容易实现工作机构的直线运动或旋转运动。

(7)液压元件实现了标准化、系列化、通用化，便于设计、制造和使用。

(二)液压传动的缺点

(1)液压传动不能保证严格的传动比，这是由于液压油的可压缩性和泄漏造成的。

(2)液压传动对油温变化较敏感,这会影响它的工作稳定性。因此液压传动不宜在很高或很低的温度下工作,一般工作温度在−15～60 ℃范围内较合适。

(3)为了减少泄漏,液压元件在制造精度上要求较高,因此它的造价高,且对油液的污染比较敏感。

(4)液压传动出故障时不易找出原因,要求具有较高的使用和维护技术水平。

(5)液压传动在能量转换的过程中,特别是在节流阀调速系统中,其压力、流量损失大,故系统效率较低。

(三)液压传动系统的应用

液压传动以其独特的优势成为现代机械工程、机电一体化技术中的基本构成技术和现代控制工程中的基本技术要素,在国民经济各行业中得到广泛的应用。液压传动系统应用见表 1-1。

表 1-1　液压传动系统应用

行业名称	应用
数控加工机械	数控车床、数控刨床、数控磨床、数控铣床、数控镗床、数控加工中心
起重运输机械	汽车起重机、港口龙门起重机、叉车、装卸机械、皮带运输机等
工程机械	挖掘机、装载机、推土机、压路机、铲运机等
建筑机械	打桩机、液压千斤顶、平地机、塔式起重机等
农业机械	联合收割机、拖拉机、农具悬挂系统等
冶金机械	电炉炉顶及电动升降机、轧钢机、压力机等
轻工机械	打包机、注塑机、校直机、橡胶硫化机、造纸机等
矿山机械	凿岩机、开掘机、开采机、破碎机、提升机、液压支架等
智能机械	折臂式小汽车装卸器、数字式体育锻炼机、模拟驾驶舱、机器人等
汽车工业	自卸式汽车、汽车起重机、高空作业车、汽车转向器、减振群等
国防工业	飞机、坦克、舰艇、火炮、导弹发射架、雷达、大型液压机等
造船工业	船舶转向机、液压提升机、气象雷达、液压切割机、液压自动焊机等

(四)气压传动的优点

(1)以空气作为工作介质,来源方便,用后排气处理简单,不污染环境。

(2)由于空气流动损失小,压缩空气可集中供气和远距离输送。

(3)与液压传动相比,气压传动动作迅速、反应快、维护简单、管路不易堵塞,且不存在介质变质、补充和更换等问题。

(4)工作环境适应性好,可安全可靠地应用于易燃、易爆、多尘埃、辐射、强磁、振动、冲击等恶劣的环境中。

(5)气动装置结构简单、轻便,安装维护简单。压力等级低,故使用安全。

(6)空气具有可压缩性,气动系统能够实现过载自动保护。

(五)气压传动的缺点

(1)由于空气可压缩性大,因此气缸的运动速度易随负载的变化而变化,稳定性较差,给位置控制和速度控制精度带来较大影响。

(2)工作介质空气本身没有润滑性,在系统中必须采取措施对元件进行给油润滑,如加油雾器等装置进行供油润滑。

(3)工作压力低(一般为 0.4～0.8 MPa),因而气动系统输出力小,在相同输出力的情况下,气动装置尺寸比液压装置的大。输出力限制在 20～30 kN。

(4)气动系统有较大的排气噪声,需要加装消声器。

(六)气压传动的应用

随着工业机械化和自动化的发展,气动技术越来越广泛地应用于各个领域,例如,汽车制造业、气动机器人、医用研磨机等,特别是价格低廉、结构简单的气动自动装置已得到广泛普及和应用,在工业企业自动化中处于重要的地位。具体应用见表 1-2。

表 1-2 气压传动应用

行业名称	应用
机械制造业	机械加工生产线、铸造生产线、汽车自动化生产线、车体部件自动搬运与固定、自动焊接等
电子 IC 及电器行业	硅片的搬运、元器件的插装与锡焊、家用电器的组装等
石油、化工业	石油提炼加工、气体加工、化肥生产等
轻工食品包装业	各种半自动或全自动包装生产线,如酒类、油类、煤气罐装备、食品的包装等
机器人	装配机器人、喷漆机器人、搬运机器人以及爬墙、焊接机器人等
其他	车辆刹车装置,车门开闭装置,颗粒物质筛选装置,鱼雷导弹自动控制装置、气动工具等

(七)液压与气压传动的发展趋势

液压传动的发展经历了三个阶段:

第一阶段:液压传动从 17 世纪帕斯卡提出静压传递原理到 1795 年世界上第一台水压机诞生,已有将近 200 年的历史,但由于没有成熟的液压传动技术和液压元件,且工艺制造水平低下,发展缓慢,几乎停滞。

第二阶段:20 世纪 30 年代,由于工艺制造水平提高,开始生产液压元件,并首先应用于机床。

第三阶段:20 世纪 50～70 年代,工艺水平有了很大提高,液压与气压传动技术也迅速发展,渗透到国民经济的各个领域:从蓝天到水下,从军用到民用,从重工业到轻工业,到处都有流体传动与控制技术。

气压传动技术自 20 世纪 60 年代以来发展很快,作为实现工业自动化的一种有效手段,引起各国技术人员的普遍重视。随着工业的发展,它的应用范围也日益扩大,主要表现为以下三点:

(1)模块化和集成化。气动系统的最大优点之一是单独元件的组合能力,无论是各种不同大小的控制器还是不同功率的控制原件,在一定应用条件下,都具有随意组合性。随着气动技术的发展,元件正从单元功能性向多功能系统、通用化模块方向发展,并将具有向上或向下的兼容性。

(2)功能增强及体积缩小。小型气动元件,如气缸及阀类正应用于许多工业领域。微型气动元件不但用于精密机械加工及电子制造业,而且用于制药业、医疗技术、包装技术等领域。

在这些领域中，已经出现活塞直径小于 2.5 mm 的气缸，宽度为 10 mm 的气阀及相关的辅助元件，并正在向微型化和系列化方向发展。

(3)智能气动。智能气动是指具有集成微处理器，并具有处理指令和程序控制功能的元件或单元，最典型的智能气动是内置可编程控制器的阀岛，以阀岛和现场总线技术的结合实现的气电一体化是目前气动技术的一个发展方向。

目前，液压传动技术正在向着高压、高速、高效率、大流量、大功率、微型化、低噪声、低能耗、经久耐用、机电一体化、高度集成化，以及污染控制、应用水基介质等适应环保要求的方向发展。气压传动技术正在向节能化、小型化、轻量化、位置控制的高精度化、多功能化、复合化，以及机、电、计算机相结合的综合控制技术方向发展。产品向体积小、质量轻、功耗低、组合集成化的方向发展；执行元件向种类多、结构紧凑、定位精度高的方向发展；气动元件与电子技术相结合，向智能化的方向发展；元件性能向高速、高频、高响应、高寿命、耐高温、耐高压的方向发展，普遍采用无油润滑，应用新工艺、新技术、新材料。几种传动方式的比较说明见表 1-3。

表 1-3　几种传动方式的比较

名称	机械传动	电气传动	电子传动	液压传动	气压传动
输出力	中等	中等	小	很大(10 t 以上)	大(3 t 以上)
动作速度	低	高	高	低	高
信号响应	中	很快	很快	快	稍快
位置控制	很好	很好	很好	好	不太好
遥控	难	很好	很好	较良好	良好
安装限制	很大	小	小	小	小
速度控制	稍困难	容易	容易	容易	稍困难
无级变速	稍困难	稍困难	良好	良好	稍良好
元件结构	普通	稍复杂	复杂	稍复杂	简单
动力源中断时	不动作	不动作	不动作	有蓄能器，可短时动作	可动作
管线	无	较简单	复杂	复杂	稍复杂
维护	简单	有技术要求	技术要求高	简单	简单
危险性	无特别问题	注意漏电	无特别问题	注意防火	几乎没有问题
体积	大	中	小	小	小
温度影响	普通	大	大	普通(700 ℃以下)	普通(100 ℃以下)
防潮性	普通	差	差	普通	注意排放冷凝水
防腐蚀性	普通	差	差	普通	普通
防振性	普通	差	特差	好	好
构造	普通	稍复杂	复杂	稍复杂	简单
价格	普通	稍高	高	稍高	普通

【任务实施】

图 1-5 所示为液压千斤顶工作原理图。图中大缸体 9 和小缸体 2 分别装有大活塞 10 和小活塞 3,活塞和缸体之间配合良好,不仅活塞能在缸体内滑动,而且配合面之间又能实现可靠密封,液体不会产生泄漏,加之单向阀 4、5 和截止阀 8 的作用,便形成两个密封容腔。杠杆手柄 1、小缸体 2、小活塞 3 及两个单向阀 4、5 组成手动液压泵;大缸体 9 和大活塞 10 组成举升液压缸。

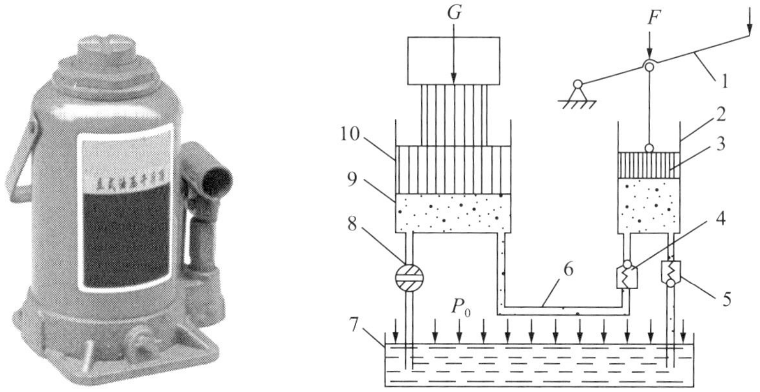

(a) 实物图　　(b) 结构图

图 1-5　液压千斤顶工作原理

1-杠杆手柄;2-小缸体;3-小活塞;4、5-单向阀;6-油管;7-油箱;
8-截止阀;9-大缸体;10-大活塞

当提起手柄使小活塞上移时,其下端油腔容积增大,形成局部真空,油箱中的油液在大气压力作用下,通过吸油管,顶开单向阀 5,补充到小活塞下端,完成吸油过程;用力压下手柄时,小活塞下移,其下腔油液受到挤压作用压力升高,使单向阀 5 关闭,有效防止了油液向油箱倒流,同时受压力作用的单向阀 4 开启,小活塞 3 下腔的油液输入大缸体 9 的下腔,迫使大活塞 10 上移,重物被顶起,完成一次压油过程。再次提起手柄完成吸油过程时,小缸体内再次形成的局部真空导致单向阀 4 自动关闭,使大活塞下腔油液不能倒流,从而保证重物不会因再次吸油而下滑。不断地往复扳动手柄,就能不断地把油液压入举升液压缸下腔,使重物逐渐升起。适当地选择两个大、小活塞面积和杠杆比,就可以用很小的外力举升起很重的负载重物 G。重物举升的速度决定于小活塞的下移速度和大、小活塞的面积之比。

液压千斤顶工作时,截止阀 8 关闭。当需要将大活塞(重物)放下时,打开截止阀 8,大缸体中的油液在重力作用下经此阀流回油箱,大活塞下降到原位实现回程。

液压千斤顶是一个简单的液压传动装置。其右部分的手动液压泵不断地从油箱吸油并将油液压入举升液压缸,向举升液压缸提供具有一定流量的压力油液。举升液压缸用以带动负载,使之获得所需要的运动。分析液压千斤顶的工作过程可知,液压传动是以密封容腔中的液体作为工作介质,利用密封容积变化过程中的液体压力能来实现动力和运动传递的一种能量转换装置。液压泵将输入的机械能转化为便于输送的液体压力能,然后举升液压缸又将液压能转换为机械能输出而做功。所以,在液压传动中,在传递能量的同时,还存在着能量形式的转换。

任务二　液压油的选择及使用

【任务描述】

正确选择机床液压系统使用的液压油。

【知识准备】

一、液压油的选用与维护

(一)工作介质概念

液压与气压传动是以流体(液压油液或压缩空气)作为工作介质对能量进行传递和控制的一种传动形式。工作介质在传动及控制中担负着转换、传递、控制能量的重要作用。同时,液压介质对系统中液压元件的相对运动表面具有润滑作用,以减少摩擦磨损,延长元件的使用寿命。此外,液压介质具有防锈、冷却、清洗和密封等功用。工作介质性能的好坏,选择是否得当,对液压系统能否有效、可靠地工作影响很大,合理选用工作介质非常重要。因此在掌握液压系统之前,必须先对工作介质有一个基本认识。

(二)工作介质的主要物理性质

1.密度

单位体积液体的质量称为该液体的密度,即

$$\rho=\frac{m}{V} \tag{1-1}$$

式中:ρ——液体的密度(kg/m^3);

m——液体的质量(kg);

V——液体的体积(m^3)。

密度是液体的一个重要的物理参数。液体的密度大小随温度和压力的变化而变化,对于液压系统的矿物油,在一般使用温度与压力范围内,其密度变化很小,可近似认为不变。常见液压介质的密度:矿物型液压油为850～960 kg/m^3,水包油乳化液为990～1 000kg/m^3,油包水乳化液为910～960 kg/m^3,水乙二醇液压液为1 030～1 080kg/m^3,磷酸酯液压液为1 120～1 200kg/m^3。空气密度随温度和压力变化的规律符合气体状态方程。在标准状态下,空气密度为12.930 kg/m^3。

2.容重

单位体积液体的重量称为该液体的容重,也称为重度,即

$$\gamma=\frac{G}{V} \tag{1-2}$$

式中:γ——液体的重度(N/m^3);

G——液体的重力;

V——液体的体积。

因为 $G=mg$，所以液体重度和密度具有以下关系：

$$\gamma=\rho g \tag{1-3}$$

式中：g——重力加速度。

一般矿物油的重度为 8 400～9 500 N/m^3。

3.黏性

(1)黏性。液体在外力作用下在圆形管道内流动时，由于液体和管壁间的附着力，液体分子间的内聚力的作用，会产生阻碍液体分子相对运动的内摩擦力。因此，液体的这种产生内摩擦力的性质称为液体的黏性。由于液体具有黏性，当液体发生剪切变形时，液体内就产生阻滞变形的内摩擦力，由此可见，黏性表征了液体抵抗剪切变形的能力。处于相对静止状态的液体中不存在剪切变形，因而也不存在变形的抵抗，只有当运动液体流层间发生相对运动时，液体对剪切变形的抵抗，也就是黏性才表现出来。黏性所起的作用为阻滞液体内部的相互滑动，在任何情况下都只能延缓滑动的过程而不能消除这种滑动。

(2)黏度。

①液体黏度。黏性的大小可用黏度来衡量。黏度是选择液压用液体的主要指标，是影响流动液体的重要物理性质。常用的黏度有动力黏度、运动黏度和相对黏度。

根据牛顿对流动液体内摩擦力的试验研究证明，两层液体间的内摩擦力 F 与液体层的接触面积 A 及液体层的相对流速 $\mathrm{d}v$ 成正比，而与此两液体层间的距离 $\mathrm{d}y$ 成反比，可表示为

$$F=\mu A\frac{\mathrm{d}v}{\mathrm{d}y} \tag{1-4}$$

式中：μ——液体的动力黏度，或称黏性动力系数(N·s/m^2)；

A——液体层间的接触面积；

$\frac{\mathrm{d}v}{\mathrm{d}y}$——速度梯度。

由式(1-4)可得

$$\mu=\frac{\tau}{\frac{\mathrm{d}v}{\mathrm{d}y}} \tag{1-5}$$

式中：τ——切应力。

式(1-5)称为牛顿黏性定律，适用于牛顿液体和非牛顿液体。牛顿液体是指速度梯度 $\frac{\mathrm{d}v}{\mathrm{d}y}$ 变化时，动力黏度 μ 值不变的液体；非牛顿液体是指速度梯度 $\frac{\mathrm{d}v}{\mathrm{d}y}$ 变化时，动力黏度 μ 值发生变化的液体。

液体的运动黏度 ν (m^2/s)是液体的动力黏度 μ 与密度的比值，即

$$\nu=\frac{\mu}{\rho} \tag{1-6}$$

液体的动力黏度的物理意义表示液体在单位速度梯度下流动时，单位面积上产生的内摩擦力。而液体的运动黏度无明确的物理意义，在其单位中只有长度和时间量纲，但在各种矿物油系液压油液之间，可用它来大致比较它们的黏性。液体油的牌号是用它在 40 ℃时运动黏度的平均值来标号的，如 46 号液压油，就是指这种液压油在 40 ℃时运动黏度的

平均值是 46 mm^2/s。

因为动力黏度和运动黏度难以直接测量，所以在液体黏度的实际测量过程中常用的黏度表示方法是相对黏度，也称为条件黏度，它是采用特定的黏度计在规定的条件下测量出来的黏度。由于测量仪器和条件不同，各国所用的相对黏度也不同，我国采用恩氏黏度。

恩氏黏度(常用符号$°E$)是将 200 cm^3 被测液体装入恩氏黏度计中，在某一温度下测出液体经容器底部直径为 2.8 mm 小孔流尽所需的时间 t_A，与同体积的蒸馏水在 20 ℃时流过同一孔所需的时间 t_B 的比值，即

$$°E = \frac{t_A}{t_B} \tag{1-7}$$

恩氏黏度与运动黏度之间的换算关系为

$$\nu = 0.0731°E - \frac{0.0631}{°E} \quad (cm^2/s) \tag{1-8}$$

②空气黏度。空气的黏度是在分子间相对运动时产生的内摩擦力而表现出的性质。由于气体分子间距离大，内聚力小，所以与液体相比，气体的黏度要小得多。空气黏度受温度变化的影响较大，受压力变化的影响极小(可忽略)。与液体相比，气体的黏度随温度的升高而增加，这是由于空气分子热运动加剧所致。

③调和油黏度。选择合适的液压油液，对于液压系统的工作性能有着重要的作用。为了使液体介质得到所需要的黏度，可以采用两种不同黏度的液体按一定比例混合，混合后的黏度为

$$E = \frac{aE_1 + bE_2 - c(E_1 - E_2)}{100} \tag{1-9}$$

式中：E_1、E_2——混合前两种油液的黏度，取 $E_1 > E_2$；

E——混合后的调和油黏度；

a、b——参与调和的两种油液所占的百分数；

c——实验系数。

(3)黏度的影响因素。

①压力对黏度的影响。当系统压力升高时，液压介质分子间的距离缩小，分子引力增加，因而介质黏度随压力增大。当系统压力小于 5 MPa 时，由压力变化引起的黏度变化很小，因而可以认为黏度为常量。研究表明，各种液压介质的黏度均随压力升高而增大，但不同种类的液压介质，黏度的增加幅度不同。以石油型液压油为例，黏度与压力的关系为

$$\nu_p = \nu_0(1 + 0.003p) \tag{1-10}$$

式中：ν_p——油液在压力为 p 时的运动黏度；

ν_0——相对压力为零时的运动黏度。

②温度对黏度的影响。液压介质黏度对温度变化十分敏感。通常，介质黏度随着温度的升高而降低，液压介质黏度随温度变化而变化的程度称为液压介质的黏温特性。不同种类的液压介质，它的黏度随温度变化的规律也不同。对于一般常用的液压油，当运动黏度不超过 76 mm^2/s，温度在 30～150 ℃范围内时，温度为 t 时的运动黏度可近似计算为

$$\nu_t = \nu_{50}\left(\frac{50}{t}\right)^n \tag{1-11}$$

式中：ν_t——温度为 t 时油液的运动黏度；

ν_{50}——温度为 50 ℃时油的运动黏度；

n——黏温指数(随油液的黏度变化而变化)。

4.可压缩性

气体受压力的作用而使体积发生变化的性质称为气体的可压缩性。若压力为 p_0 时液体的体积为 V_0，当压力增加 Δp 时，液体的体积减小 ΔV，则液体在单位压力变化下的体积相对变化量为

$$k=-\frac{1}{\Delta p}\frac{\Delta V}{V_0} \tag{1-12}$$

式中：k——液体的压缩系数。

由于压力增加时液体的体积减小，因此式(1-12)的右边须加一负号，以使 k 为正值。液体压缩系数 k 的倒数 K，称为液体的体积模量，即 $K=1/k$。

在常温下，纯净液压油液的体积模量 $K=(1.4\sim2.0)\times10$ MPa，数值很大，所以对于一般液压系统，可认为油液是不可压缩的。工作介质的可压缩性对液压系统的性能影响不大，但在高压下或研究系统的动态性能时，则必须予以考虑。在变动压力下，液压油液的可压缩性的作用像弹簧，即压力升高，油液体积减小；压力降低，油液体积增大。所以当工作介质中有游离气泡时，K 值将大大减小。因此，一般建议将石油基液压油 K 值取为$(0.7\sim1.4)\times10^3$ MPa，且应采取措施尽量减少液压系统工作介质中游离空气的含量。

5.热膨胀性

气体受温度的影响而使体积发生变化的性质称为气体的膨胀性。气体分子间的距离大，内聚力小，故分子运动的平均自由路径大。因此，分子的体积容易随压力和温度的变化而发生变化。气体的体积受压力和温度变化的影响极大，与液体和固体相比较，气体的体积是易变的，气体体积随温度和压力的变化而变化规律遵循气体状态方程。空气的可压缩性及膨胀性大，气缸活塞的运动速度受负载变化影响很大，因此很难得到稳定的速度和精确的位移。这些都是气压传动的缺点。但同时又可利用这种特性来适应某些生产要求。

(三)液压油的选用

液压油是液压传动系统的重要组成部分，是用来传递能量的工作介质。除了传递能量外，它还起着润滑运动部件和保护金属不被锈蚀的作用。液压油的质量及其各种性能将直接影响液压系统的工作。液压系统对油液的要求如下：

(1)适宜的黏度和良好的黏温性能。一般液压系统所用的液压油其黏度范围为

$$\nu=11.5\times10^{-6}\sim35.3\times10^{-6}\ \mathrm{m^2/s}(2\sim5E_{50}) \tag{1-13}$$

(2)润滑性能好。在液压传动机械设备中，除液压元件外，其他一些有相对滑动的零件也要用液压油来润滑，因此，液压油应具有良好的润滑性能。为了改善液压油的润滑性能，可加入添加剂。

(3)良好的化学稳定性，即对热、氧化、水解、相溶等都具有良好的稳定性。

(4)对金属材料具有防锈性和防腐性。

(5)比热、热传导率大，热膨胀系数小。

(6)抗泡沫性好，抗乳化性好。

(7)油液纯净，含杂质量少。

(8)流动点和凝固点低，闪点(明火能使油面上油蒸气闪燃，但油本身不燃烧的温度)和燃

点高。

此外，对油液的无毒性、价格便宜等，也应根据不同的情况有所要求。

正确而合理地选用液压油，是保证液压设备高效率正常运转的前提。可根据液压元件生产厂样本和说明书所推荐的品种号数来选用液压油，并对液压系统的工作压力、工作温度、液压元件种类及经济性等因素全面考虑。一般是先确定适用的黏度范围，再选择合适的液压油品种。对液压油牌号的选择，主要是对油液黏度等级的选择。这是因为黏度对液压系统的稳定性、可靠性、效率、温升以及磨损都有显著的影响。同时还要考虑液压系统工作条件的特殊要求，如在寒冷地区工作的系统要求油的黏度指数高、低温流动性好、凝固点低；伺服系统要求油质纯、压缩性小；高压系统要求油液抗磨性好。在选用液压油时，黏度是一个重要的参数。黏度的高低将影响运动部件的润滑、缝隙的泄漏以及流动时的压力损失、系统的发热温升等。所以，在环境温度较高、工作压力较高或运动速度较低时，为减少泄漏，应选用黏度较高的液压油；否则相反。总之，应尽量选用较好的液压油，虽然初始成本要高些，但因为优质油使用寿命长，对元件损害小，所以从整个使用周期看，其经济性要比选用劣质油好些。

液压油的品种很多，主要可分为三大类型：石油型、合成型和乳化型。表 1-4 是常见液压油的品种和性质，其中液压油的牌号(即数字)表示在 40 ℃下油液运动黏度的平均值(单位为 cSt)。原名为过去的牌号，其中数字表示在 50 ℃时油液运动黏度的平均值。

表 1-4 常见液压油的品种和性质

种类	牌号		原名	用途
	油名	代号		
普通液压油	N32 号液压油 N68G 号液压油	YA-N32 YA-N68	20 号精密机床液压油 40 号液压导轨油	用于工作环境温度为 0～45 ℃的各类液压泵的中、低压液压系统
抗磨液压油	N32 号抗磨液压油 N150 号抗磨液压油 N168K 号抗磨液压油	YA-N32 YA-N68 YA-N168K	20 抗磨液压油 80 抗磨液压油 40 抗磨液压油	用于工作环境温度为－10～40 ℃的高压柱塞泵或其他泵的中、高压液压系统
低温液压油	N15 号低温液压油 N46D 号低温液压油	YA-N15 YA-N46D	低凝液压油 工程液压油	用于工作环境温度为－20 ℃至高于－40 ℃的各类高压油泵系统
高黏度指数液压油	N32H 号高黏度指数液压油	YD-N32D		用于温度变化不大且对黏温性能要求更高的液压系统

(四)液压油的污染与防护

液压油是否清洁，不仅影响液压系统的工作性能和液压元件的使用寿命，而且直接关系到液压系统是否能正常工作。液压油污染严重，会直接影响液压系统的工作性能，使液压系统经常发生故障、液压元件寿命缩短。造成这些危害的原因主要是污垢中的固体颗粒。对于液压元件来说，这些固体颗粒进入到元件里，会使元件的滑动部分磨损加剧，并可能堵塞液压元件里的节流孔、阻尼孔，或使阀芯卡死，从而造成液压系统的故障。水分和空气的混入使液压油的润滑能力降低并使它加速氧化变质，产生气蚀，使液压元件加速腐蚀，液压系统出现振动、爬行等。

液压油污染的原因很复杂,液压油自身又在不断产生脏物,液压系统多数故障与液压油受到污染有关,因此控制液压油的污染是十分重要的。液压油被污染的原因主要有以下几方面:

(1)液压系统的管道及液压元件内的型砂、切屑、磨料、焊渣、锈片、灰尘等污垢在系统使用前冲洗时未被冲洗干净,在液压系统工作时,这些污垢就进入液压油里。

(2)外界的灰尘、沙砾等,在液压系统工作过程中通过往复伸缩的活塞杆、流回油箱的漏油等进入液压油里。另外,在检修时,稍不注意也会使灰尘、棉绒等进入液压油里。

(3)液压系统本身也不断地产生污垢,而直接进入液压油里,如金属和密封材料的磨损颗粒、过滤材料脱落的颗粒或纤维及油液因油温升高氧化变质而生成的胶状物等。

要彻底消除污染很困难,但是为了延长液压元件的寿命,保证液压系统正常工作,必须将液压油的污染程度控制在一定限度之内。对液压油的污染控制工作主要是从两个方面着手:一是防止污染物侵入液压系统;二是把已经侵入的污染物从系统中清除出去。污染控制要贯穿于整个液压装置的设计、制造、安装、使用、维护和修理等各个阶段。在生产实际中,常采取如下几方面措施来控制液压油的污染:

(1)液压油在使用前要保持清洁。液压油在运输和保管过程中都会受到外界污染,新买来的液压油看上去很清洁,其实很“脏”,必须将其静放数天后并经过滤再加入液压系统中使用。

(2)液压系统在装配后、运转前要保持清洁。液压元件在加工和装配过程中必须清洗干净,液压系统在装配后、运转前应彻底进行清洗,最好用系统工作中使用的油液清洗,清洗时油箱除通气孔(加防尘罩)外必须全部密封,密封件不可有飞边、毛刺。

(3)液压油在工作中要保持清洁。液压油在工作过程中会受到环境污染,因此应尽量防止工作中空气和水分的侵入。为完全消除水、气和污染物的侵入。采用密封油箱,通气孔上加空气滤清器,防止尘土、磨料和冷却液侵入,经常检查并定期更换密封件和蓄能器中的胶囊。

(4)采用合适的滤油器。这是控制液压油污染的重要手段。应根据设备的要求,在液压系统中选用不同的过滤方式、不同的精度和不同结构的滤油器,并要定期检查和清洗滤油器和油箱。

(5)定期更换液压油。更换新油前,油箱必须先清洗一次,系统较脏时,可用煤油清洗,排尽后注入新油。

(6)控制液压油的工作温度。液压油的工作温度过高对液压装置不利,液压油本身也会加速氧化变质,产生各种生成物,缩短它的使用期限。一般液压系统的工作温度最好控制在65 ℃以下,机床液压系统则应控制在55 ℃以下。

二、流体力学基础知识

(一)流体静力学基础

1.流体静压力

液压传动是以液体作为工作介质进行能量传递的,流体静力学研究的是静止液体的力学性质,也就是液体内部质点之间没有相对运动,对于盛装液体的容器,与它是静止或是运动的都没有关系。因此,液体在相对平衡状态下不呈现黏性,不存在切应力,只有法向的压应力,即静压力。

静压力是指静止液体单位面积上所受的法向力，若在面积为 A 的液面上，所受的为均匀分布的作用力，则静压力为

$$p=\frac{F}{A} \tag{1-14}$$

当液体面积上作用有法向力 ΔF 时，液体内某点处的压力为

$$p=\lim_{\Delta A\to 0}\frac{\Delta F}{\Delta A} \tag{1-15}$$

静压力具有下述两个重要特征：

(1)液体静压力垂直于作用面，其方向与该面的内法线方向一致。

(2)在静止液体中，任何一点所受到的各方向的静压力都相等。

2.流体静力学方程

静止液体内部受力情况可用图 1-6 所示模型来说明。密度为 ρ 的液体在容器内处于静止状态。为求任意深度 h 处的压力 p，可以假想从液面中选取一个垂直的小液柱作为研究对象。设液柱的底面积为 dA ，高为 h ，如图 1-6(b)所示。由于液柱处于平衡状态，于是有

$$p\,dA=p_0\,dA+\rho gh\,dA \tag{1-16}$$

简化后得液体静力学基本方程：

$$p=p_0+\rho gh \tag{1-17}$$

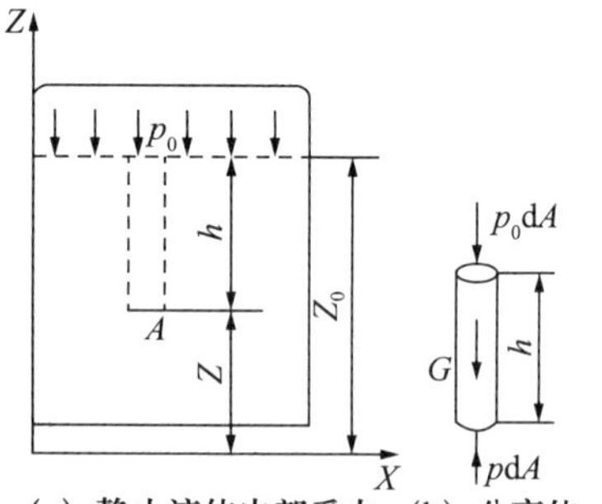

(a) 静止液体内部受力 (b) 分离体

图 1-6 静压力的分布规律

由式(1-17)可知，在重力作用下的静止液体，其压力分布有如下特征：

(1)静止液体中任一点的压力均由两部分组成，即液面上的表面压力 p_0 和液体自重而引起的对该点的压力 ρgh 。

(2)静止液体内的压力随液体深度的增加而增加的关系呈线性规律分布。

(3)在同一深度上各点的压力相等，压力相等的所有点组成的面为等压面。由此得出，在重力作用下静止液体的等压面为一个平面。

3.压力的表示方法

液压系统中的压力就是指压强，根据度量基准的不同，液体压力通常有绝对压力、相对压力、真空度三种表示方法。

(1)绝对压力：以绝对真空为基准零值时进行度量而得到的压力称为绝对压力。

(2)相对压力：以大气压力为基准进行度量而得到的压力称为相对压力。压力表表示的压力实际就是相对压力，因此相对压力也称表压力。

绝对压力与相对压力间的关系可用图 1-7 表示。

由图 1-7 可以看出：

$$\text{相对压力}=\text{绝对压力}-\text{大气压力} \tag{1-18}$$

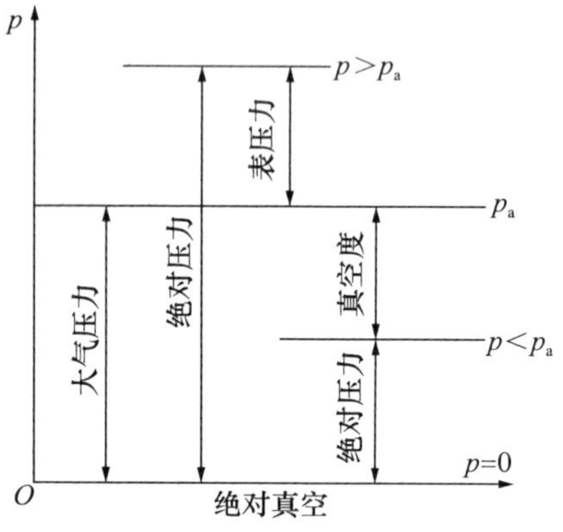

图 1-7 绝对压力与表压力的关系

(3)真空度。当绝对压力低于大气压力时，系统的相对压力为负值，称这时的系统有了真空。比大气压力低的

那部分压力数值叫作真空度。由图 1-7 可以看出：

$$真空度=-相对压力=大气压力-绝对压力 \tag{1-19}$$

压力的常用单位有 Pa(帕斯卡，简称为帕，$1Pa=1N/m^2$)、MPa(兆帕)来表示，国际上惯用的压力单位还有 bar(巴)，我国过去在工程上还常采用 kgf/cm^2、工程大气压(at)、水柱高、汞柱高等单位。它们之间的换算关系如下：

$$1\ bar=10^5\ Pa=0.1\ MPa$$

$$1\ at(工程大气压)=1\ kgf/cm^2=9.8\times10^4\ Pa$$

$$1\ mH_2O(米水柱)=9.8\times10^3\ Pa$$

$$1\ mmHg(毫米汞柱)=1.33\times10^2\ Pa$$

4.帕斯卡原理

由静力学基本方程可知，密闭容器内的流体，其边界上的压力 p_0 变化时，只要流体仍保持原来的静止状态，流体中任一点的压力，均将发生同样大小的变化。也就是说，在密闭的容器内施加于静止液体任一点的压力将以等值同时传到液体各点，这就是静压传递原理或帕斯卡原理。

帕斯卡原理的发现为封闭流体在传动和力放大方面的应用开辟了道路。在液压系统中，外力作用所产生的压力远远大于由液体自重所产生的压力，因此常常将流体的自重产生的压力忽略不计，认为在密封容器中静止的流体的压力处处相等。

根据帕斯卡原理和静压力的特性，液压传动不仅可以进行力的传递，而且还能将力放大和改变力的方向。图 1-8 所示液压缸的截面积为 A_1、A_2，两个活塞上的外作用力分别为 F_1、F_2，则缸内压力分别为 $p_1=F_1/A_1$，$p_2=F_2/A_2$。由于两缸充满液体且互相连接，根据帕斯卡原理有 $p_1=p_2$。因此有

$$F_1=\frac{F_2A_1}{A_2} \tag{1-20}$$

式(1-20)表明，只要 A_1/A_2 足够大，用很小的力 F_2 就可产生很大的力 F_1。如果 $F_1=0$，则当略去活塞质量及其他阻力时，不能在液体中形成压力。

5.流体静压力对固体壁面的作用力

在液压传动中，如不考虑液体自重产生的那部分压力，液体中各点的静压力是均匀分布的，且垂直作用于承压面上。

(1)作用在平面上的静压力。当液体静压力作用的固体表面是一平面，其作用面积为 A，平面上各点的静压力不仅大小相等，方向也相同。很明显，静压力在平面上的总作用力 F 等于液体的静压力 p 与承压面积 A 的乘积，其方向与该平面垂直，即

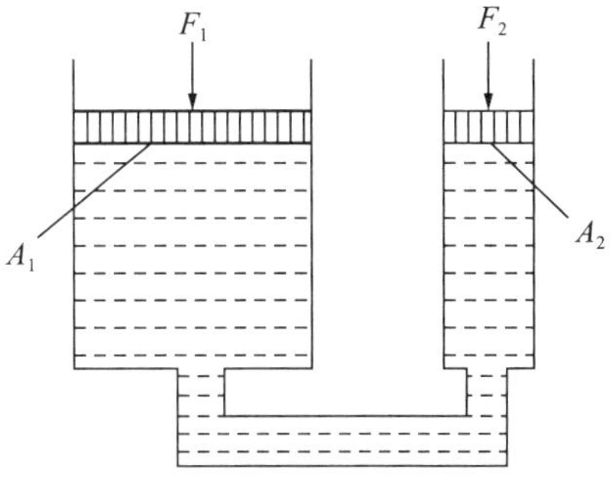

图 1-8　静压传递原理应用实例

$$F=pA \tag{1-21}$$

(2)作用在曲面上的静压力。当液体静压力作用的固体表面是一曲面，作用在曲面上各点液体的静压力虽然大小相等，但方向并不相同，为曲面各点的内法线方向。可以证明，静压力作用在曲面某一方向，如 x 方向上的总作用力 F 等于压力 p 与曲面在该方向投影面积 A 的乘积，即

$$F_x = pA_x \tag{1-22}$$

由此得出，作用在曲面上的液压力在某一方向上的分力等于静压力与曲面在该方向投影面积的乘积，这对任何曲面都是适用的。也就是说，只要压力相等，曲面在该方向的投影面积相等，则静压力在曲面该方向上的总作用力就相等，与曲面的形状无关。

(二)流体动力学基础

1.基本概念

液压传动系统中液压油不断流动，因此要研究液体在外力作用下的运动规律、作用在液体上的力及这些力和液体运动特性之间的关系。而流体动力学就是研究作用于流体上的力与流体运动之间的关系。流体运动学和流体动力学的三个基本方程是连续性方程、伯努利方程和动量方程。它们是刚体力学中的质量守恒、能量守恒和动量守恒原理在流体力学中的具体应用。前两个方程描述了压力、流速与流量之间的关系，以及液体能量相互间的变换关系，后者描述了流动液体与固体壁面之间作用力的情况。

(1)理想流体、恒定流动。液体具有黏性，并在流动时表现出来，因此研究流动液体时就要考虑其黏性，而液体的黏性阻力是一个很复杂的问题，这就使我们对流动液体的研究变得复杂。因此，我们引入理想液体的概念。理想流体是理想液体与理想气体的统称，即黏度为零的流体。其中理想液体是指既无黏性又不可压缩的假想液体，流动时不产生摩擦阻力的液体；理想气体是指黏度为零，流动时没有摩擦阻力的气体，它完全符合理想气体状态方程。既具有黏性又可压缩的液体称为实际液体。首先对理想液体进行研究，然后再通过实验验证的方法对所得的结论进行补充和修正。通过这种方法不仅使问题简单化，而且得到的结论在实际应用中仍具有足够的精确性。

当液体流动时，若液体中任一点处的压力、速度和密度等参数不随时间变化而变化，则这种流动称为恒定流动(或称定常流动、非时变流动)。反之，在流体的运动参数中，只要有一个运动参数随时间变化而变化，液体的流动就是非恒定流动(或称非定常流动)。

(2)迹线、流线、流束。迹线是指流场中液体质点在一段时间内运动的轨迹线。

流线是指流场中液体质点在某一瞬间运动状态的一条空间曲线，在流线上各点的瞬时液流运动方向与该点的切线方向重合。因为液流中每一点在每一瞬间只能有一个速度，所以它是一条光滑的曲线，流线既不能相交也不能转折。在非定常流动时，因为各质点的速度可能随时间变化而改变，所以流线形状也随时间变化而改变。在定常流动时，因流线形状不随时间变化而改变，所以流线与迹线重合。

某一瞬时在流场中画一条封闭曲线，经过曲线的每一点作流线，由这些流线组成的表面称流管。流管内所有流线的集合称为流束。

(3)通流截面、流量、平均流速。垂直于流束的截面称为通流截面(或过流截面)，通流截面上各点的运动速度均与其垂直。通流截面可能是平面，也可能是曲面。

单位时间内通过某一通流截面的液体的体积称为流量，流量以 q 表示，单位为 m^3/s 或 L/min。

实际液体的流动由于黏性力的作用，通流截面上流速的分布规律难以确定，因此引入平均流速的概念，即假设通流截面上各点的流速均匀分布，用平均流速 v 来表示，则平均流速等于通过通流截面的流量与通流截面积之比，即

$$v=\frac{q}{A} \tag{1-23}$$

(4)流动状态、雷诺数。实际液体的黏性是产生流动阻力的根本原因，流动状态不同，则阻力大小也不同。所以先研究液体在管道中流动时存在的两种不同状态：层流和紊流，它们的阻力性质也不相同，可以通过实验来观察。

在液体运动时，如果质点没有横向脉动，不引起液体质点混杂，而是层次分明，能够维持安定的流束状态，这种流动称为层流。

如果液体流动时质点具有脉动速度，引起流层间质点相互错杂交换，这种流动称为紊流（或湍流）。

液体流动时究竟是层流还是紊流，须用雷诺数来判别。实验证明，液体在圆管中的流动状态不仅与管内的平均流速 v 和水力直径 du 成正比，而且与液体的运动黏度 ν 成反比。但真正决定液体流动状态的，是这三个参数所组成的雷诺数 Re 的无量纲纯数，即

$$Re=vd_H/\nu \tag{1-24}$$

当液流的雷诺数 Re 小于临界雷诺数时，液流为层流；反之，液流大多为紊流。液流的雷诺数如相同，它的流动状态也相同。

2.连续性方程

质量守恒是自然界的客观规律，不可压缩液体的流动过程也遵守质量守恒定律，在流体力学中这个规律用连续性方程的数学形式来表达。当液体在图 1-9 所示的管道中做恒定流动时，若任取的两个通流截面 1、2 的面积分别为 A_1、A_2，并且在该两断面处的液体密度和平均流速分别为 ρ_1、v_1 和 ρ_2、v_2，则根据质量守恒定律，在单位时间内流过两个断面的液体质量相等，即

$$\rho_1 v_1 A_1=\rho_2 v_2 A_2 \tag{1-25}$$

当忽略液体的可压缩性时液体密度相等，则得

$$v_1 A_1=v_2 A_2 \tag{1-26}$$

也可以把式(1-26)写成

$$q=vA=\text{常数} \tag{1-27}$$

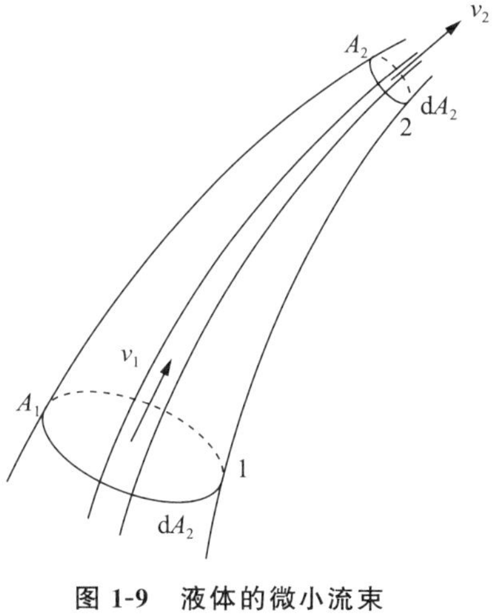

图 1-9　液体的微小流束连续性流动示意图

式(1-27)就是液流的连续性方程，表明在密闭管路内做恒定流动的理想液体，不管平均流速和通流截面沿流程怎样变化，流过各个截面的流量是不变的。当流量一定时，任一通流截面上的通流面积与流速成反比。

3.伯努利方程

伯努利方程又称为能量方程，流动液体也遵守能量守恒定律，伯努利方程是能量守恒定律在流体力学中的一种表达形式。

(1)理想液体伯努利方程。设密度为 ρ 的理想液体在图 1-10 所示的管道内做恒定流动，任取一段液流 AB 作为研究对象，设 A、B 两个断面距基准面的高分别为 Z_1 和 Z_2，通流断面面积分别为 A_1 和 A_2，压力分别为 p_1 和 p_2，

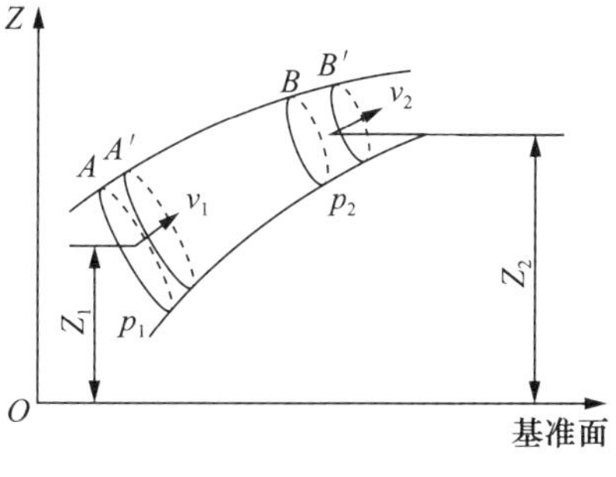

图 1-10　伯努利方程推导示意图

由于是理想液体，断面上的流速可以认为是均匀分布的，因此设 A、B 断面的流速分别为 v_1 和 v_2，假设经过很短的时间 Δt，AB 段液体移动到 $A'B'$ 段位置。现分析该段液体的做功和能量变化情况。

作用在该段液体上的外力有侧面和两断面的压力，因理想液体无黏性，侧面压力不能产生摩擦力而做功，故外力所做的功仅是两断面压力所做的功的代数和：

$$W = p_1A_1v_1\Delta t - p_2A_2v_2\Delta t \tag{1-28}$$

由连续性方程知

$$A_1v_1 = A_2v_2 = q \tag{1-29}$$

也就是

$$A_1v_1\Delta t = A_2v_2\Delta t = q\Delta t = \Delta V \tag{1-30}$$

式中：ΔV ——AA' 段或 BB' 段微小液体的体积。

因此有

$$W = (p_1 - p_2)\Delta V \tag{1-31}$$

伯努利方程的物理意义为：在密封管道内做定常流动的理想液体在任意一个通流断面上具有三种形式的能量，即压力能、动能和势能。三种能量的总和是一个恒定的常量，而且三种能量之间是可以相互转换的。

(2)实际液体伯努利方程。由于液体存在黏性，实际液体在管道内流动时会产生内摩擦力，并且管道形状和尺寸的变化，流体会产生扰动。以上这些都会消耗能量。因此，实际液体流动时存在能量损失。设单位体积的液体在两断面之间流动的能量损失为 Δp_W。

实际液体在管道通流断面上的流速分布是不均匀的，在用平均流速代替实际流速计算动能时，必然会有误差。为了修正这一误差，需引入动能修正系数 α，它等于单位时间内某通流断面处的实际动能与按平均流速计算的动能之比。

因此，实际液体的伯努利方程为

$$p_1 + \rho g Z_1 + \frac{\rho\alpha_1 v_1^2}{2} = p_2 + \rho g Z_2 + \frac{\rho\alpha_2 v_2^2}{2} + \Delta p_W \tag{1-32}$$

式中：$\alpha_1\alpha_2$——动能修正系数，一般在紊流时，取 $\alpha=1$；层流时，取 $\alpha=2$。

伯努利方程揭示了液体流动过程中的能量变化规律，因此它是流体力学中的一个特别重要的基本方程。伯努利方程不仅是进行液压系统分析的理论基础，而且还可以用来对多种液压问题进行研究和计算。

应用伯努利方程时必须注意：断面 1、2 上为恒定流动；流体上作用的质量力只有重力；流体不可压缩；断面 1、2 需顺流方向选取(否则 Δp_W 为负值)，且应选在缓变的通流断面上(断面近似为平面)；断面中心在基准面以上时，Z 取正值，反之 Z 取负值。通常选取特殊位置的水平面作为基准面。

4.动量方程

动量方程是动量定理在流体力学中的具体应用。流体的动量方程是流体力学的基本方程之一，它研究的是流体运动时作用在流体上的外力与其动量的变化之间的关系。在液压传动中，液流作用在固体壁面上的力用动量方程来求解比较方便。

刚体力学动量定理指出，作用在物体上的外力等于物体在单位时间内的动量变化量，即

$$F = \frac{\mathrm{d}(mv)}{\mathrm{d}t} \tag{1-33}$$

对于恒定流动的液体，若忽略其可压缩性，可将 $m=\rho q\mathrm{d}t$ 代入式(1-33)，并考虑以平均流速代替实际流速会产生误差，因而引入动量修正系数 β，则其动量方程为

$$F=\rho q(\beta_2 v_2-\beta_1 v_1) \tag{1-34}$$

式中：F ——作用在液体上所有外力的矢量和；

v_1、v_2——液流在前、后两个通流断面上的平均流速矢量；

ρ、q ——液体的密度和流量。

式(1-34)为矢量方程，使用时应根据具体情况将式中的各个矢量分解为指定方向的投影值，再列出该方向上的动量方程。

由动量方程可知，液体在流动过程中，若其速度的大小、方向发生变化，则一定有力作用在液体上；同时，液体也以大小相等、方向相反的力作用在使其速度改变的物体上。据此，可求得流动液体对固体壁面的作用力。

三、液体流动的压力损失及常见问题

(一)能量损失

由于液体具有黏性，在管路中流动时又不可避免地存在着摩擦力，因此液体在流动过程中必然要损耗一部分能量，这部分能量损耗主要表现为压力损失。压力损失由沿程压力损失和局部压力损失两部分组成。

1.沿程压力损失

沿程压力损失是当液体在直径不变的直管中流过一段距离时，因摩擦而产生的压力损失。流体的流动状态不同，所产生的沿程压力损失也不同。

(1)层流时的沿程压力损失。层流时液体质点做有规律的流动，因此可以用数学工具全面探讨其流动情况，并最后导出沿程压力损失的计算公式。

通流截面上的流速分布规律如图 1-11 所示，液体在等径水平直管中流动，其流态为层流。在液流中取一段与管轴重合的微小圆柱体作研究对象，设其半径为 r，长度为 l，作用在两端面的压力分别为 p_1 和 p_2，作用在侧面的内摩擦力为 F_f。液流在做匀速运动时处于平衡状态，故有

$$(p_1-p_2)\pi r^2=F_f=\Delta p\pi r^2 \tag{1-35}$$

$$F_f=\frac{-2\pi rl\mu\mathrm{d}v}{\mathrm{d}r} \tag{1-36}$$

式中：μ ——动力黏度。

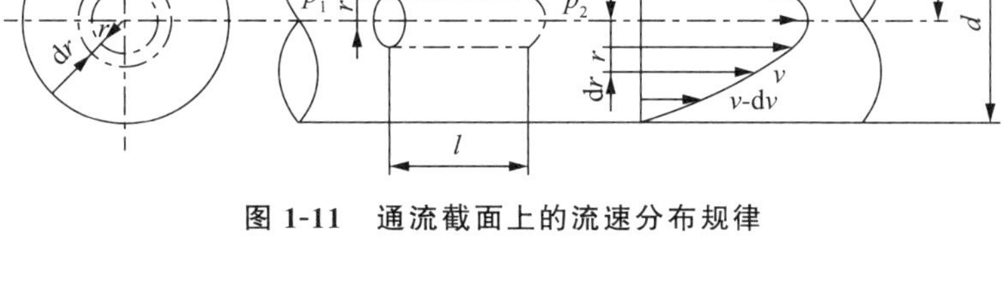

图 1-11　通流截面上的流速分布规律

整理式(1-36)时得

$$dv=-\frac{\Delta p}{2l\mu}r\,dr \tag{1-37}$$

对式(1-37)进行积分,并带入边界条件,得

$$v=\frac{\Delta p}{4l\mu}(R^2-r^2) \tag{1-38}$$

可见,流速在半径方向上是按抛物线规律分布的,在管道轴线上流速取最大值。

通过微元体的流量微元为

$$dq=\mu dA=2\pi vr\,dr=2\pi\frac{\Delta p}{4l\mu}(R^2-r^2)r\,dr \tag{1-39}$$

对式(1-39)积分可得

$$q=\frac{\pi d^4}{128l\mu}\Delta p \tag{1-40}$$

平均流速为

$$v=\frac{q}{A}=\frac{d^2}{32l\mu}\Delta p \tag{1-41}$$

沿程压力损失为

$$\Delta p_\lambda=\Delta p=\frac{32vl\mu}{d^2} \tag{1-42}$$

式(1-42)也可以改写成

$$\Delta p_\lambda=\frac{64\mu}{dv}\frac{l}{d}\frac{\rho v^2}{2}=\lambda\frac{l}{d}\frac{\rho v^2}{2} \tag{1-43}$$

式中:λ——沿程阻力系数。

由于液体自重和位置变化所引起的压力变化很小,可以忽略,因此式(1-43)也适用于非水平管。

(2)紊流时的沿程压力损失。紊流时计算沿程压力损失的公式在形式与式(1-43)相同。不同的是此时的 λ 不仅与雷诺数有关,还与管壁的粗糙度有关,即 $\lambda=f\left(Re,\frac{\varepsilon}{d}\right)$。绝对粗糙度 ε 与管径 d 的比值 $\frac{\varepsilon}{d}$ 称为相对粗糙度。

2.局部压力损失

由于管子截面形状突然变化、液流方向改变或其他形式的液流阻力而引起的压力损失称为局部压力损失。局部压力损失的计算为

$$\Delta p_\zeta=\zeta\frac{\rho v^2}{2} \tag{1-44}$$

式中:ζ——局部阻力系数(由实验测定,可查手册)。

阀类元件局部压力损失计算如下:

$$\Delta p_\zeta=\Delta p_n\left(\frac{q}{q_n}\right)^2 \tag{1-45}$$

式中:Δp_n——阀在额定流量下的压力损失;

q_n——阀的额定流量;

q ——阀的实际流量。

3.管道流动总压力损失

$$\sum \Delta p = \sum \Delta p_{\lambda} + \sum \Delta p_{\zeta} \tag{1-46}$$

管道流动总压力损失等于沿程压力损失与局部压力损失之和。

注意：在两个局部阻力区之间的直管长度应大于(10～20)d。

液体的流速对系统的压力损失影响最大，流速增加压力损失会增大，但流速太低会增加管路和阀类元件的尺寸。因此，合理选择液体的流速在液压系统设计中显得尤其重要。

由于零件结构不同(尺寸的偏差与表面粗糙度的不同)，因此，要准确地计算出总的压力损失的数值是比较困难的，但压力损失又是液压传动中一个必须考虑的因素，它关系到确定系统所需的供油压力和系统工作时的温升，所以，生产实践中也希望压力损失尽可能小些。

(二)流量损失

在液压系统中，各液压元件都有相对运动的表面，如液压缸内表面和活塞外表面。因为要有相对运动，所以它们之间都有一定的间隙，如果间隙的一边为高压油，另一边为低压油，那么高压油就会经间隙流向低压区，从而造成泄漏。同时，由于液压元件密封不完善，因此一部分油液也会向外部泄漏。这种泄漏会造成实际流量有所减少，这就是流量损失。

流量损失影响运动速度，而泄漏又难以绝对避免，所以在液压系统中泵的额定流量要略大于系统工作时所需的最大流量。通常也可以用系统工作所需的最大流量乘以一个1.1～1.3的系数来进行估算。

(三)常见问题分析与处理

在液压传动中，液压冲击和气穴现象都会给液压系统的正常工作带来不利的影响，因此需要了解产生这些现象的原因，并采取相应的措施进行防治，以减小其危害。

1.液压冲击

在液压系统中，由于某种原因引起系统的压力在一瞬间突然升高，形成很高的压力峰值，这种现象称为液压冲击。

(1)产生液压冲击的原因主要有：

①液流突然停止运动时，如液流通路(如阀门)迅速关闭使液体的流动速度突然降为零，这时液体受到挤压，使液体的动能转变为液体的压力能，液体的压力急剧升高，从而引起液压冲击。

②高速运动的工作部件突然制动或换向时，因工作部件的惯性引起液压冲击。如液压缸做高速运动突然被制动，油液被封闭在两腔中，由于惯性力的作用，液压缸仍继续向前运动，因而回油腔的液体受到挤压，瞬时压力急剧升高，从而引起液压冲击。

③某些元件反应动作不够灵敏，也会引起液压冲击。如溢流阀在超压下不能迅速打开，形成压力的超调量；限压式变量液压泵在油温升高时不能及时减少输油量等，都会引起液压冲击。

液压冲击时产生的压力峰值往往比正常工作压力高好几倍，这种瞬间压力冲击不仅引起振动和噪声，使液压系统产生温升，有时会损坏密封装置、管路和液压元件，并使某些液压元件(如顺序阀、压力继电器等)产生错误动作，造成设备损坏。

(2)减少液压冲击的措施有：

①延长阀门开、闭和运动部件制动换向的时间，采用换向时间可调的换向阀。

②限制管路流速及运动部件的速度，一般将管路流速控制在 4.5 m/s 以内。

③正确设计阀门或设置缓冲装置(如阻尼孔)，使运动部件制动时速度变化比较均匀。

④适当增大管径，不仅可以降低流速，而且可以减小压力传播速度。

⑤尽量缩短管道长度，可以减小压力波的传播时间。

⑥在容易发生液压冲击的地方采用橡胶软管或设置蓄能器，以吸收冲击的能量，也可以安装限制压力升高的安全阀。

2.气穴现象

(1)气穴现象的产生。在液压系统中，如果某处的压力低于空气分离压力，则原先溶解在液体中的空气就会分离出来，致使液体中出现大量气泡，这种现象称为气穴现象。如果液体的压力进一步降低到饱和蒸气压，液体将迅速汽化，产生大量蒸气泡，这时气穴现象会更加严重。

气穴现象多发生在阀口和液压泵的吸油口处。在阀口处，一般由于通流断面较小使液流的速度增大，根据伯努利方程，该处的压力会大大降低，以致产生气穴。在液压泵的吸油过程中，吸油口绝对压力会低于大气压力，如果泵的安装高度过大，吸油口处过滤器的阻力和管路阻力太大，油液黏度过高或泵的转速过高，造成泵入口处的真空度过大，也会产生气穴。

(2)气穴现象的危害。当液压系统中出现气穴现象时，大量的气泡破坏了液流的连续性，造成流量和压力的脉动，气泡随液流进入高压区时，周围的高压会使气泡迅速破灭，导致局部产生非常高的温度和冲击压力，引起振动和噪声。当附着在金属表面上的气泡破灭时，产生的局部高温和高压会使金属表面疲劳，时间长了就会造成金属表面的剥蚀。这种由气穴造成的腐蚀作用称为气蚀。气蚀会使液压元件的工作性能变坏，并使液压元件的使用寿命大大缩短。

(3)减少气穴和气蚀现象的措施：减小阀孔或其他元件通道前后的压力降；保持液压系统中的油压高于空气分离压力；降低液体中气体的含量。例如，各元件的连接处要密封可靠，以防止空气进入；对容易产生气蚀的元件，采用抗腐蚀能力强的金属材料，增强元件的机械强度，减小表面粗糙度值，提高液压元件的抗气蚀能力。

【任务实施】

正确选择机床液压系统使用的液压油，要从以下几点考虑：

(1)原装性。液压系统使用的液压油必须为原装品牌液压油，切忌使用经过二次加工后的不合格的液压油，以免对机床及液压系统造成致命损坏。

(2)品种性。根据液压系统的实际工作环境和具体使用工况，并参考液压元件制造商的意见，确定液压系统的工作介质，参考图 1-12 所示。

(3)黏度。黏度是液压油在流动时才会体现出来的一种性能指标。黏度本质上就是液压油分子间相对运动阻力的大小。黏度大，表明液压油的流动性不好，反之亦然。确定液压油的黏度等级主要根据液压泵及其工作压力来进行选择，见表 1-5。

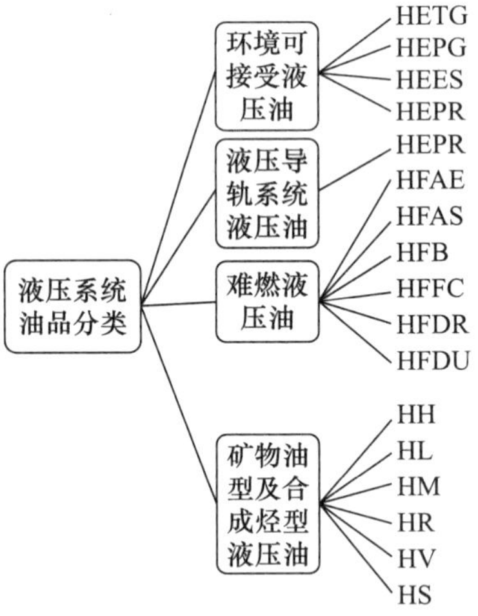

图 1-12　液压系统油品分类

表 1-5　液压油黏度等级选择

液压泵类型	工作压力/MPa	黏度级别(40 ℃)	
		工作温度<50 ℃	工作温度 50～80 ℃
叶片泵	<6.3	32、46	46、68
	>6.3	46、68	68、100
齿轮泵	<6.3	32、46	46、68
	>6.3	46、68	68、100
径向柱塞泵	<6.3	32、46、68	100、150
	>6.3	68、100	100、150
轴向柱塞泵	<6.3	32、46	68、100
	>6.3	46、68	100、150

项目二 液压元件

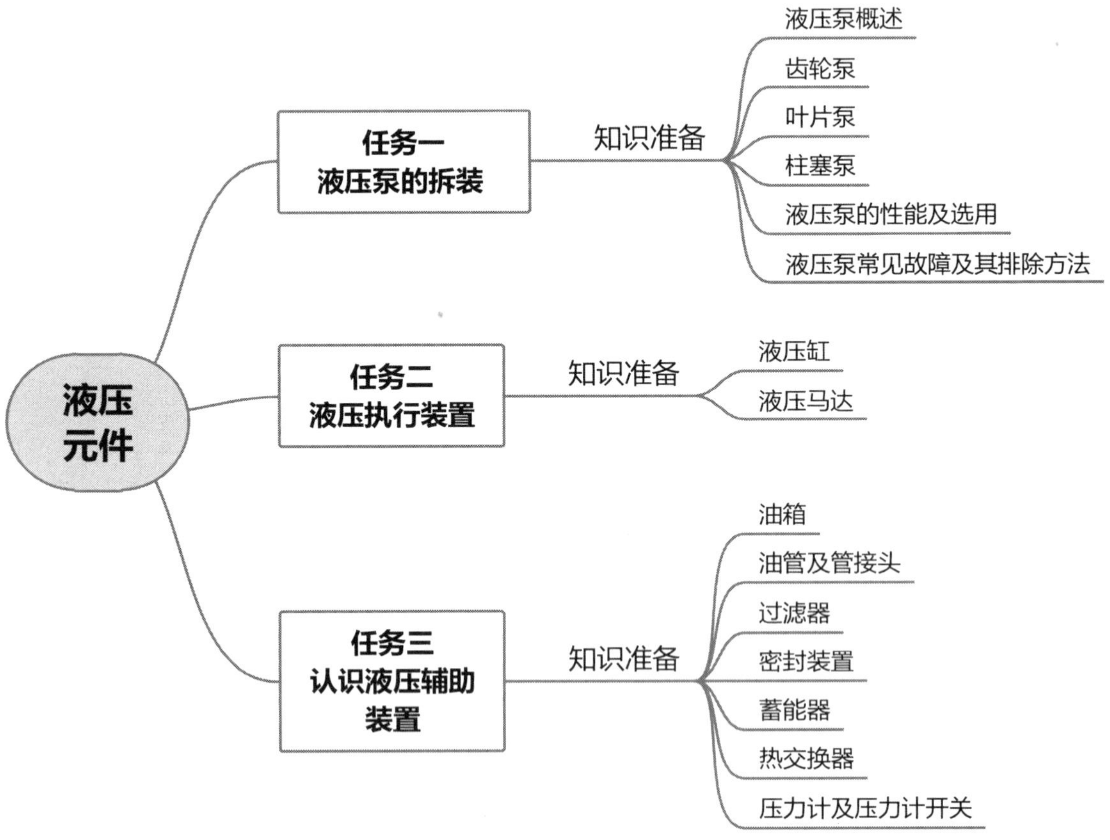

项目知识分布图

任务一　液压泵的拆装

【任务描述】

拆卸各类液压泵，观察及了解各零件在液压泵中的作用，了解各种液压泵的工作原理，按一定的步骤装配各类液压泵。

【知识准备】

一、液压泵概述

液压泵是液压系统的动力元件，将原动机输入的机械能转换为压力能输出，为执行元件提供压力油。液压传动系统中使用的液压泵都是容积式液压泵，通过密闭容积的周期性变化和配流装置来工作。

液压泵的性能好坏直接影响到液压系统的工作性能和可靠性。

（一）液压泵的工作原理

图 2-1 所示为单柱塞液压泵的工作原理。柱塞 2 安装在泵体 3 内，形成一个密封容积 V，柱塞 2 在弹簧 a 的作用下始终压紧在偏心轮 1 上。当原动机带动偏心轮 1 旋转时，柱塞做左右往复运动，使密封容积 V 的大小发生周期性的变化。当柱塞向右运动时，密封容积 V 变大，形成局部真空，油箱中的油液在大气压力作用下，经吸油管顶开单向阀 4，进入密封腔而实现吸油。当柱塞向左运动时，密封容积 V 变小，形成局部高压，由于单向阀 4 封住了吸油口，V 腔的油液将顶开单向阀 5 流入系统而实现压油。偏心轮不停地转动，液压泵便不停地吸油和压油，将原动机输入的机械能转化为液体的压力能。

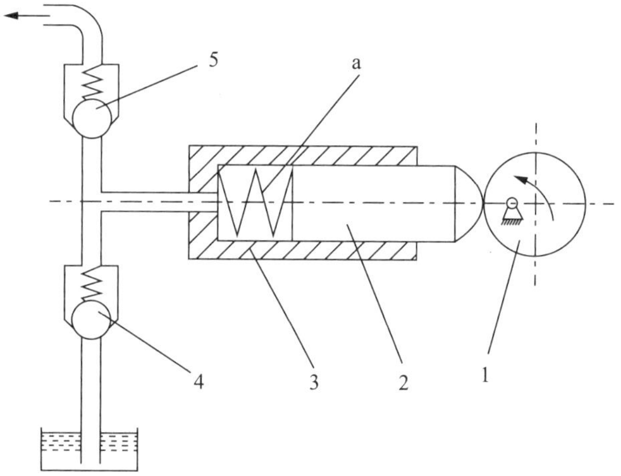

图 2-1　单柱塞液压泵的工作原理

1-偏心轮；2-柱塞；3-泵体；a-弹簧；4、5-单向阀

从上述泵的工作过程可以看出：

（1）液压泵的密封容积 V 的周期性变化是吸油、压油的根本原因，V 由小变大时吸油，由大变小时压油，因此，依靠密封容积变化进行工作的泵统称为容积式液压泵。

（2）在吸油过程中，油箱应与大气接通，这是吸油的必要条件；在压油过程中，油液的压力决定于油液从单向阀 5 压出时所遇到的阻力，即液压泵的工作压力取决于外界负载。

（3）单向阀 4、5 的作用是保证在吸油时 V 腔与油箱连通，同时切断供油管道；在压油时使 V 腔与油液流向系统的管道连通而与油箱切断。即单向阀 4、5 将压油腔与吸油腔隔开，所以又称它为配流装置。配流装置在形式上可以多种多样。

因此，液压泵要能吸油与压油，必须具备以下四个条件：

(1)可变的密封容积；

(2)吸油腔与压油腔隔开；

(3)有与密封容积变化相协调的配流装置；

(4)油箱与大气相通。

(二)液压泵的分类

按照结构形式的不同，液压泵分为齿轮泵、叶片泵、柱塞泵和螺杆泵等类型。按照输出油液的流量是否可调节分为定量泵和变量泵。

按照压力大小不同，液压泵可分为低压泵、中压泵、中高压泵、高压泵和超高压泵，其压力分级见表 2-1。

表 2-1　压力分级

压力等级	低压	中压	中高压	高压	超高压
压力 p/MPa	<2.5	$2.5\sim8$	$>8\sim16$	$>16\sim32$	>32

液压泵的图形符号如图 2-2 所示。

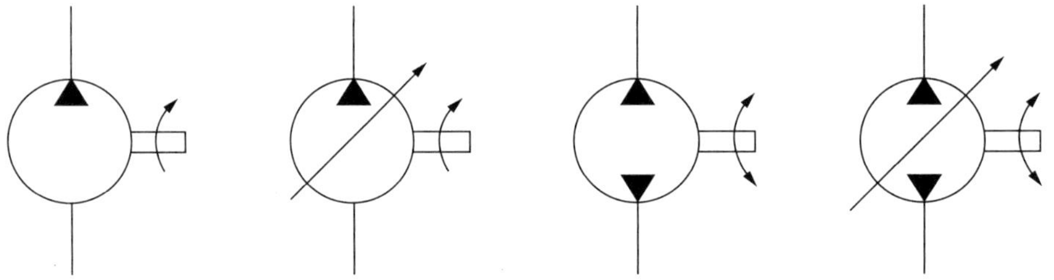

(a)单向定量液压泵　(b)单向变量液压泵　(c)双向定量液压泵　(d)双向变量液压泵

图 2-2　液压泵的图形符号

(三)液压泵的性能参数

1.液压泵的压力

(1)工作压力 p_p。液压泵的工作压力是指液压泵实际工作时的输出压力。其大小取决于负载和排油管路上的压力损失，与液压泵的流量无关。

(2)额定压力 p_n。液压泵的额定压力是指液压泵在正常工作条件下，按试验标准规定连续运转的最高压力。超过此压力值就是过载。

(3)最高允许压力。液压泵的最高允许压力是指液压泵在超过额定压力的条件下，根据试验标准规定，允许泵短暂运行的最高压力。

2.液压泵的排量

液压泵的排量 V_p 是指泵轴每转一周，由其密封容积的几何尺寸变化计算而得的排出液体的体积。排量的单位为 m^3/r。

3.液压泵的流量

(1)理论流量 q_t。液压泵的理论流量是指在不考虑泄漏的情况下，泵在单位时间内由其密封容积的几何尺寸变化计算而得的排出液体的体积。理论流量与工作压力无关，等于排量与其转速的乘积，即

$$q_t = V_p n \tag{2-1}$$

式中：V_p——液压泵的排量（m^3/r）；

n——主轴的转速（r/s）。

（2）实际流量 q。液压泵的实际流量指泵工作时实际排出的流量，等于理论流量 q_t 减去泄漏、压缩等损失的量 Δq，即

$$q = q_t - \Delta q \tag{2-2}$$

（3）额定流量 q_n。液压泵的额定流量是指泵在额定压力和额定转速下必须保证的输出流量。在液压泵产品样本或铭牌上标出的流量即为液压泵的额定流量。

4.功率

（1）输入功率 P_i。液压泵的输入功率是指液压泵在实际工作时，作用在液压泵主轴上的机械功率，用泵轴上的实际输入转矩 T_i 和角速度 ω 的乘积来表示：

$$P_i = \omega T_i = 2\pi n T_i \tag{2-3}$$

（2）输出功率 P_o。液压泵的输出功率为液压功率，用其实际流量 q 和出口压力 p 的乘积来表示：

$$P_o = pq \tag{2-4}$$

式中：q——液压泵的实际流量（m^3/s）；

p——液压泵的出口压力（Pa）。

（3）理论功率 P_t。如果液压泵在能量转换过程中没有能量损失，则输入功率与输出功率相等，即为理论功率，用 P_t 表示。

$$P_t = pq_t = 2\pi n T_t \tag{2-5}$$

式中：T_t——液压泵的理论输入转距。

5.效率

实际上，液压泵的功率在能量转换过程中是有损失的，因此输出功率小于输入功率，两者之差即为功率损失。液压泵的功率损失有容积损失和机械损失，因泄漏而产生的损失是容积损失，因摩擦而产生的损失是机械损失。功率损失用效率来描述。

（1）容积效率 η_v。在转速一定的条件下，液压泵的实际流量与理论流量之比，定义为泵的容积效率。

$$\eta_v = \frac{q}{q_t} = \frac{q_t - \Delta q}{q_t} = 1 - \frac{\Delta q}{q_t} \tag{2-6}$$

因此，液压泵的实际流量 $q = q_t \eta_v = Vn\eta_m$ 。

（2）机械效率 η_m。机械损失是指因摩擦而产生的转矩上的损失。对液压泵来说，泵的驱动转矩总是大于其理论上需要的驱动转矩。用机械效率 η_m 来表征液压泵的机械效率，机械效率等于液压泵的理论输入转矩 T_t 与实际输入转矩 T_i 的比值，即

$$\eta_m = \frac{T_t}{T} = \frac{pV}{2\pi n T_i} \tag{2-7}$$

（3）总效率 η。液压泵的总效率是其输出功率和输入功率之比，由式(2-6)、式(2-7)可得

$$\eta = \frac{P_o}{P_i} = \frac{pq}{2\pi n T_i} = \frac{pq_t \eta_v}{2\pi n \dfrac{T_t}{\eta_m}} = \frac{pq_t}{2\pi n T_t}\eta_v \eta_m \tag{2-8}$$

二、齿轮泵

(一)齿轮泵的分类和特点

齿轮泵是液压系统中广泛采用的一种液压泵，一般做成定量泵。它的主要优点是结构简单、紧凑，体积小，质量轻，转速高，自吸性能好，对油液污染不敏感，工作可靠，寿命长，便于维修以及成本低等。它的缺点是流量和压力脉动较大，噪声较大(内啮合齿轮泵较小)，排量不可变。按结构不同，齿轮泵分为外啮合齿轮泵和内啮合齿轮泵。两者对比，外啮合齿轮泵工艺简单、加工方便，所以外啮合齿轮泵是液压系统常用的液压泵。

(二)外啮合齿轮泵

1.外啮合齿轮泵的工作原理

图 2-3 所示为外啮合齿轮泵的工作原理。泵的最主要结构为装在泵壳体内的一对齿轮，齿轮两侧有端盖进行封闭，由泵的壳体、端盖和齿轮的各个齿间组成了一个个相互密封的独立工作腔。当齿轮按图示方向不断旋转时，这些密封工作腔在右边的吸油腔内充满了油液，并随着齿轮的高速转动把油液沿齿轮的外缘带入左边的高压油腔。在齿的啮合区，随着两齿轮牙齿的相互啮合作用，把两齿间的油液强行挤出，导致压油腔的油液压力不断升高，而在右侧的吸油腔，由于油液不断地被带走，形成了局部的真空负压，会不断地把进油管的油液吸入油腔，形成了泵的吸油。两齿轮连续回转，泵就不断地由油箱内吸油，并将油液压向液压系统，这就是齿轮泵的基本工作原理。

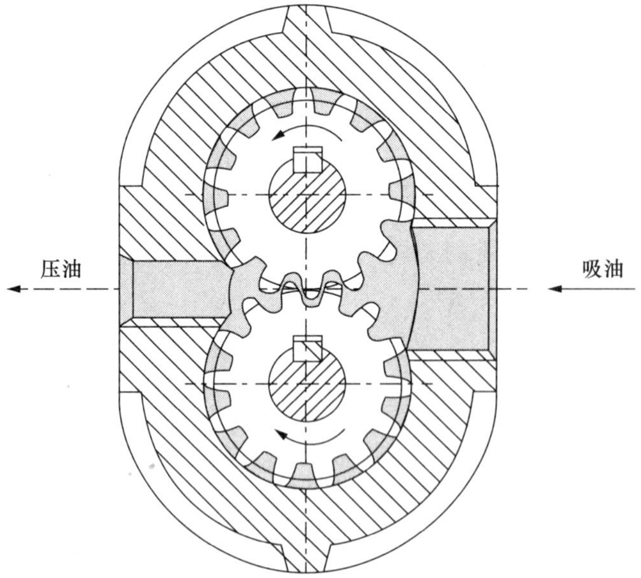

图 2-3　外啮合齿轮泵的工作原理

两齿轮在啮合区内轮齿的啮合挤压，形成了左右两个油腔相互间的隔离和密封，从而保证了吸油腔始终与油箱接通，而与压油腔隔离，起到了配流的作用，满足了泵的第二个基本条件。油泵齿轮的不断回转，形成了左右两个腔体内容积的不断变化。压油腔在不断地挤压密封空间，而吸油腔中各个密封空间在不断地向压油腔转移，不断地形成局部的真空负压，所以齿轮的回转形成了密封容积的周期变化，从而满足了容积泵的第一个基本条件。

2.外啮合齿轮泵的基本结构

图 2-4 所示为一种外啮合齿轮泵的基本结构。它的主体结构采用了泵体 2 和左、右端盖的三片式结构。三片间通过两个定位销 10 进行定位，并由 6 个螺钉 13 加以紧固。两个齿轮中的主动齿轮 7 用键固定在主动轴 6 上，由电动机带动连续转动，从而带动从动齿轮 9 旋转。在右端盖上开有吸油口和压油口，开口大的为吸油口，与进油管相连接，保证了吸油腔始终与油箱的油液相通；另一个开口小的为压油口，通过压力油管与系统保持相通。为使齿轮转动灵活，同时保证内泄漏量尽量小，在齿轮端面与两个端盖之间留有极小的轴向间隙；为减小泵体与端面之间的油压作用，减小螺钉紧固力，并防止油泄漏到泵外，在泵体的两端面开有卸荷槽，把两齿轮端部的压力油液引回吸油腔进行了卸压。

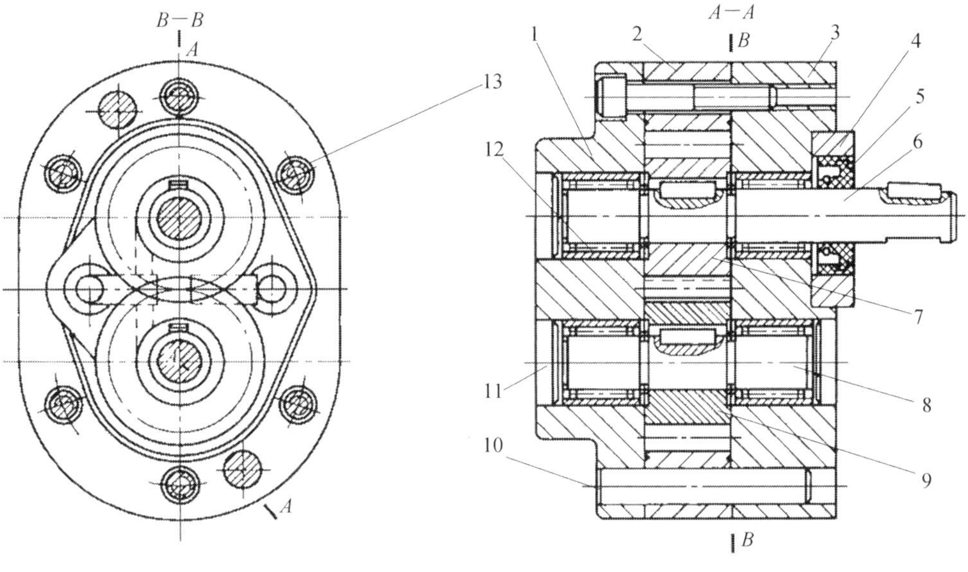

图 2-4　CB-B 型齿轮泵的基本结构

1-左端盖；2-泵体；3-右端盖；4-套；5-密封圈；6-主动轴；7-主动齿轮；8-从动轴；9-从动齿轮；10-定位销；11-压盖；12-滚针轴承；13-螺钉

3.外啮合齿轮泵所存在的问题及其解决措施

由于外啮合齿轮泵采用了普通齿轮的轮齿啮合泵油结构，导致这种齿轮泵存在如下几个问题：

(1)内泄漏较严重。CB 型齿轮泵存在着较为严重的内泄漏，导致泵的容积效率下降。概括起来说，其内泄漏主要出现在以下 3 个部位：齿轮的端面泄漏、齿轮的径向泄漏和齿轮的啮合区泄漏。其中，内泄漏量最大的部位是齿轮的端面间隙所引起的端面泄漏，据实验统计，经齿轮的两端面所造成的泄漏量可占泵的总内泄漏量的 75%～80%，其根本原因是这部分泄漏的面积大，泄漏路径短。齿轮与端盖间的间隙越大，内泄漏量就越大，而过小的端部间隙又容易造成齿轮工作受热膨胀后挤死在两端盖之间，所以齿轮的轴向间隙与内泄漏是一对不可避免的结构矛盾。

齿轮的径向泄漏是指齿轮的齿顶与壳体内腔之间留有较大的径向间隙而造成的泄漏。这个间隙也是为防止齿体受热膨胀而预留出的膨胀空间。这一间隙的存在降低了各齿间的各个密封容积相互密封的程度，但由于从最左边的压力腔到最右边的吸油腔，压力是逐渐递减的，泄漏的油液要经过多个密封的齿间才能到达吸油腔，再加上齿轮高速旋转的带动，能够泄漏到吸油腔的径向泄漏量所剩无几，一般这一部分泄漏占泵总内泄漏量的15%左右。

齿轮的啮合区泄漏是指高压的油液通过齿的啮合面强行窜入到低压区，这往往是由于齿形误差和牙齿啮合的偏载所致，这部分泄漏量一般占到泵的总内泄漏量的5%左右。

解决以上泄漏问题的基本思路是：严格控制齿轮泵各部分的配合间隙，保证齿轮和轴承的制造和装配精度，防止过大的间隙与偏载。但是，采用较严格的小间隙只能够解决新泵的端面泄漏，随着泵的使用和磨损，其端面间隙仍会很快增大。为提高齿轮泵的工作压力，减小端面的泄漏，有些泵采用了齿轮端面间隙自动补偿的方法，利用压力油或者弹簧力来减小或消除两齿轮的端面间隙。

(2)齿轮啮合区的困油现象。齿轮泵要平稳工作，齿轮啮合的重叠系数必须大于1。也就是说，在一对齿轮即将脱开啮合之前，后面的一对轮齿要进入啮合。这样，在两对轮齿同时啮合的这一部分区域内，会有一部分油液滞留在两齿的重叠区之间[图2-5(a)]。随着齿轮的不断回转，后一对齿要不断地进入啮合，这就意味着刚进入啮合的齿要与对面的齿槽发生对挤，而此时被啮合齿槽由于两齿厚相等的结构条件，基本上是处于封闭状态[图2-5(b)]。这部分被困在此槽中的油液将由于齿的不断啮入运动和齿槽密封空间的不断减小而受到强烈的挤压[图2-5(c)]。由于油液的可压缩性极小，被困油液的压力会急剧上升，这部分油液会寻找任何一处缝隙向外部挤出，甚至阻碍齿轮的继续转动，挤压的油液给齿轮带来了极大的径向力。在转过啮合节点后[图2-5(d)]，齿牙要逐渐脱出啮合，封闭的齿槽空间要不断地扩大，这会造成该封闭空间的真空负压，如果没有油液及时地补充进来，会使油液中的空气分离析出，造成油液产生气穴，引起振动和噪声。

以上现象发生在每一对齿的啮合区内，这种由于齿厚相等而使被封闭在齿间的油液先挤压后真空负压的现象，称为齿轮泵的困油现象。

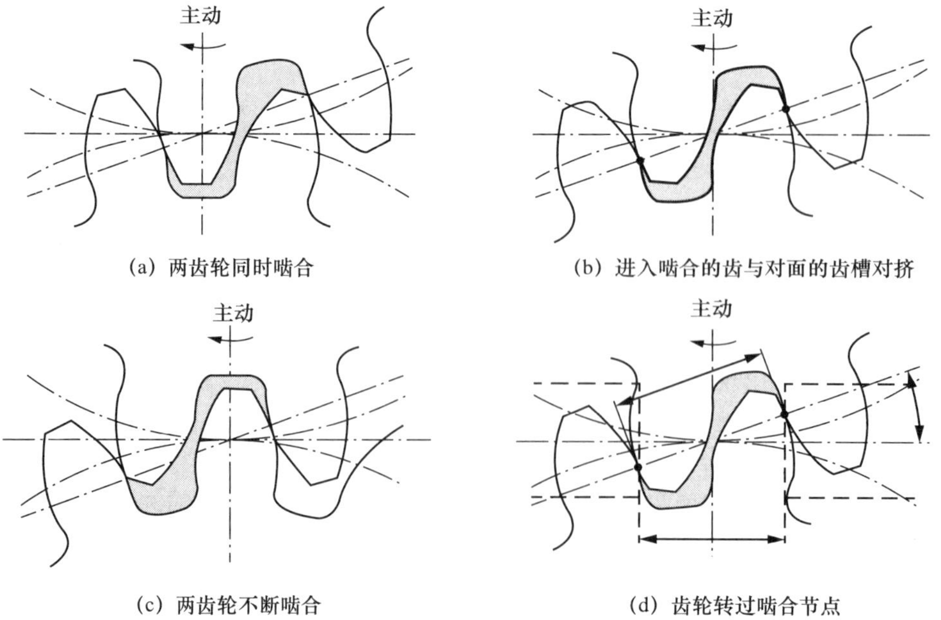

图 2-5　外啮合齿轮泵的困油现象

齿轮泵的困油破坏了液压传动的稳定性，同时又给泵的回转带来极大的附加径向动载荷，会对泵的正常工作造成极大危害，所以，泵的困油现象需要设法消除。目前，消除困油的方法通常是在齿轮泵的两侧端盖上铣两条卸油槽，当困油受到强烈挤压时，挤压空间通过卸油槽与压油腔相连通；而当困油区形成真空负压时，使其与吸油腔相通，这样可以部分解决困油问题。但要注意，两个卸油槽的存在会增加端面泄漏，同时，两个卸油槽之间的距离不可过近，以免吸、压油腔两腔相串通。一般的齿轮泵两卸油槽是非对称开设的，位置往往向吸油腔偏移。但无论怎样，两槽间的距离必须保证在任何时候都不能使吸油腔和压油腔相互串通。

(3)齿轮的径向力不平衡。齿轮泵中的两个齿轮在工作时，作用在齿轮上的径向压力是不均衡的。如图 2-6 所示，齿轮在压油腔位置的齿牙由于液体的压力高而受到很大的径向力，而处于吸油区的齿牙所受的径向力就较小，可以认为压力由压油腔的高压逐渐分级下降到吸油腔。这相当于油液作用给齿轮一个很大的径向不平衡力，使齿轮和轴承承受很大的偏载。油液的工作压力越大，径向不平衡力也越大。径向不平衡力会使轴发生弯曲，导致齿顶与壳体产生接触摩擦，同时会加速轴承的磨损，降低轴承的寿命，所以齿轮泵的径向不平衡力是阻碍泵的工作压力进一步提高的主要原因。

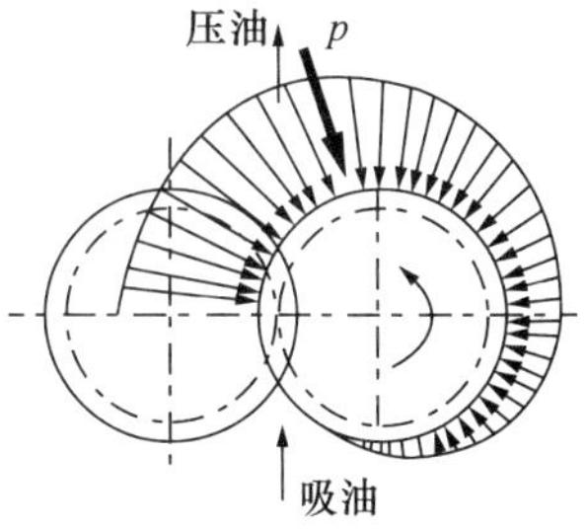

图 2-6 齿轮泵的径向不平衡力

为了减小齿轮泵的径向不平衡力，有的齿轮泵上采取了缩小压油口的方法，使压力油的径向压力仅作用在 1～2 个齿的小范围内，同时可适当增大径向间隙，使齿轮在径向不平衡压力作用下，齿顶不至于与壳体相接触和摩擦。

4.外啮合齿轮的优缺点

外啮合齿轮泵的优点是结构简单、尺寸小、质量轻、制造方便、价格低廉、工作可靠、自吸能力强(容许的吸油真空度大)、对油液污染不敏感、维护容易。它的缺点是齿轮、轴承和轴会承受很大的径向不平衡力，磨损严重，泄漏大，泵的工作压力的提高受到限制。此外，它的流量脉动大，因而压力脉动和噪声都比较大，齿轮泵一般应用于低压、小流量的场合。

5.外啮合齿轮泵的主要参数

(1)外啮合齿轮泵的排量。齿轮泵的排量可近似看作两个齿轮的齿槽容积之和，即相当于以有效齿高($h=2m$)和齿宽构成的平面所扫过的环形体积，于是泵的排量为

$$V=\pi DhB=2\pi zm^2B \tag{2-9}$$

式中：m——齿轮的模数；

z——齿数；

D——分度圆直径，$D=mz$；

h——有效齿高，$h=2m$；

B——齿宽。

实际上，齿间槽的容积比轮齿的体积稍大，修正后为

$$V=6.66zm^2B \tag{2-10}$$

(2)外啮合齿轮泵的流量。设驱动齿轮泵的原动机转速为 n，外啮合齿轮泵的容积效率为 η_v，则外啮合齿轮泵的实际输出流量为

$$q=q_t\eta_v=6.66zm^2Bn\eta_v \tag{2-11}$$

以上计算的是外啮合齿轮泵的平均流量，实际上随着啮合点位置的不断改变，吸、排油腔的每一瞬时的容积变化率都是不均匀的，因此齿轮泵的瞬时流量是脉动的。外啮合齿轮泵齿

数越小，脉动率就越大，其值最高可达 20%以上，而内啮合齿轮泵的流量脉动率就要小很多。

(三)内啮合齿轮泵

目前常用的内啮合齿轮泵，其齿形曲线有渐开线齿轮泵和摆线齿轮泵(又名转子泵)两种。它们的工作原理和主要特点与外啮合齿轮泵基本相同。小齿轮为主动齿轮，按图 2-7 所示方向旋转时，齿轮退出啮合容积增大而吸油，进入啮合容积减小而压油。在渐开线齿轮泵腔中，小齿轮和内齿轮之间要装一块月牙形隔板，以便把吸油腔和压油腔隔开，如图 2-7(a)所示。摆线齿轮泵的小齿轮和内齿轮相差一齿，因而不需设置隔板，如图 2-7(b)所示。

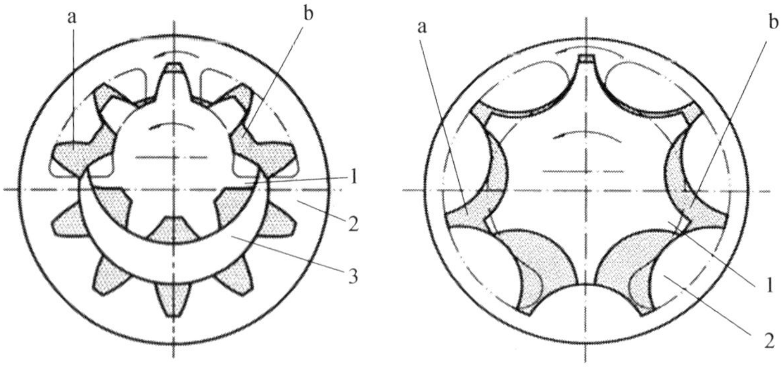

图 2-7 内啮合齿轮泵

a-吸油腔；b-压油腔

1-转子；2-定子；3-月牙形隔板

三、叶片泵

叶片泵在机床液压泵中应用最广泛。它具有结构紧凑、运动平衡、噪声小、输油均匀、寿命长等优点，其缺点是结构复杂、吸油特性差、对油液的污染敏感。

一般叶片泵的工作压力为 7 MPa，高压叶片泵的工作压力可达 14 MPa。随着结构和工艺材料的不断改进，叶片泵也逐步向中、高压方向发展，现有产品的额定压力高达 28 MPa。

叶片泵按其排量是否可变，分为定量叶片泵和变量叶片泵。按每转吸、压油次数和轴承所受径向力的情况，又分为单作用非卸荷式叶片泵和双作用卸荷式叶片泵。

(一)单作用叶片泵

1.单作用叶片的工作原理

图 2-8 所示为单作用叶片泵的工作原理。与双作用叶片泵的显著不同之处是，单作用叶片泵的定子内表面是一个圆形，转子与定子之间有一偏心量 e，两端的配油盘上只开有一个吸油窗口和一个压油窗口。当转子旋转一周时，每一叶片在转子槽内往复滑动一次，每相邻两叶片间的密封腔容积发生一次增大和缩小的变化，容积增大时通过吸油窗口吸油，容积缩小时则通过压油窗口压油。由于这种泵在转子每转一转过程中，吸油、压油各一次，故称为单作用叶片泵。这种泵的转子受有不平衡的径向液压力，故又称非卸荷式叶片泵，也因此使泵工作压力的提高受到了限制。如果改变定子和转子间的偏心距 e，就可以改变泵的排量，故单作用叶片泵常做成变量泵。

2.单作用叶片泵的排量和流量

当单作用叶片泵的转子每转一周时，两相邻叶片间的密封容积变化量为 V_1-V_2，泵的排量 $V=(V_1-V_2)z$，其中 z 为叶片数。泵的排量近似表达式为

$$V=2\pi beD \tag{2-12}$$

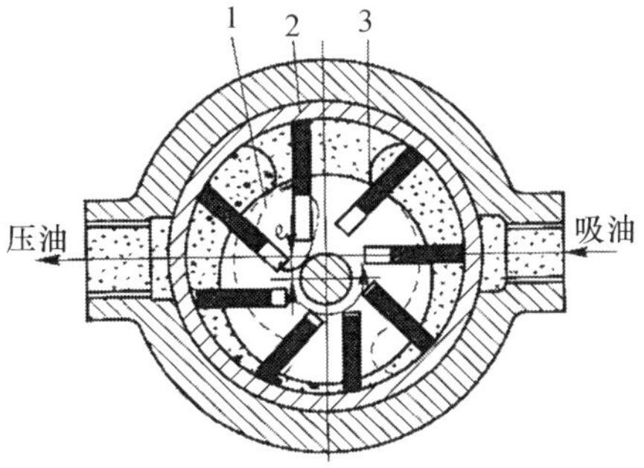

图 2-8 单作用叶片泵的工作原理

1-转子;2-定子;3-叶片

泵的理论流量为

$$q_t = 2\pi beDn \tag{2-13}$$

泵的实际流量为

$$q_v = 2\pi beDn\eta_v \tag{2-14}$$

式中:b——叶片宽度;

e——转子与定子的偏心距;

D——定子内径;

n——泵的转速;

η_v——泵的容积效率。

单作用叶片泵的定子内表面和转子外表面都为圆柱面,由于偏心安置,其容积变化不均匀,故流量是脉动的。泵内叶片数越多,流量脉动率越小,而且叶片为奇数时脉动率较小,故单作用叶片泵的叶片数一般为 13 或 15。

3.单作用叶片泵的结构特点

(1)定子和转子偏心安置。移动定子位置以改变偏心距,就可以调节泵的输出流量。偏心反向时,吸油、压油方向也相反。

(2)叶片后倾。为了减小叶片与定子间的磨损,叶片底部油槽采取在压油区通压力油、在吸油区与吸油腔相通的结构形式,因而,叶片的底部和顶部所受的液压力是平衡的。这样,叶片仅靠旋转时所受的离心力作用而向外运动顶在定子内表面上。根据力学分析,叶片后倾一个角度更有利于叶片向外伸出,通常后倾角为 24°。

(3)径向液压力不平衡。由于转子及轴承上承受的径向力不平衡,因此该泵不宜用于高压场合,其额定压力一般不超过 7 MPa。

(二)双作用叶片泵

1.双作用叶片的工作原理

图 2-9 所示为双作用叶片泵的工作原理。该泵主要由定子、转子、叶片、配油盘和泵体等组成。定子内表面形似椭圆,由两段大圆弧(半径 R)、两段小圆弧(半径 r)和四段过渡曲线所组成,且定子和转子是同心的。在转子上沿圆周均布的若干个槽内分别安放有叶片,这些叶片可沿槽做径向滑动。在配油盘上,对应于定子四段过渡曲线的位置开有四个腰形配油窗口,其中两个窗口与泵的吸油口连通,为吸油窗口;另外两个窗口与压油口连通,为压油窗口。当转

子由轴带动按图 2-9 所示方向旋转时,叶片在离心力和根部油压(叶片根部与压油腔连通)的作用下压向定子内表面,并随定子内表面曲线的变化而被迫在转子槽内往复滑动。于是,相邻两叶片间的密封腔容积就发生增大或缩小的变化,经过右边窗口处时容积增大,便通过右边窗口吸油;经过左边窗口处时容积缩小,便通过左边窗口压油,转子每转一周,每一叶片往复滑动两次,因而吸、压油两次,故这种泵称为双作用叶片泵。泵的两个吸油区和压油区是对称分布,作用在转子和轴承上的径向液压力平衡,所以这种泵又称为卸荷式叶片泵,这种泵的排量不可调,是定量泵。

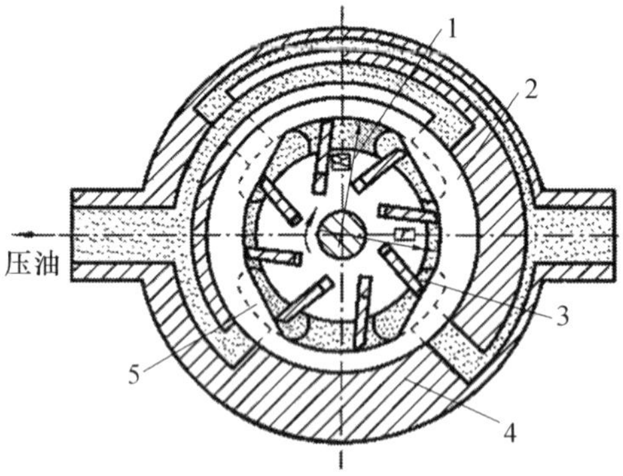

图 2-9　双作用叶片泵的工作原理

1-转子;2-定子;3-叶片;4-泵体;5-配油盘

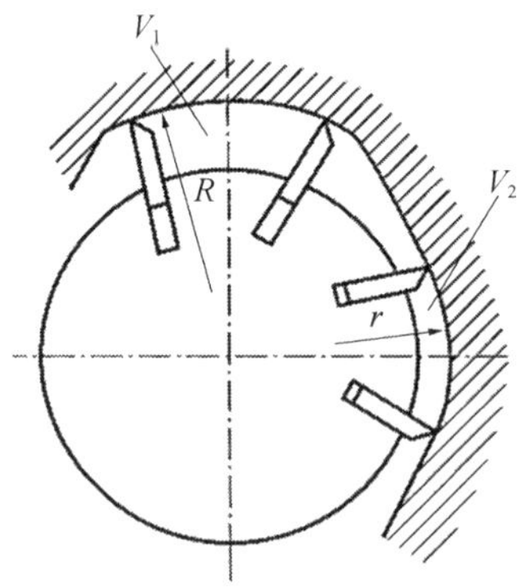

图 2-10　双作用叶片泵的排量和流量

2.双作用叶片泵的排量和流量

如图 2-10 所示,相邻两个叶片间油液的排出量等于长半径圆弧段的容积 V_1 与短半径圆弧段的容积 V_2 之差,则泵的排量为

$$V = 2bz(V_1 - V_2) = 2b\left[\pi(R^2 - r^2) - \frac{\delta z(R - r)}{\cos\theta}\right] \tag{2-15}$$

而流量为

$$q = 2b\left[\pi(R^2 - r^2) - \frac{\delta z(R - r)}{\cos\theta}\right] n\eta_v \tag{2-16}$$

式中:z——叶片数;

b——叶片宽度;

δ——叶片厚度;

θ——叶片前倾角;

R、r——定子曲线的长半径和短半径;

n——泵的转速;

η_v——泵的容积效率。

若不考虑叶片厚度,则双作用叶片泵流量均匀无脉动。这是因为在转子转动时,压油窗口处的叶片使前后两个工作腔之间互相接通,形成了一个组合的密封工作腔,随着转子的匀速转动,位于大、小半径圆弧处的叶片均在圆弧上滑动,压油腔的容积不变,因此泵的瞬时流量也是均匀的。由于叶片有一定的厚度,根部又连通压油腔,在吸油区的叶片不断伸出,根部容积要由压力油来补充,减少了输出量,造成少量流量脉动,但脉动率较小。通过理论分析可知,流量脉动率在叶片数为 4 的整数倍且大于 8 时最小,故双作用叶片泵的叶片数通常取 12 片或 16 片。

3.双作用叶片泵的结构特点

YB1 型双作用叶片泵是我国自行设计生产的中压泵，额定压力为 6.3 MPa。其结构如图 2-11所示，它由后泵体 6、前泵体 7、左配油盘 1、右配油盘 5、定子 4、转子 12、叶片 11 和传动轴 3 等组成。左右配油盘、定子、转子和叶片预先组装成一体，再装入泵体内。组装部件用两个螺钉紧固并提供轴向间隙预紧，以确保液压泵启动后能建立压力。转子上开有 12 条叶片槽，槽底经环形槽与压油腔相通，叶片可在槽中滑动。传动轴靠向心球轴承支撑，密封圈用以防止油液泄漏和空气渗入。

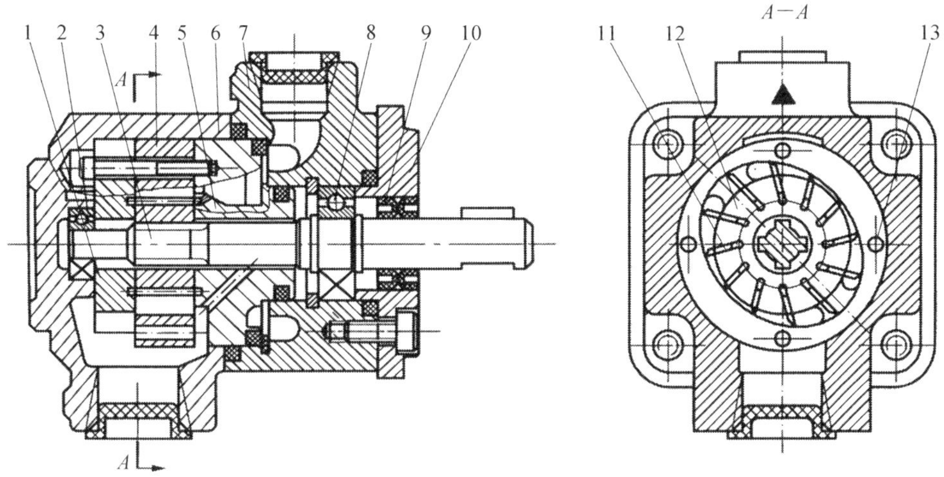

图 2-11　YB1 型双作用叶片泵的结构

1-左配油盘；2、8-向心球轴承；3-传动轴；4-定子；5-右配油盘；6-后泵体；7-前泵体；9-密封圈；10-端盖；11-叶片；12-转子；13-螺钉

YB1 型双作用叶片泵的结构特点如下：

(1)定子过渡曲线。如图 2-11 所示，定子内表面的曲线由四段圆弧和四段过渡曲线组成。理想的过渡曲线不仅应使叶片在槽中滑动时的径向速度和加速度变化均匀，而且应使叶片转到过渡曲线和圆弧交接点处的加速度突变不大，以减小冲击和噪声。目前，双作用叶片泵一般都使用综合性能较好的等加速等减速曲线作为过渡曲线。

(2)叶片倾角 θ。叶片在工作过程中，受离心力和叶片根部压力油的作用，使叶片和定子紧密接触。叶片相对转子旋转方向向前倾斜一角度 θ，使叶片在槽中运动灵活，并减小磨损，常取 $\theta=13°$。

(3)配油盘的三角槽。在配油盘的压油窗口靠叶片从封油区进入压油区的一边开有一个截面形状为三角形的三角槽，使两叶片之间的封闭油液在未进入压油区之前就通过该三角槽与压力油相通，以减小密封腔中油压突变和噪声。

四、柱塞泵

柱塞泵是依靠柱塞在缸体内往复运动，使密封工作腔容积产生变化来实现吸油、压油的。由于其主要构件柱塞与缸体的工作部分均为圆柱表面，因此加工方便，配合精度高，密封性能好。同时，柱塞泵主要零件处于受压状态，使材料强度性能得到充分利用，故柱塞泵常做成高压泵。而且，只要改变柱塞的工作行程就能改变泵的排量，易于实现单向或双向变量。所以，柱塞泵具有压力高、结构紧凑、效率高及流量调节方便等优点。其缺点是结构较为复杂，有些零件对材料及加工工艺的要求较高，因而在各类容积式泵中，柱塞泵的价格最高。柱塞泵常用于需要高压大流量和流量需要调节的液压系统，如龙门刨床/拉床、液压机、起重机械等设备的液压系统。

柱塞泵按柱塞排列方向的不同，分为轴向柱塞泵和径向柱塞泵。

(一)轴向柱塞泵

轴向柱塞泵按其结构特点又分为斜盘式和斜轴式两类。本书主要介绍斜盘式柱塞泵。

1.斜盘式轴向柱塞泵的工作原理

斜盘式轴向柱塞泵的工作原理如图 2-12 所示。泵的传动轴中心线与缸体中心线重合，故又称为直轴式轴向柱塞泵。它主要由斜盘、柱塞、缸体、配油盘等组成。缸体上均匀分布了若干个轴向柱塞孔，孔内装有柱塞，柱塞都与缸体轴线平行。斜盘与缸体间倾斜了一个 γ 角。缸体由轴带动旋转，斜盘和配油盘固定不动。在底部弹簧的作用下，柱塞头部始终紧贴斜盘。当缸体按图示方向旋转时，由于斜盘和弹簧的共同作用，使柱塞产生往复运动，各柱塞与缸体间的密封腔容积便发生增大或缩小的变化，通过配油盘上的窗口吸油和压油。当缸孔自最低位置向前上方转动(相对配油盘做逆时针方向转动)时，柱塞转角在 $0\sim\pi$ 范围内，柱塞向左运动，柱塞端部缸体间的密封容积增大，通过配油盘吸油窗口 a 吸油；柱塞转角在 $\pi\sim0$ 范围内，柱塞被斜盘逐步压入缸体，柱塞端部和缸体间的密封容积减小，通过配油盘压油窗口 b 压油。缸体每转一周，每个柱塞各完成一次吸油和压油，缸体连续旋转，柱塞泵则不断地吸油和压油。

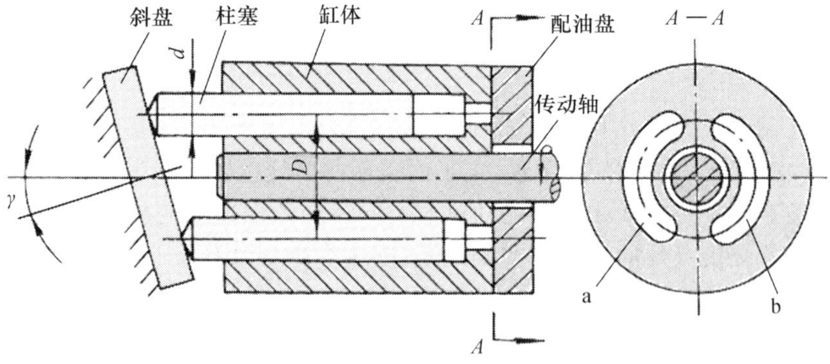

图 2-12　斜盘式轴向柱塞泵的工作原理

a-吸油窗口；b-压油窗口

如果改变斜盘倾角 γ 的大小，就改变了柱塞的行程，也就改变了泵的排量；如果改变斜盘倾角的方向，就能改变吸油、压油的方向，因此就成为双向变量泵。

2.斜盘式轴向柱塞泵的排量和流量

当柱塞泵旋转一周时，柱塞移动的距离为 $L=D\tan\gamma$，故柱塞泵每转的排量为

$$V=\frac{\pi}{4}d^2Lz=\frac{\pi}{4}d^2Dz\tan\gamma \tag{2-17}$$

流量为

$$q_v=\frac{\pi}{4}d^2Dzn\eta_v\tan\gamma \tag{2-18}$$

式中：d——柱塞直径；

L——柱塞行程；

D——缸体上柱塞分布圆直径；

γ——斜盘倾角；

z——柱塞数；

n——泵的转速；

η_v——泵的容积效率。

实际上，柱塞在缸体孔中的运动不是恒速的，因而输出流量是有脉动的。当柱塞数为奇数且柱塞数多时脉动较小，因而一般常用的柱塞泵的柱塞个数为 7、9 或 11。

3.斜盘式轴向柱塞泵的结构特点

图 2-13 所示为常见的斜盘式轴向柱塞泵的结构，它由两部分组成：右边的主体部分（又分为前泵体部分、中间泵体部分）和左边的变量部分。缸体 5 安装在中间泵体 1 和前泵体 7 内，由传动轴 8 通过花键带动旋转。在缸体内的七个轴向缸孔中分别装有柱塞 9。柱塞的球形头部装在滑履 12 的孔内，并可做相对滑动。弹簧 3 通过内套 2、钢珠 13 和回程盘 14 将滑履 12 紧紧地压在斜盘 15 上，同时弹簧 3 又通过外套 10 将缸体 5 压向配油盘 6。当缸体由传动轴带动旋转时，柱塞相对缸体做往复运动，于是容积发生变化，这时油液可通过缸孔底部月牙形的通油孔、配油盘 6 上的配油窗口和前泵体 7 的进、出油孔等完成吸、压油工作。

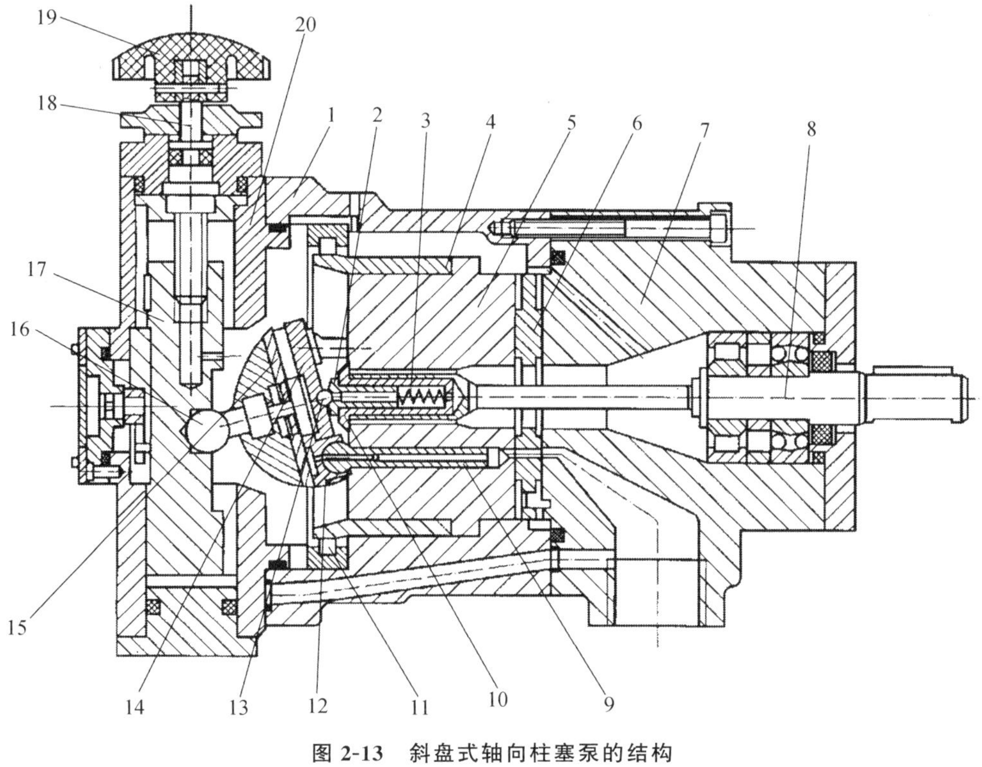

图 2-13　斜盘式轴向柱塞泵的结构

1-中间泵体；2-内套；3-弹簧；4-钢套；5-缸体；6-配油盘；7-前泵体；8-传动轴；9-柱塞；10-外套；11-轴承；12-滑履；13-钢珠；14-回程盘；15-斜盘；16-轴销；17-变量活塞；18-丝杆；19-手轮；20-变量机构壳体

斜盘式轴向柱塞泵的结构特点如下：

(1)滑履结构。在图 2-13 中，各柱塞以球形头部直接接触斜盘而滑动，柱塞头部与斜盘之间为点接触，因此被称为点接触式轴向柱塞泵。泵工作时，柱塞头部接触应力大，极易磨损，故一般轴向柱塞泵都在柱塞头部装有滑履 12，改点接触为面接触，并且各相对运动表面之间通过滑履上的小孔引入压力油，实现可靠的润滑，大大降低了相对运动零件表面的磨损。这样就有利于泵在高压下工作。

(2)弹簧机构。柱塞泵要想正常工作，柱塞头部的滑履必须始终紧贴斜盘。图 2-12 中采用在每个柱塞底部加一个弹簧的方法。但这种结构随着柱塞的往复运动，弹簧易于疲劳损坏。图 2-13 中改用一个弹簧 3，钢珠 13 和回程盘 14 将滑履压向斜盘，从而使泵具有较好的自吸能力。这种结构中的弹簧只受静载荷，不易疲劳损坏。

(3)缸体端面间隙的自动补偿。由图 2-13 可见，使缸体紧压配油盘端面的作用力，除弹簧 3 的推力外，还有柱塞孔底部台阶面上所受的液压力，此液压力比弹簧力大得多而且随泵工作压力增大而增大。由于缸体始终受力紧贴着配油盘，就使端面间隙得到了自动补偿，提高了泵的容积效率。

(4)变量机构。在变量轴向柱塞泵中均设有专门的变量机构，用来改变斜盘倾角 γ 的大小以调节泵的排量。轴向柱塞泵的变量方式有多种，其变量机构的结构形式也多种多样。

图 2-13 中采用的是手动变量机构，设置在泵的左侧。变量时，转动手轮 19，丝杆 18 随之转动，因导键的作用，变量活塞 17 便上下移动，通过轴销 16 使支承在变量壳体上的斜盘 15 绕其中心转动，从而改变了斜盘倾角 γ。手动变量机构结构简单，但操作力较大，通常只能在停机或泵压较低的情况下实现变量。

(二)径向柱塞泵

1.径向柱塞泵的工作原理

图 2-14 所示为径向柱塞泵的工作原理。泵由转子 1、定子 2、柱塞 3、配油铜套 4 和配油轴 5 等主要零件组成。柱塞沿径向分布均匀地安装在转子上。配油铜套和转子紧密配合，并套装在配油轴上，配油轴是固定不动的。转子连同柱塞由电动机带动一起旋转。柱塞靠离心力(有些结构是靠弹簧或低压补油作用)紧压在定子的内壁面上。由于定子和转子之间有一偏心距 e，因此当转子按图示方向旋转时，柱塞在上半周内向外伸出，其底部的密封容积逐渐增大，产生局部真空，于是通过固定在配油轴上的窗口 a 吸油。当柱塞处于下半周时，柱塞底部的密封容积逐渐减小，通过配油轴窗口 b 把油液压出。转子转一周，每个柱塞各吸、压油一次。若改变定子和转子的偏心距 e，则泵的输出流量也改变，即为径向柱塞变量泵；若偏心距 e 从正值变为负值，则进油口和压油口互换，即为双向径向柱塞变量泵。

2.径向柱塞泵的排量和流量

柱塞的行程为两倍偏心距 e，泵的排量为

$$V=\frac{\pi}{4}d^2\times 2ez=\frac{\pi}{2}d^2ez \qquad (2\text{-}19)$$

泵的实际输出流量为

$$q_v=\frac{\pi}{2}d^2ezn\eta_v \qquad (2\text{-}20)$$

径向柱塞泵的瞬时流量也是脉动的，与轴向柱塞泵相同，为了减少脉动，柱塞数通常也取奇数。

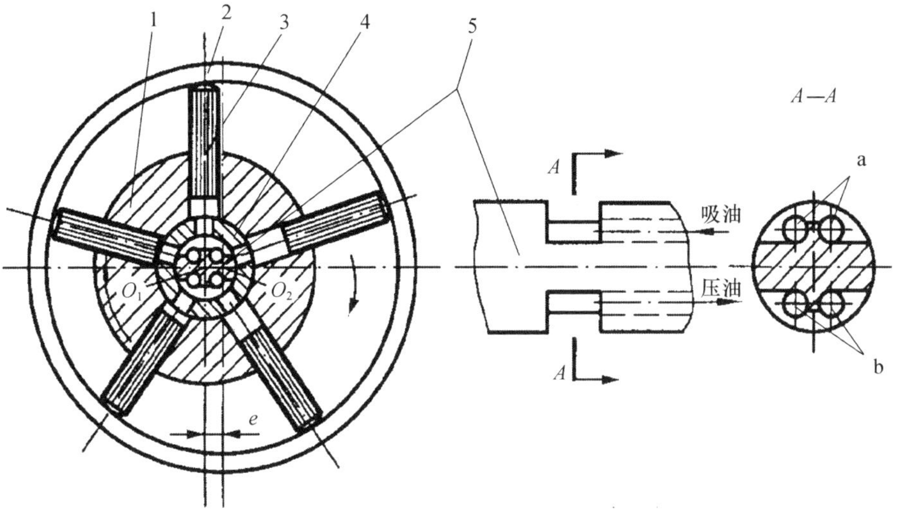

图 2-14 径向柱塞泵的工作原理

1-转子;2-定子;3-柱塞;4-配油铜套;5-配油轴

径向柱塞泵的优点是制造工艺性好(主要配合面为圆柱面),变量容易,工作压力较高,轴向尺寸小,便于做成多排柱塞的形式。其缺点是径向尺寸大,配油轴受径向不平衡液压力的作用,易磨损,泄漏间隙不能补偿。配油轴中的吸、压油流道的尺寸受到配油轴尺寸的限制不能做大,从而影响泵的吸入性能。

五、液压泵的性能及选用

液压泵是向液压系统提供一定流量和压力的油液的动力元件,它是每个液压系统不可缺少的核心元件。合理地选择液压泵对降低液压系统的能耗、提高系统的效率、降低噪声、改善工作性能和保证系统可靠地工作十分重要。

选择液压泵的原则:根据主机工况、功率大小和系统对工作性能的要求,首先确定液压泵的类型,然后按系统所要求的压力、流量大小确定其规格型号。表 2-2 列出了液压系统中各类液压泵的主要性能和应用范围,供选用时参考。

表 2-2 各类液压泵的主要性能和应用范围

项目	齿轮泵	双作用叶片泵	单作用叶片泵	轴向柱塞泵	径向柱塞泵
工作压力/MPa	<20	6.3～20	$\leqslant 7$	20～35	10～20
流量调节	不能	不能	能	能	能
容积效率	0.70～0.95	0.80～0.95	0.80～0.90	0.90～0.98	0.85～0.95
总效率	0.60～0.85	0.75～0.85	0.70～0.85	0.85～0.95	0.75～0.92
流量脉动率	大	小	中等	中等	中等
对油的污染敏感性	不敏感	敏感	敏感	敏感	敏感

续表2-2

项目	齿轮泵	双作用叶片泵	单作用叶片泵	轴向柱塞泵	径向柱塞泵
自吸特性	好	较差	较差	较差	差
噪声	大	小	较大	大	较大
适用范围	机床、工程机械、农业机械、航空、船舶、一般机械	机床、注塑机、液压机、起重运输机械、工程机械、航空	机床、注塑机	机床、工程机械、锻压机械、起重运输机械、矿山机械、冶金机械、船舶、航空	机床、液压机、船舶

六、液压泵常见故障及其排除方法

液压泵常见故障及其排除方法见表2-3。

表2-3 液压泵常见故障及其排除方法

故障现象	原因分析	排除方法
不排油或无压力	(1)原动机和液压泵转向不一致 (2)油箱油位过低 (3)吸油管或滤油器堵塞 (4)启动时转速过低 (5)油液黏度过大或叶片移动不灵活 (6)叶片泵配油盘与泵体接触不良或叶片在滑槽内卡死 (7)进油口漏气 (8)组装螺钉过松	(1)纠正转向 (2)补油至油标线 (3)清洗吸油管路或滤油器，使其畅通 (4)使转速达到液压泵的最低转速以上 (5)检查油质，更换黏度适合的液压油或提高油温 (6)修理接触面，重新调试，清洗滑槽和叶片，重新安装 (7)更换密封件或接头 (8)拧紧螺钉
流量不足或压力不能升高	(1)吸油管滤油器部分堵塞 (2)吸油端连接处密封不严，有空气进入，吸油位置太高 (3)叶片泵个别叶片装反，运动不灵活 (4)泵盖螺钉松动 (5)系统泄漏 (6)齿轮泵轴向和径向间隙过大 (7)叶片泵定子内表面磨损 (8)柱塞泵柱塞与缸体或配油盘与缸体间磨损，柱塞回程不够或不能回程，引起缸体与配油盘间失去密封 (9)柱塞泵变量机构失灵 (10)侧板端磨损严重，漏损增加 (11)溢流阀失灵	(1)除去脏物，使吸油畅通 (2)在吸油端连接处涂油，若有好转，则紧固连接件或更换密封，降低吸油高度 (3)逐个检查，不灵活叶片应重新研配 (4)适当拧紧螺钉 (5)对系统进行顺序检查并修理 (6)找出间隙过大部位，并采取措施调整 (7)更换零件 (8)更换柱塞，修磨配油盘与缸体的接触面，保证接触良好，检查或更换弹簧 (9)检查变量机构，纠正其调整误差 (10)更换零件 (11)检修溢流阀
噪声严重	(1)吸油管或滤油器部分堵塞 (2)吸油端连接处密封不严，有空气进入，吸油位置太高 (3)从泵轴油封处有空气进入 (4)泵盖螺钉松动 (5)泵与联轴器不同心或松动	(1)除去脏物，使吸油管畅通 (2)在吸油端连接处涂油，若有好转，则紧固连接件或更换密封，降低吸油高度 (3)更换油封 (4)适当拧紧螺钉 (5)重新安装，使其同心，紧固连接件

续表2-3

故障现象	原因分析	排除方法
	(6)油液黏度过高,油中有气泡 (7)吸入口滤油器通过能力太小 (8)转速太高 (9)泵体腔道阻塞 (10)齿轮泵齿形精度不高或接触不良,泵内零件损坏 (11)齿轮泵轴向间隙过小,齿轮内孔与端面垂直度或泵盖上两孔平行度超差 (12)溢流阀阻尼孔堵塞 (13)管路振动	(6)更换黏度适当的液压油,提高油液质量 (7)改用通过能力较大的滤油器 (8)使转速降至允许的最高转速以下 (9)清理或更换泵体 (10)更换齿轮或研磨修整,更换损坏零件 (11)检查并修复有关零件 (12)拆卸溢流阀并清洗 (13)采取隔离消振措施
泄漏	(1)柱塞泵中心弹簧损坏,使缸体与配油盘间失去密封性 (2)油封或密封圈损伤 (3)密封表面不良 (4)泵内零件间磨损、间隙过大	(1)更换弹簧 (2)更换油封或密封圈 (3)检查修理 (4)更换或重新配研零件
过热	(1)油液黏度过高或过低 (2)侧板和轴套与齿轮端面严重摩擦 (3)油液变质,吸油阻力增大 (4)油箱容积太小,散热不良	(1)更换黏度适合的液压油 (2)修理或更换侧板和轴套 (3)换油 (4)加大油箱,扩大散热面积
柱塞泵变量机构失灵	(1)在控制油路上可能出现阻塞 (2)变量活塞及弹簧心轴卡死	(1)净化油,必要时冲洗油路 (2)如机械卡死,可研磨修复;如油液污染,则清洗零件并更换油液
柱塞泵不转	(1)柱塞与缸体卡死 (2)柱塞球头折断,滑履脱落	(1)研磨、修复柱塞泵 (2)更换零件

【任务实施】

一、齿轮泵的拆装

1.拆装步骤

首先松开紧固螺钉;从泵体中取出主动齿轮及轴、从动齿轮及轴。然后分解端盖与轴承、齿轮与轴承、端盖与油封。最后将泵装配起来,装配顺序与拆卸相反。

2.主要零件分析

泵体的两端面开有封油槽,此槽与吸油口相通,用来防止泵内油液从泵体与泵盖接合面外泄,泵体与齿顶圆的径向间隙为0.13～0.16 mm。

端盖内侧开有卸荷槽,用来消除困油。端盖上吸油口大,压油口小,用来减小作用在轴和轴承上的径向不平衡力。

两个齿轮的齿数和模数都相等,齿轮与端盖间轴向间隙为0.03～0.04 mm,轴向间隙不可以调节。

二、叶片泵(限压式)的拆装

1.拆装步骤

松开固定螺钉,拆下弹簧压盖,取出弹簧及弹簧座;松开固定螺钉,拆下活塞压盖,取出活塞;松开固定螺钉,拆下滑块压盖,取出滑块及滚针;松开固定螺钉,拆下传动轴左、右端盖,取出左配油盘、定子、转子传动轴组件和右配油盘。分解以上各部件。拆卸后清洗、检验、分析。装配顺序与拆卸相反。

2.主要零件分析

定子和转子:定子的内表面和转子的外表面是圆柱面。转子中心固定,定子中心可以左右移动。定子径向开有条槽可以安置叶片。

叶片:该泵有奇数个叶片,流量脉动较偶数小。叶片后倾角为 24°,有利于叶片在惯性力的作用下向外伸出。

配油盘:配油盘上有两个圆弧槽,一个为压油窗口,一个为吸油窗口。压油腔一侧的叶片底部油槽和压油腔相通,吸油腔一侧的叶片底部油槽与吸油腔相通,保持叶片的底部和顶部所受的液压力是平衡的。

滑块:滑块用来支持定子,并承受压力油对定子的作用力。

压力调节装置:压力调节装置由调压弹簧、调压螺钉和弹簧座组成。调压弹簧的预压缩量可以改变泵的限定压力。

最大流量调节装置:调节螺钉可以改变活塞的原始位置,也改变了定子与转子的原始偏心量,从而改变泵的最大流量。

压力反馈装置:泵的出口压力作用在活塞上,活塞对定子产生反馈力。

三、轴向柱塞泵的拆装

1.拆装步骤

松开固定螺钉,分开手动变量机构、中间泵体和右端泵盖三部分。分解各部件。拆卸后清洗、检验和分析。装配时,先装部件后总装。

2.主要零部件分析

缸体:缸体用铝青铜制成,它上面有若干个与柱塞相配合的圆柱孔,其加工精度很高,以保证既能相对滑动,又有良好的密封性能。缸体中心开有花键孔,与传动轴相配合。缸体右端面与配油盘相配合。缸体外表面镶有钢套并装在滚动轴承上。

滑履机构:柱塞在缸体内做往复运动,并随缸体一起转动。滑履随柱塞做轴向运动,并在斜盘的作用下绕柱塞球头中心摆动,使滑履平面与斜盘斜面贴合。柱塞和滑履中心开有直径 1 mm 的小孔,缸中的压力油可进入柱塞和滑履,滑履和斜盘间的相对滑动表面形成油膜,起静压支承作用,以减小这些零件的磨损。

中心弹簧机构:中心弹簧通过内套、钢球和回程盘将滑履压向斜盘,使活塞得到回程运动,从而使泵具有较好的自吸能力。同时,弹簧又通过外套使缸体紧贴配油盘,以保证泵启动时基本无泄漏。

任务二 液压执行装置

【任务描述】

熟悉液压缸的装配、使用和维护。

【知识准备】

液压执行元件是把通过回路输入的液压能转变成机械能输出的装置。液压执行元件有液压缸和液压马达两种类型。液压缸一般用于实现直线往复运动或摆动运动;液压马达用于实现回转运动。

一、液压缸

(一)液压缸的类型

液压缸的种类繁多,按作用方式,可分为单作用液压缸和双作用液压缸。单作用液压缸只有一个工作油口,在压力油的作用下活塞杆或柱塞伸出,返回行程靠重力或弹簧力等实现。双作用液压缸有两个工作油口,活塞的往复运动都是在压力油作用下实现的。按结构形式,可分为柱塞式液压缸、活塞式液压缸、伸缩套筒式液压缸、组合缸等。表 2-4 列出了常用液压缸的类型。

表 2-4 常用液压缸的类型

名称			符号	说明
单作用液压缸	活塞式液压缸		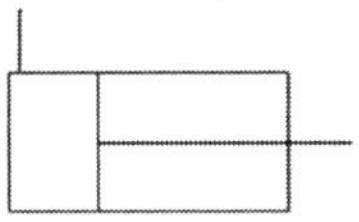	活塞仅能单向运动,其反向运动需要由外力来完成
	柱塞式液压缸		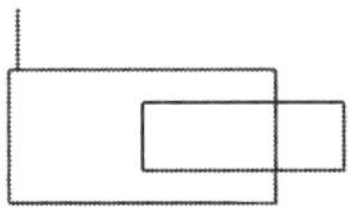	同上,但其行程一般较活塞式液压缸大
	伸缩式液压缸		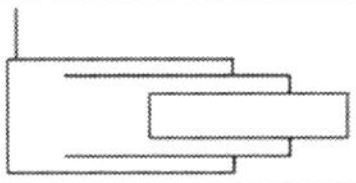	有多个依次运动的活塞,各活塞逐次运动时,其输出速度和输出力均是变化的
双作用液压缸	单活塞杆	无缓冲式	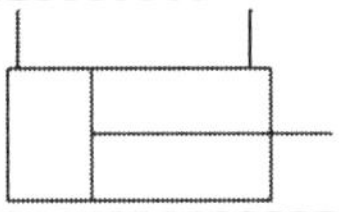	活塞双向运动产生推、拉力。活塞在行程终了时不减速
		不可调缓冲式	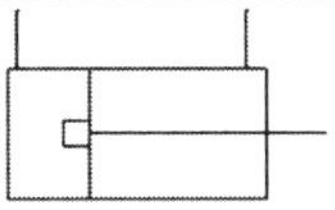	活塞双向运动产生推、拉力。活塞行程终了时减速制动,减速值不变
		可调缓冲式	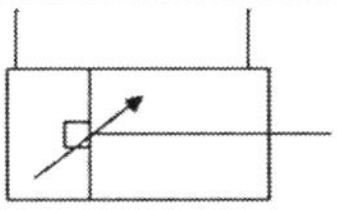	活塞双向运动产生推、拉力。活塞行程终了时减速制动,减速值可调节
		差动式	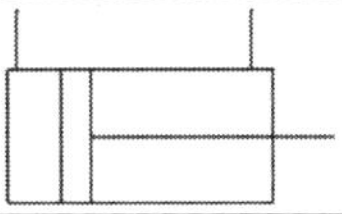	活塞两端面积差较大,使活塞往复运动时的输出速度及力的差值较大。差动连接用于快速回路

续表2-4

名称			符号	说明
双作用液压缸	双活塞杆	等速等行程式	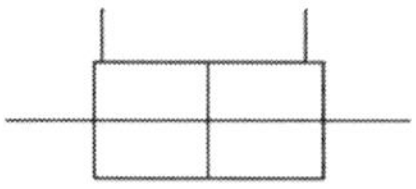	活塞两端杆径相同，活塞正、反向运动速度和推力均相等
		双向式	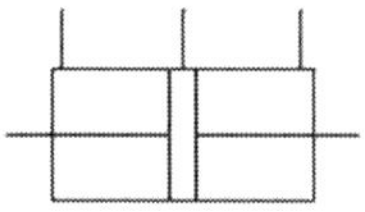	两活塞同时向相反方向运动，其输出速度和力相等
	伸缩式套筒液压缸		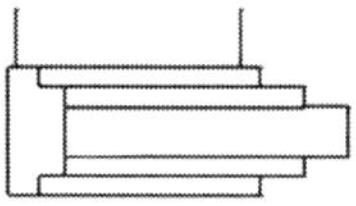	有多个可依次动作的活塞，其行程可变，活塞可双向运动
组合式液压缸	串联式		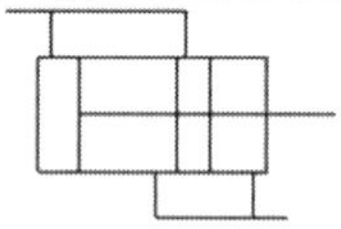	当液压缸直径受到限制时，用以获得较大的推力
	增压式		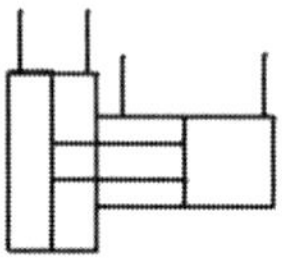	利用活塞两端的承压面积的不同，当从活塞大端输入较低的流体压力时，能从活塞小端输出较高的流体压力
	多位式		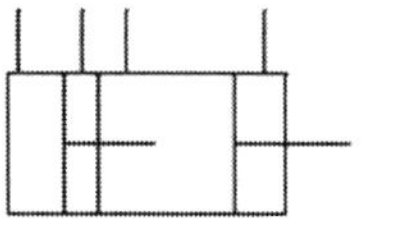	活塞可有三个位置
	齿条传动活塞液压缸		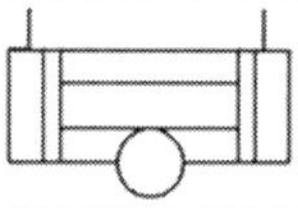	经齿轮齿条传动，将液压缸的直线运动转换成齿轮的回转运动
	齿条传动柱塞液压缸		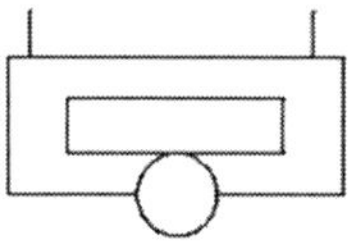	

(二)常见液压缸及其特点

1.活塞式液压缸

活塞式液压缸主要由缸体、缸盖、活塞、活塞杆、密封件等零件组成。活塞式液压缸有双活塞杆式、单活塞杆式。活塞杆有实心的，也有空心的。

(1)单杆液压缸。如图 2-15 所示，活塞只有一端带活塞杆。单杆液压缸也有缸体固定和活塞杆固定两种形式，但运动部件的移动范围都是最大行程的 2 倍。单杆液压缸由于左、右两腔的有效面积 A_1 和 A_2 不相等[图 2-15(a)、(b)]，因此，当进油腔和回油腔的压力分别为 p_1 和 p_2，输入左、右两腔的流量皆为 q 时，左、右两个方向的推力和速度也不相同。单杆液压缸推力和速度的计算式如下：

$$F_1 = p_1A_1 - p_2A_2 = \frac{\pi}{4}[D^2p_1 - (D^2 - d^2)p_2] \tag{2-21}$$

$$F_2 = p_1A_2 - p_2A_1 = \frac{\pi}{4}[(D^2 - d^2)p_1 - D^2p_2] \tag{2-22}$$

$$v_1=\frac{4q}{\pi D^2} \tag{2-23}$$

$$v_2=\frac{4q}{\pi(D^2-d^2)} \tag{2-24}$$

式中：F_1、F_2——压力油分别进入无杆腔、有杆腔时的活塞推力；

A_1、A_2——无杆腔、有杆腔的有效面积；

v_1、v_2——压力油分别输入无杆腔、有杆腔时活塞的运动速度。

v_2 与 v_1 之比称为速度比 λ_v，即

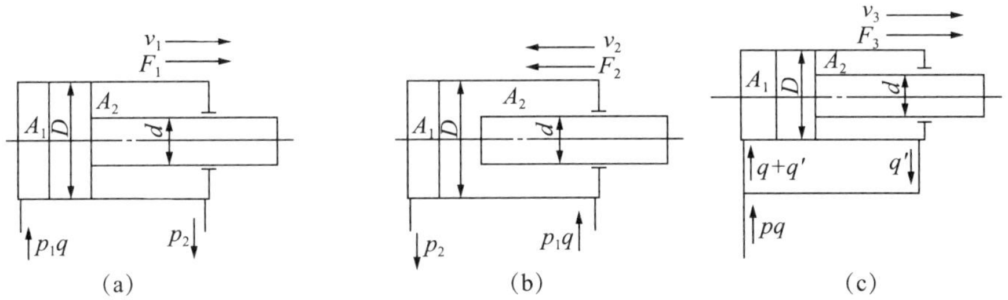

图 2-15　单杆液压缸

$$\lambda_v=\frac{v_2}{v_1}=\frac{1}{1-\left(\frac{d}{D}\right)^2} \tag{2-25}$$

式(2-25)说明：活塞杆直径越小，λ_v 越接近 1，活塞两个方向运动的速度差值也就越小。如果活塞杆较粗，活塞两个方向运动的速度差值较大，这时可以用较小流量的液压泵获得快速退回运动。λ_v 与$\frac{d}{D}$和$\frac{A_2}{A_1}$之间的关系见表 2-5。

表 2-5　λ_v 与$\frac{d}{D}$和$\frac{A_2}{A_1}$之间的关系

尺寸比	λ_v					
	1.15	1.25	1.33	1.46	1.61	2
$\frac{d}{D}$	0.36	0.45	0.50	0.55	0.62	0.71
$\frac{A_2}{A_1}$	0.87	0.80	0.75	0.69	0.62	0.50

如果向单杆液压缸的左、右两腔同时通压力油，即所谓的差动连接，作差动连接的单杆液压缸称为差动液压缸。开始时，差动液压缸左右两腔的油液压力相同，但是无杆腔的有效面积大于有杆腔的有效面积，故活塞将向右运动[图 2-25(c)]，同时使有杆腔中排出的油液(流量为 q')也进入无杆腔，加大了流入无杆腔的流量($q+q'$)，从而加快了活塞移动的速度。实际上当活塞运动时，差动液压缸两腔间的管路中有压力损失，所以有杆腔中的油压力稍大于无杆腔的油压力，当该压力损失很小可忽略不计时，差动液压缸活塞推力 F_3 和运动速度 v_3 的计算式如下：

$$F_3 = p(A_1 - A_2) = \frac{\pi}{4}[D^2 - (D^2 - d^2)]p = \frac{\pi}{4}d^2 p$$

$$v_3 = \frac{q + q'}{\frac{\pi D^2}{4}} = \frac{q + \frac{\pi}{4}(D^2 - d^2)v_3}{\frac{\pi D^2}{4}} \tag{2-26}$$

整理后得

$$v_3 = \frac{4q}{\pi d^2} \tag{2-27}$$

由式(2-26)和式(2-27)可知，差动连接时液压缸的推力比非差动连接时小，速度比非差动连接时大，正好利用这一点，可使在不加大油源流量的情况下得到机床工作台快速进、退和慢速进给的运动循环。例如，在组合机床中，液压驱动的动力滑台就是利用差动液压缸来完成快速趋近—慢速工作—快速退回的。

如果要使快进和快退的速度相等，即使 $v_3 = v_2$，则有

$$\frac{4q}{\pi(D^2 - d^2)} = \frac{4q}{\pi d^2} \tag{2-28}$$

这时液压缸面积 A_1 和活塞杆截面积 A_3 存在如下关系：

$$A_1 = 2A_3 \tag{2-29}$$

或

$$D = \sqrt{2}d \tag{2-30}$$

(2)双杆液压缸。双杆液压缸的活塞两端都有活塞杆(图 2-16)，它有两种不同的安装形式。图 2-16(a)所示为缸体固定的安装形式，缸体两端设有进、出油口，通过活塞杆带动工作台移动。当活塞的有效行程为 l 时，整个工作台的运动范围为 $3l$，所以机床占地面积大，一般适用于小型机床。当机床工作台行程要求长时，可采用图 2-16(b)所示的活塞杆固定的形式。这时，缸体与工作台相连，活塞杆通过支架固定在机床上，动力由缸体传出。在这种安装形式中，机床工作台的移动范围只等于液压缸有效行程的 2 倍($2l$)，因此占地面积小。进、出油口可以设置在固定不动的活塞杆的两端，使油液从空心的活塞杆中进出，也可以设置在缸体的两端，但这时必须使用软管连接。由于这种结构形式复杂，移动部分(缸体)的质量大，惯性大，因此只用于中型和大型机床。

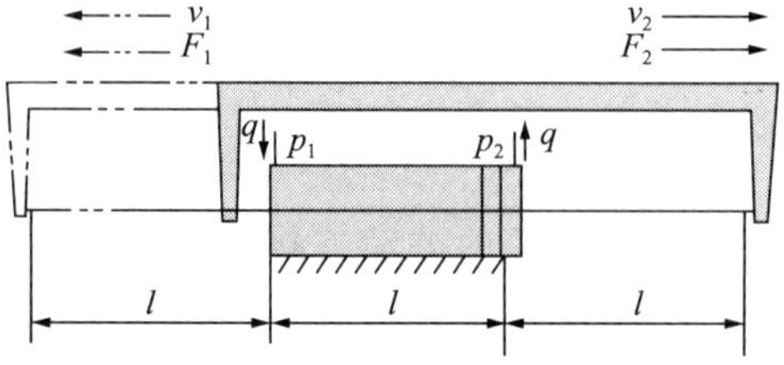

(a)缸体固定式

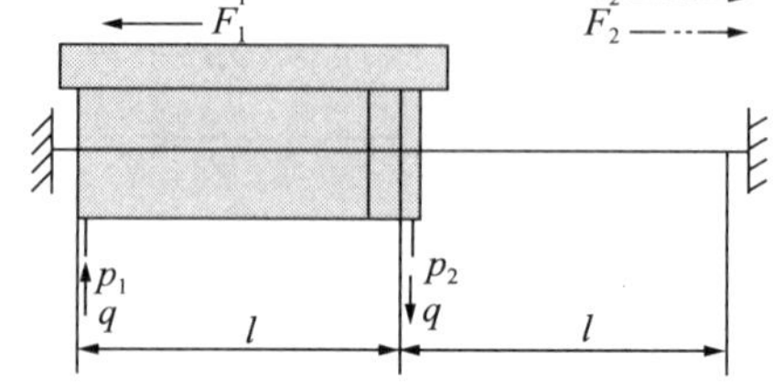

(b)活塞杆固定式

图 2-16 双杆液压缸

双杆液压缸两端的活塞杆直径通常是相等的，因此它的左、右两腔的有效面积也相等。当分别向左、右腔输入相同压力和相同流量的油液时，液压缸左、右两个方向的推力和速度相等，双杆液压缸推力 F 和速度 v 的计算式如下：

$$F = A(p_1 - p_2) = \frac{\pi}{4}(D^2 - d^2)(p_1 - p_2) \tag{2-31}$$

$$v = \frac{4q}{\pi(D^2 - d^2)} \tag{2-32}$$

式中：A——液压缸的有效面积；

D、d——活塞、液压杆的直径；

q——输入液压缸的流量；

p_1、p_2——进油腔、回油腔的压力。

双杆液压缸由于两端都有活塞杆，在工作时可以使活塞杆受拉力而不受压力，因此活塞杆可以做得比较细。

2.柱塞式液压缸

上述活塞式液压缸中，缸的内孔与活塞有配合要求，所以要有较高的精度，当缸体较长时，加工就很困难。为了解决这个矛盾，可采用柱塞式液压缸，如图 2-17 所示。

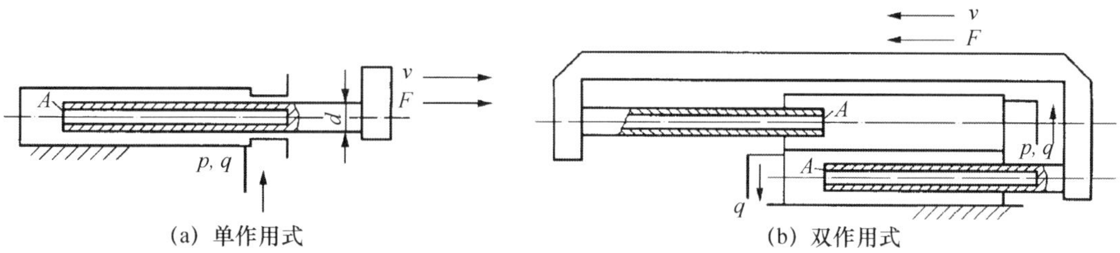

图 2-17　柱塞式液压缸

从图 2-17 中看出，柱塞式液压缸的内壁与柱塞并不接触，没有配合要求，故缸孔不需要精加工，柱塞仅与缸盖导向孔间有配合要求，这就大大简化了缸体加工和装配的工艺性。因此柱塞式液压缸特别适用于行程很长的场合。为了减轻柱塞的质量，减少柱塞的弯曲变形，柱塞一般被做成空心的。行程特别长的柱塞式液压缸，还可以在缸筒内设置辅助支承，以增强刚性。图 2-17(a)所示为单柱塞液压缸，柱塞和工作台连在一起，缸体固定不动。当压力油进入缸内时，柱塞在液压力作用下带动工作台向右移动。柱塞的返回要靠外力(如弹簧力或立式部件的重力等)来实现。图 2-17(b)所示为双柱塞液压缸，它由两个柱塞液压缸组合而成，因而可以实现两个方向的液压驱动。

柱塞式液压缸的推力 F 和运动速度 v 的计算式如下：

$$F = \frac{\pi}{4} d^2 p \tag{2-33}$$

$$v = \frac{4q}{\pi d^2} \tag{2-34}$$

式中：d——柱塞直径；

p——缸内油液压力；

q——输入液压缸的流量。

3.摆动液压缸

摆动液压缸主要用来驱动做间歇回转运动的工作机构，如回转夹具、分度机构、送料、夹紧等机床辅助装置，也有用在需要周期性进给的系统中。摆动液压缸的工作原理与叶片式液压马达相似，两者的主要区别是摆动缸没有配油功能，高、低压腔之间有隔墙，不能做整周回转。

图 2-18(a)所示为单叶片摆动液压缸，叶片固定在轴上，隔板固定在缸体上，隔板的槽中嵌有密封块，密封块在弹簧片的作用下紧压在轴的表面上，起密封作用。当压力油进入摆动缸时，在油压作用下，叶片带动轴回转，摆动角度小于 300°。单叶片摆动液压缸结构较简单，摆动角度大。但它有两个缺点：一是输出的转矩小；二是液压心轴受单向径向液压力大。图 2-18(b)所示为双叶片摆动液压缸，心轴上固定着两个叶片，在同样大小的结构尺寸下，所产生的转矩比单叶片摆动液压缸增大 1 倍，而且径向液压力得到平衡，但双叶片摆动液压缸的转角较小(小于 150°)，且在相同流量下，转速也减小了。

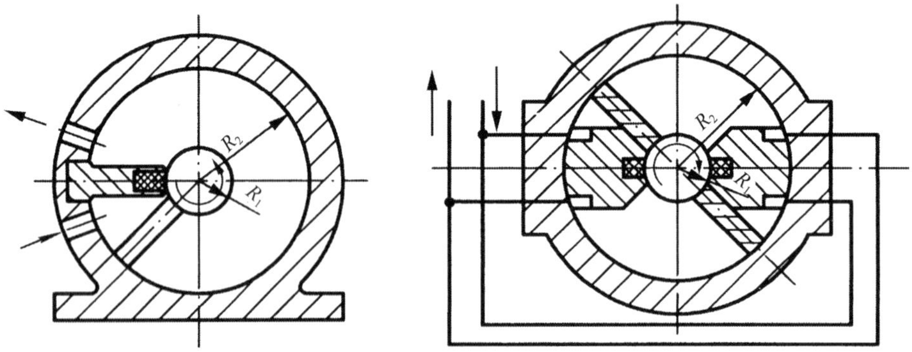

(a)单叶片式　　(b)双叶片式

图 2-18　摆动液压缸

摆动液压缸的转矩 T 和角速度 ω 的计算式如下：

$$T = Zb\int_{R_1}^{R_2}(p_1 - p_2)r\,\mathrm{d}r = \frac{1}{2}bZ(R_2^2 - R_1^2)(p_1 - p_2) \tag{2-35}$$

$$\omega = \frac{2\pi q}{\frac{\pi}{4}(D^2 - d^2)} = \frac{8q}{bZ(D^2 - d^2)} \tag{2-36}$$

式中：b——叶片宽度；

R_1、R_2——叶片底部、顶部的回转半径；

r——叶片径向长度；

Z——叶片数；

p_1、p_2——工作腔、回油腔的液压力；

D、d——缸体内径、转轴外径，$D = 2R_2$，$d = 2R_1$；

q——进入摆动缸的流量。

需要注意的是，在计算以上液压缸的推力和转矩时，未考虑在液压缸的密封装置上产生的摩擦力，因此在计算液压缸的有效推力和转矩时，应乘以液压缸的机械效率，一般液压缸的机械效率为 0.9～0.95。

4.其他液压缸

(1)增压液压缸。增压液压缸又称增压器，它利用活塞和柱塞有效面积之比使液压系统中局部油路获得高压。它有单作用和双作用两种形式。单作用式增压液压缸的工作原理如图 2-19所示，当输入活塞缸的液体压力为 p_1，活塞直径为 D，柱塞直径为 d 时，柱塞缸中输出

的液体压力为高压，其值为

$$p_2 = p_1(D/d)^2 = Kp_1 \tag{2-37}$$

式中：$K = D^2/d^2$，称为增压比，它代表增压程度。

显然，增压能力是在降低有效能量的基础上得到的，也就是说，增压液压缸仅是增大输出的压力，并不能增大输出的能量。

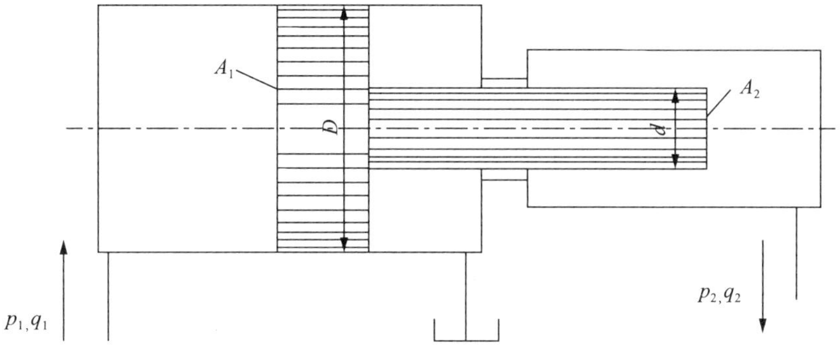

图 2-19 增压液压缸

(2)伸缩液压缸。伸缩液压缸由两个或多个活塞缸套装而成，前一级活塞缸的活塞杆内孔是后一级活塞缸的缸筒，伸出时可获得很长的工作行程，缩回时可保持很小的结构尺寸，伸缩液压缸被广泛用于起重运输车辆上。

伸缩液压缸可以是图 2-20(a)所示的单作用式，也可以是图 2-20(b)所示的双作用式。前者靠外力回程，后者靠液压回程。

伸缩液压缸的外伸动作是逐级进行的。首先是最大直径的缸筒以最低的油液压力开始外伸，当到达行程终点后，稍小直径的缸筒开始外伸，直径最小的末级最后伸出。随着工作级数变大，外伸缸筒直径越来越小，工作油液压力随之升高，工作速度变快。

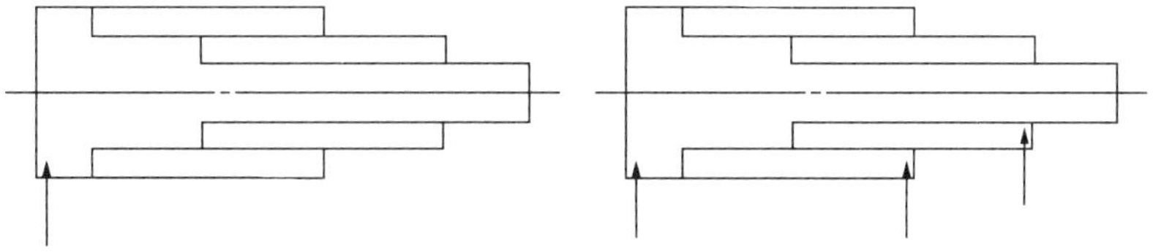

(a)单作用式　　(b)双作用式

图 2-20 伸缩液压缸

(3)齿轮液压缸。齿轮液压缸由两个柱塞缸和一套齿条传动装置组成。柱塞的移动经齿轮齿条传动装置变成齿轮的传动，用于实现工作部件的往复摆动或间歇进给运动，如图 2-21 所示。

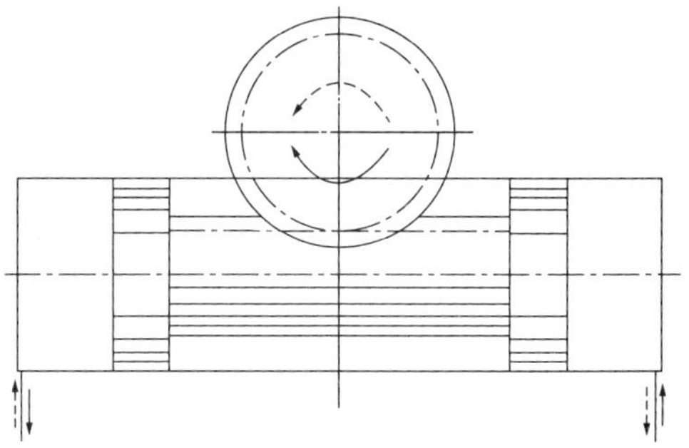

图 2-21 齿轮液压缸

(三)液压执行元件的常见故障及其排除方法

表 2-6 列出了液压缸的常见故障及其排除方法。

表 2-6 液压缸的常见故障及其排除方法

故障现象	原因分析	排除方法
爬行	(1)混入空气 (2)运动密封件装配过紧 (3)活塞杆与活塞不同轴 (4)导向套与缸筒不同轴 (5)活塞杆弯曲 (6)液压缸安装不良,其中心线与导轨不平行 (7)缸筒内径圆柱度超差 (8)缸筒内孔锈蚀、拉毛 (9)活塞杆两端螺母拧得过紧,使其同轴度降低 (10)活塞杆刚性差 (11)液压缸运动件之间间隙过大 (12)导轨润滑不良	(1)排除空气 (2)调整密封圈,使之松紧适当 (3)校正、修整或更换 (4)修正调整 (5)校直活塞杆 (6)重新安装 (7)镗磨修复,重配活塞或增加密封件 (8)除去锈蚀、毛刺或重新镗磨 (9)略拧松螺母,使活塞杆处于自然状态 (10)加大活塞杆直径 (11)减小配合间隙 (12)保持良好润滑
冲击	(1)缓冲间隙过大 (2)缓冲装置中的单向阀失灵	(1)减小缓冲间隙 (2)修理单向阀
推力不足或动作速度下降	(1)缸体和活塞的配合间隙过大,或密封件损坏,造成内泄漏 (2)缸体和活塞的配合间隙过小,密封过紧,运动阻力大 (3)运动零件制造存在误差和装配不良,引起不同心或单面剧烈摩擦 (4)活塞杆弯曲,引起剧烈摩擦 (5)缸体内孔损坏与活塞咬死,或缸体内孔加工不良 (6)液压油中杂质过多,使活塞或活塞杆卡死 (7)油温过高,加剧泄漏	(1)修理或更换不符合精度要求的零件,重新装配、调整或更换密封件 (2)增加配合间隙,调整密封件的压紧程度 (3)修理误差较大的零件,重新装配 (4)校直活塞杆 (5)镗磨、修复缸体或更换缸体 (6)清洗液压系统,更换液压油 (7)分析温升原因,改进密封结构,避免温升过高
外泄漏	(1)密封件咬边、拽伤或破坏 (2)密封件方向装反 (3)缸盖螺钉未拧紧 (4)运动零件之间有纵向损伤和沟痕	(1)更换密封件 (2)改正密封件方向 (3)拧紧螺钉 (4)修理或更换零件

二、液压马达

液压马达是执行元件,它能将液体的压力能转换为机械能,输出转矩和转速。液压马达与液压泵的结构基本相同,也可分为齿轮式、叶片式和柱塞式三大类。从原理上讲,液压泵可作液压马达,液压马达也可作液压泵,但由于两者的使用目的和工作条件不同,故实际结构有所区别。

(一)液压马达的主要性能参数

从液压马达的功用来看,其主要性能参数有转速 n、转矩 T 和效率 η。

1.转速和容积效率

若液压马达的排量为 V,以转速 n 旋转时,在理想情况下,液压马达需要油液流量为 q_t(理论流量 $q_t=Vn$)。由于液压马达存在泄漏,因此实际所需流量 q 应大于理论流量。设液压马达的泄漏量为 Δq,则实际供给液压马达的流量应为

$$q = q_t + \Delta q \tag{2-38}$$

液压马达的容积效率为理论流量和实际流量之比，即

$$\eta_v = \frac{q_t}{q} \tag{2-39}$$

液压马达的转速为

$$n = \frac{q}{q_t}\eta_v \tag{2-40}$$

2.转矩和机械效率

根据排量的大小，可以计算出在给定压力下液压马达所能输出的转矩的大小，也可以计算出在给定的负载转矩下马达的工作压力的大小。设液压马达进、出油口之间的压力差为 Δp，输入液压马达的流量为 q，液压马达的理论转矩为 T_t，角速度为 ω。如果不计损失，液压马达输入的液压功率应当全部转化为液压马达输出的机械效率，即 $\Delta p = T_t\omega$。又因为 $\omega = 2\pi n$，所以液压马达的理论转矩为

$$T_t = \frac{\Delta pV}{2\pi} \tag{2-41}$$

实际上液压马达存在机械损失，设由摩擦损失造成的转矩为 ΔT，则液压马达实际输出转矩 $T = T_t - \Delta T$，设机械效率为 η_m，则

$$\eta_m = \frac{T}{T_t} \tag{2-42}$$

液压马达的实际输出转矩为

$$T = T_t\eta_m = \frac{\Delta pV}{2\pi}\eta_m \tag{2-43}$$

3.液压马达的总效率

液压马达的总效率 η 为液压马达的实际输出功率和实际输入功率之比，即

$$\eta = \frac{2T\pi n}{\Delta pq} = \frac{2T\pi n}{\dfrac{\Delta pVn}{\eta_v}} = \frac{T}{\dfrac{\Delta pV}{2\pi}}\eta_v = \frac{T}{T_t}\eta_v = \eta_m\eta_v \tag{2-44}$$

从式(2-44)可知，液压马达的总效率等于液压马达的机械效率 η_m 和容积效率 η_v 的乘积。

(二)轴向柱塞式液压马达

图 2-22 所示为轴向柱塞式液压马达的工作原理。当压力油经配油盘通入柱塞底部孔时，柱塞受压力油作用向外伸出，并紧压在斜盘上，这时斜盘对柱塞产生一反作用力 F。

斜盘倾斜角为 γ，所以 F 可分解为两个分力：一个是轴向分力 F_x，它和作用在柱塞上的液压作用力相平衡；另一个分力为 F_y，它使缸体产生转矩。设柱塞和缸体的垂直中心线距离为 α，此柱塞产生的转矩为

$$T_i = F_y\alpha = F_yR\sin\varphi = F_xR\tan\gamma\sin\varphi \tag{2-45}$$

式中：R——柱塞在缸体中的分布圆半径。

液压马达输出的转矩应是高压腔柱塞产生转矩的总和，即

$$T = \sum F_xR\tan\gamma\sin\varphi \tag{2-46}$$

柱塞的瞬时方位角 φ 是变量，柱塞产生的转矩也会发生变化，故液压马达产生的总转矩也是脉动的。

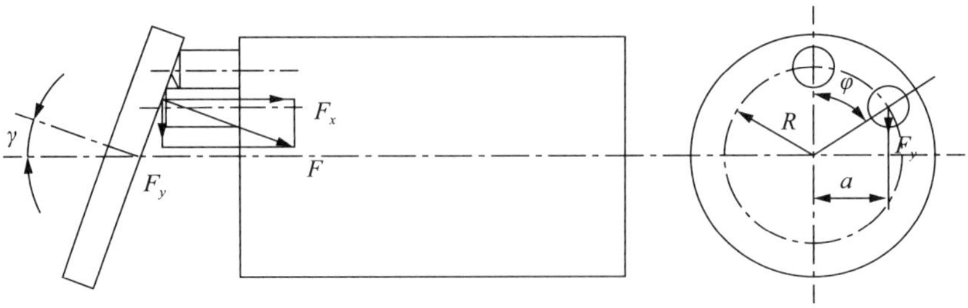

图 2-22　轴向柱塞式液压马达的工作原理

(三)叶片式液压马达

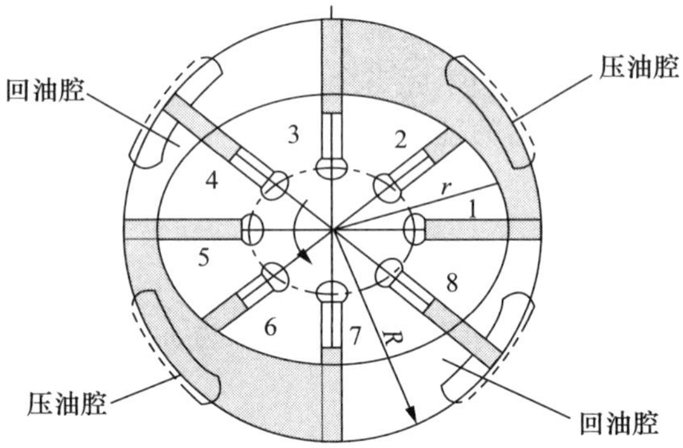

图 2-23　叶片式液压马达的工作原理

图 2-23 所示为叶片式液压马达的工作原理。当压力油通入压油腔后，在叶片 1、3 和 5、7 上，一面作用有高压油，另一面则为低压油，叶片 3、7 受力面积大于叶片 1、5，从而由叶片受力差构成的力矩推动转子和叶片做逆时针方向旋转。当改变输油方向时，液压马达反转。

为使液压马达正常工作，叶片式液压马达在结构上与叶片泵有一些重要区别。根据液压马达要双向旋转的要求，液压马达的叶片既不前倾也不后倾，而是径向放置。为使叶片始终紧贴定子内表面以保证正常启动，在吸、压油腔通入叶片根部的通路上应设置单向阀，使叶片底部能与压力油相通。另外还设有弹簧，使叶片始终处于伸出状态，保证初始密封。

叶片式液压马达的转子惯性小，动作灵敏，可以频繁换向，但泄漏量较大，不宜在低速下工作，因此叶片式液压马达一般用于转速高、转矩小、动作要求灵敏的场合。

(四)液压马达的常见故障及其排除方法

表 2-7 列出了液压马达的常见故障及其排除方法。

表 2-7　液压马达的常见故障及其排除方法

故障现象	原因分析	排除方法
转速低且输出转矩小	(1)由于滤油器阻塞，油液黏度过大，使供油不足 (2)电机转速低，功率不匹配油量 (3)密封不严，有空气进入 (4)油液污染，堵塞马达内部通道 (5)油液黏度小，内泄漏增大 (6)油箱中油液不足，管径过小 (7)齿轮马达侧板和齿轮两侧面，叶片式马达配油盘和叶片等零件磨损而造成内泄漏和外泄漏 (8)单向阀密封不良，溢流阀失灵	(1)清洗滤油器、更换适合的油液，保证供油量 (2)更换电机 (3)紧固密封 (4)拆卸、清洗马达，更换油液 (5)更换黏度适合的油液 (6)加油，加大吸油管径 (7)对相关零件进行修复 (8)修理阀芯和阀座

续表2-7

故障现象	原因分析	排除方法
噪声过大	(1)进油口滤油器堵塞,进油管漏气 (2)联轴器与马达轴不同心或松动 (3)齿轮马达齿形精度低,接触不良,轴向间隙小,内部个别零件损坏,齿轮内孔与端面不垂直,端盖上两孔不平行,滚针轴承断裂,轴承架损坏 (4)叶片和主配油盘接触的两侧面、叶片顶端或定子内表面磨损或刮伤,扭力弹簧变形或损坏 (5)径向柱塞马达的径向尺寸严重磨损	(1)清洗、紧固接头 (2)重新安装调整或紧固 (3)更换齿轮或研磨修整齿形,研磨有关零件,重配轴向间隙,对损坏零件进行更换 (4)根据磨损程度修复或更换零件 (5)修磨缸孔,重配柱塞
泄漏	(1)管接头未拧紧 (2)接合面螺钉未拧紧 (3)密封件损坏 (4)配油装置发生故障 (5)相互运动零件间的间隙过大	(1)拧紧管接头 (2)拧紧螺钉 (3)更换密封件 (4)检修配油装置 (5)重新调整间隙或修理、更换零件

【任务实施】

液压缸夏季推荐使用工作液为 YA-N46,冬季使用 YA-N32 液压油,或使用相应黏度的机械油(50 ℃时,运动黏度为 30～40 cSt)。工作时油温应在 5～65 ℃,以避免密封件加速老化。液压油应保持清洁,油液污染度指标应在国家标准 19/16 级。液压缸的拆装注意事项:

(1)拆卸液压缸之前,应使液压回路卸压。否则,当把与液压缸相连接油管接头拧松时,回路中的高压油就会迅速喷出。液压回路卸压时应先拧松溢流阀等处的手轮或调压螺钉,使压力油卸荷,然后切断电源或切断动力源,使液压装置停止运转。

(2)拆卸时应防止损伤活塞杆顶端螺纹、油口螺纹和活塞杆表面、缸套内壁等。为了防止活塞杆等细长件弯曲或变形,放置时应用垫木支承均衡。

(3)拆卸时要按顺序进行。由于各种液压缸结构和大小不尽相同,拆卸顺序也稍有不同。一般应先放掉油缸两腔的油液,然后拆卸缸盖,最后拆卸活塞与活塞杆。在拆卸液压缸的缸盖时,对于内卡键式连接的卡键或卡环要使用专用工具,禁止使用扁铲;对于法兰式端盖必须用螺钉顶出,不允许锤击或硬撬。在活塞和活塞杆难以抽出时,不可强行打出,应先查明原因再进行拆卸。

(4)拆卸前后要防止液压缸的零件被周围的灰尘和杂质污染。例如,拆卸时应尽量在干净的环境下进行;拆卸后所有零件要用塑料布盖好,不要用棉布或其他工作用布覆盖。

(5)油缸拆卸后要认真检查,以确定哪些零件可以继续使用,哪些零件可以修理后再用,哪些零件必须更换。

(6)装配前必须对各零件进行仔细清洗。

(7)要正确安装各处的密封装置。

①安装 O 形圈时,不要将其拉到永久变形的程度,也不要边滚动边套装,否则可能因形成扭曲状而漏油。

②安装 Y 形和 V 形密封圈时,要注意其安装方向,避免因装反而漏油。对 Y 形密封圈而言,其唇边应对着有压力的油腔;此外,YX 形密封圈还要注意区分是轴用还是孔用,不要装错。V 形密封圈由形状不同的支承环、密封环和压环组成。当压环压紧密封环时,支承环可

使密封环产生变形而起密封作用，安装时应将密封环的开口面向压力油腔；调整压环时，应以不漏油为限，不可压得过紧，以防密封阻力过大。

③密封装置如与滑动表面配合，装配时应涂以适量的液压油。

④拆卸后的O形密封圈和防尘圈应全部换新。

(8)螺纹连接件拧紧时应使用专用扳手，扭力矩应符合国家标准要求。

(9)活塞与活塞杆装配后，须设法测量其同轴度和在全长上的直线度是否超差。

(10)装配完毕后，活塞组件移动时应无阻滞感和阻力大小不匀等现象。

(11)液压缸向主机上安装时，进、出油口接头之间必须加上密封圈并紧固好，以防漏油。

(12)按要求装配好后，应在低压情况下进行几次往复运动，以排除缸内气体。

在风雨环境中工作时，液压缸的外表面应进行防锈处理；在高温环境下工作时，应在液压缸周围设置隔热装置；在尘土较大的工作环境中，应考虑在液压缸外加装防尘设施。

任务三　认识液压辅助装置

【任务描述】

参观液压实验台，拆装油箱、蓄能器、冷却器等液压辅助装置，熟悉各类液压辅助装置的结构原理、使用方法及适用场合。

【知识准备】

液压辅助元件和其他液压元件一样，都是液压系统中不可缺少的组成部分。它们对系统的动态性能、工作稳定性、效率、工作寿命、噪声和温升等都有直接影响，是系统正常工作的重要保证。因此，在液压系统设计时对液压辅助元件的选用要给以充分的重视。液压辅助元件主要包括：油箱、连接管件、过滤器、密封装置、蓄能器、热交换器、压力计、压力计开关等。其中，油箱需根据系统要求自行设计，其他辅助装置均为标准件，在设计时可直接选用。

一、油箱

(一)油箱的功用和结构

1.油箱的功用

油箱的主要作用是储存油液，必须能够盛放系统中的全部油液。液压泵从油箱里吸取油液送入系统，油液在系统中完成传递动力的任务后返回油箱。此外，油箱还起着散发油液中热量、释出混在油液中的气体、沉淀油液中的污物、分离水分等作用。有时油箱还有兼作液压元件的安装台等多种功能。

2.油箱的结构

液压系统中的油箱有整体式和分离式两种。

(1)整体式油箱。利用主机的内腔作为油箱，这种油箱结构紧凑，各处漏油易于回收，但增加了设计和制造的复杂性，维修不便，散热条件不好，且会使主机产生热变形。农业机械特别是在拖拉机上常常利用变速箱或齿轮箱作为液压系统的油箱，就属于这种类型。

(2)分离式油箱。将油箱单独设置，与主机分开，减少了油箱发热和液压振动对主机工作精度的影响，因此在精密机械上得到了普遍的应用。

油箱的典型结构如图 2-24 所示。油箱内部用隔板 7、9 将吸油管 1 与回油管 4 隔开。顶部、侧部和底部分别装有滤网 2、液位计 6 和排放污油的放油阀 8。安装液压泵及其驱动电机的安装板则固定在油箱上盖 5 上。

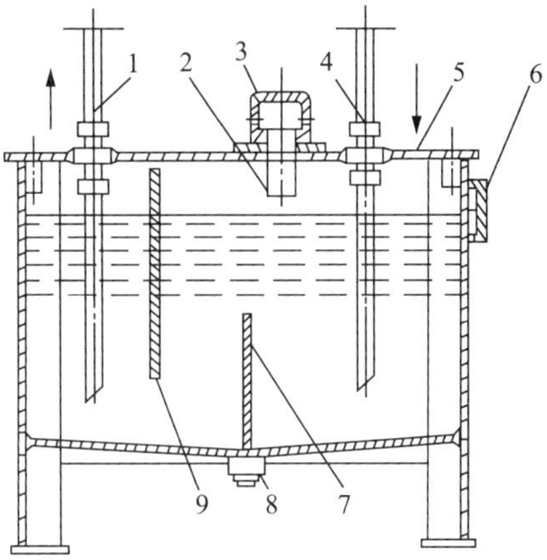

图 2-24 油箱

1-吸油管；2-滤网；3-注油口盖；4-回油管；5-油箱上盖；6-液位计；7、9-隔板；8-放油阀

随着液压传动系统应用领域的拓展，出现了充气式的闭式油箱，它不同于图 2-24 所示的开式油箱，油箱是整个封闭的，顶部有一充气管，可输入 0.05～0.07 MPa 经过滤的纯净压缩空气。空气或者直接与油液接触，或被输入蓄能器的气囊内不与油液接触。由于油箱压力高于外界大气压，外部空气和灰尘不可能被吸入，提高了液压系统的抗污染能力。这种油箱的优点是改善了液压泵的吸油条件，但它要求系统中的回油管、泄油管承受背压。油箱本身还须配置安全阀、压力表等元件以稳定充气压力，因此它只在水下、高空、无稳定气压或对工作稳定性有严格要求等特殊场合下使用。

(二)油箱的设计要点

油箱通常用钢板焊接而成，采用不锈钢板最佳，但成本较高，大多数情况下可采用镀锌钢板或普通钢板内涂耐油的防锈涂料。

设计油箱时主要应注意以下几个方面的问题：

1.油箱应有足够的容量

液压系统工作时，油箱油面应保持一定的高度，以防液压泵吸空。为了防止系统中的油液全部流回油箱时，油液溢出油箱，油箱中的油面也不能太高，一般不应超过油箱高度的 80%。通常将油面高度为油箱高度 80%时的容积称为油箱的有效容积，有效容积可按下述经验公式确定：

$$V = mq_P \tag{2-47}$$

式中：V ——油箱的有效容积(L)；

q_P ——液压泵的额定流量(L/min)；

m——经验系数(min)。m 值的选取：低压系统为 2～4 min，中压系统为 5～7 min，高压系统为10～120 min。

对功率较大且连续工作的液压系统，必要时还应进行热平衡计算，以最后确定油箱容积。具体计算方法可查阅有关手册。

2.防止油液污染的措施

为防止油液被污染，油箱上各盖板、管口处都要妥善密封。注油孔上要安装过滤器，为防止油箱出现负压而设置的通气孔上须装空气过滤器。空气过滤器的通流量应大于液压泵的额定流量，以便空气及时补充液位的下降。

油箱内回油集中部位及清污口附近宜装设一些磁性块，以吸附油液中的铁屑和带磁性颗粒。

为使漏到上盖板上的油液不至于流到地面上，油箱侧壁应高出上盖板 10～15 mm。

3.油管的布置和结构特点

吸油管和回油管之间的距离应尽量远离。油箱中的吸油管和回油管应分别安装在油箱的两端，以增加油液的循环距离，使其有充分的时间进行冷却和沉淀污物并排出气体。为此一般在油箱中都设置有隔板，使油液迂回流动，隔板高度最好为油箱内油面高度的 3/4。

吸油管入口处要装粗过滤器。过滤器进油口油管必须始终浸没在油液中，以免吸入空气，但也不能距箱底和箱壁太近，以便油流畅通。回油管也应插入油面以下，以免将空气带入油液中。

吸油管与回油管端口应制成 45°斜断面以增大流通截面，降低流速。对吸油管而言可以减小吸油阻力，避免吸油时流速过快而产生气蚀和吸空；对于回油管可以降低回油时引起的冲击和振动，有利于油液中杂质的沉淀和空气的分离。回油管斜切口应面向箱壁，以利于油液散热。当回油管流回的油量很大时，可使它的出口处高出油面，向一个带孔或不带孔的斜槽(倾角为 5°～15°)排油，使油流散开，一方面减慢流速，另一方面排走油液中的空气。

泄油管的管口亦可斜切并面向箱壁，但不可没入油中，以免增加泄油处的背压。

为避免将油箱底部沉淀的杂质吸入泵内和回油时对沉淀的杂质造成冲击，油管端距箱底应大于 2 倍管径，距箱壁应大于 3 倍管径。粗过滤器距箱底不应小于 20 mm。

4.油箱应有足够的刚度和强度

特别是上盖板上如果要安装电动机、液压泵等装置时，应适当加厚，而且要采取局部加固措施。大尺寸油箱要加焊角板、筋条，以增加刚性。箱壁越薄，散热越快。一般 100 L 容量的油箱箱壁厚度取 1.5 mm，400 L 以下的取 3 mm，400 L 以上的取 6 mm，箱底厚度大于箱壁的，箱盖厚度应为箱壁的 4 倍。

5.油箱的结构要求

为了便于通风散热和对油箱进行搬移及维护保养，油箱底部应设底脚，箱底离地应在 150 mm 以上。为了排净存油和清洗油箱，箱底应适当倾斜，并在最低部位处安装放油阀或放油塞，箱体上注油口的附近必须设置液位计，过滤器的安装位置应便于装拆，箱内各处应便于清洗。

对于系统负载大并且长期连续工作的系统来说，还应考虑系统发热及散热的平衡。油箱正常工作温度应在 15～65 ℃，如要安装加热器或冷却器，必须考虑其在油箱中的安装位置以及测温、控制等措施。

普通钢板制作的油箱内壁应喷涂防锈涂料。外壁如涂上一层极薄的黑漆(厚度不超过 0.025 mm)，会有很好的辅助冷却效果。铸造的油箱内壁一般只进行喷砂处理，不涂漆。

二、油管及管接头

(一)油管

1.油管的种类和适用场合

油管是连接各液压元件的通道，对液压系统的工作可靠性、安装合理性和维修方便性等都有影响。在选择油管时，应尽可能减少液流的能量损失，为此应有足够的通流截面、最短的长度、光滑的管壁，尽可能避免急转弯和截面突变。

液压系统中使用的油管种类很多，有钢管、铜管、尼龙管、塑料管、橡胶管等，须按照安装位置、工作环境和工作压力来正确选用。油管的特点及其适用范围见表 2-8。

表 2-8 液压系统中常用油管的种类、特点及适用场合

种类		特点及适用场合
硬管	钢管	能承受高压，价格低廉、耐油、抗腐蚀、刚性好，但装配时不能任意弯曲，装配后能长久保持原形，常在装拆方便处用作压力管道，中、高压系统用无缝管，低压系统用焊接管
	紫铜管	易弯曲成各种形状，管壁光滑，流动阻力小，但承压能力一般不超过 6.5～10 MPa，抗振能力较弱，易使油液氧化，通常用在液压系统中配接不便之处
软管	尼龙管	乳白色半透明，可观察液流情况，加热后可以随意弯曲成形或扩口，冷却后即定形不变，承压能力因材质而异，一般为 2.5～8 MPa 不等；有较大的发展前途
	塑料管	质轻耐油，价格便宜，装配方便，但承压能力低，长期使用会变质老化，只宜用作压力低于 0.5 MPa 的回油管、泄油管等
	橡胶管	(1)高压管由耐油橡胶夹几层钢丝编织网制成，钢丝网层数越多，耐压越高，价格越高，常用作中、高压系统中两个相对运动件之间的压力管道； (2)低压管由耐油橡胶夹帆布制成，可用作回油管道

2.油管的规格尺寸

计算出油管的规格尺寸（管道内径 d 和壁厚 δ）后，查阅有关标准选定。

$$d=2\sqrt{\frac{q}{\pi v}} \tag{2-48}$$

$$\delta=\frac{pdn}{2\sigma_b} \tag{2-49}$$

式中：d——油管内径(mm)；

q——管内流量(L/min)；

v——管中油液的流速(m/s)，吸油管取 0.5～1.5 m/s，高压管取 2.5～5 m/s(压力高的取大值，低的取小值，管道较长的取小值，较短的取大值，油液黏度大时取小值，黏度小时取大值)，回油管取 1.5～2.5 m/s，短管及局部收缩处取 5～7 m/s；

δ——油管壁厚(mm)；

p——管内工作压力(MPa)；

n——安全系数，对钢管来说，$p<7$ MPa 时取 $n=8$，7 MPa$<p<$17.5 MPa 时取 $n=6$，$p>17.5$ MPa 时取 $n=4$；

σ_b——管道材料的抗拉强度(MPa)。

油管的管径不宜选得过大，以免使液压装置的结构庞大；但也不能选得过小，以免使管内液体流速加大、系统压力损失增加或产生振动和噪声，影响正常工作。

在保证强度的情况下，管壁可尽量选得薄些。薄壁易于弯曲，装接容易，可减少管道系统接头数目，有助于解决系统泄漏的问题。

3.安装要求

在液压系统中安装管道时，应注意以下几个方面：

(1)管道应尽量短，横平竖直，转弯少。为避免油管皱折以减小压力损失，硬管装配时的弯曲半径要足够大(表 2-9)。管道悬伸较长时要适当设置管夹固定。

表 2-9　硬管装配时允许的弯曲半径

管子外径 D/mm	10	14	18	22	28	34	42	50	63
弯曲半径 R/mm	50	70	75	80	90	100	130	150	190

(2)管道尽量避免交叉，平行或交叉的油管间应有适当的间隔，以防干扰、振动并便于安装管接头。

(3)软管直线安装时要有 3%～4%的余量，以适应油温变化、受拉和振动的需要。弯曲半径要大于 9 倍软管外径，弯曲处到管接头的距离不能少丁外径的 6 倍。软管不能靠近热源。

(二)管接头

1.管接头的作用及使用要求

管接头是油管与油管、油管与液压元件之间的可拆式连接件，必须具有装拆方便、连接牢固、密封可靠、外形尺寸小、通流能力大、压降小、工艺性好等条件。

2.管接头的种类

管接头的种类很多，其规格品种可查阅有关手册。按接头的通路分，管接头有直通、角通、三通、四通等形式；按油管与管接头的连接方式分，管接头有焊接式、卡套式、扩口式、扣压式、伸缩式、快换式、固定铰接式等形式。液压系统中常用的管接头的见表 2-10。

管路旋入端用的连接螺纹采用国家标准米制锥螺纹(ZM)和普通细牙螺纹(M)。锥螺纹依靠自身的锥体旋紧和采用聚四氟乙烯等进行密封，广泛用于中、低压液压系统；细牙螺纹密封性好，常用于高压系统，但要采用组合垫圈或 O 形密封圈进行端面密封，有时也可用紫铜垫圈。

液压系统中的泄漏问题大部分都出现在管道系统中的接头上，为此对管材的选用、接头形式的确定(包括接头设计、垫圈、密封、箍套、防漏涂料的选用等)、管道系统的设计(包括弯管设计、管道支承点和支承形式的选取等)以及管道的安装(包括正确的运输、储存、清洗、组装等)都要细致考虑，以免影响整个液压系统的使用质量。

表 2-10　液压系统中常用的管接头

名称	结构图	特点及应用
焊接式管接头	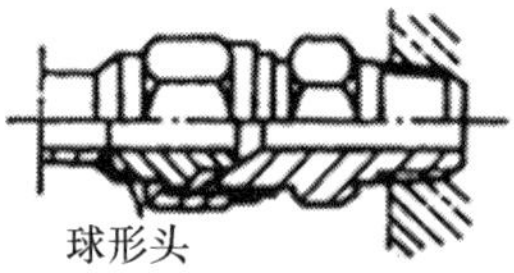	连接牢固，利用球面进行密封，简单可靠；焊接工艺必须保证质量，必须采用厚壁钢管
卡套式管接头	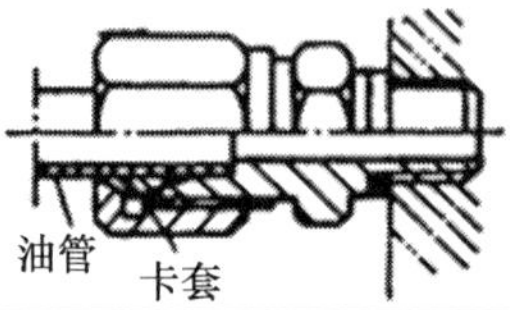	用卡套卡住油管进行密封，轴向尺寸要求不严，装拆简便；对油管径向尺寸精度要求较高，为此要采用冷拔无缝钢管
扩口式管接头	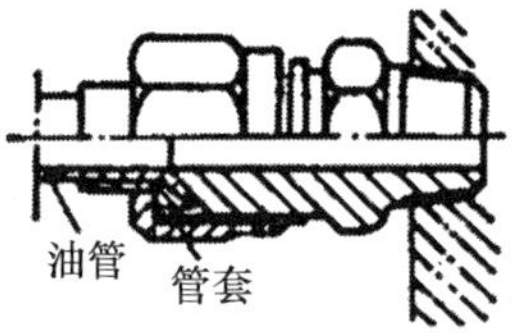	用油管管端的扩口在管套的压紧下进行密封，不需其他密封件，结构简单；适用于铜管、薄壁钢管、尼龙管和塑料管等低压管道的连接

续表2-10

名称	结构图	特点及应用
扣压式管接头	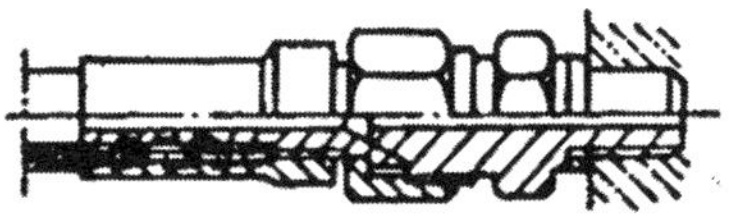	用来连接高压软管;在中、低压系统中应用
伸缩式管接头	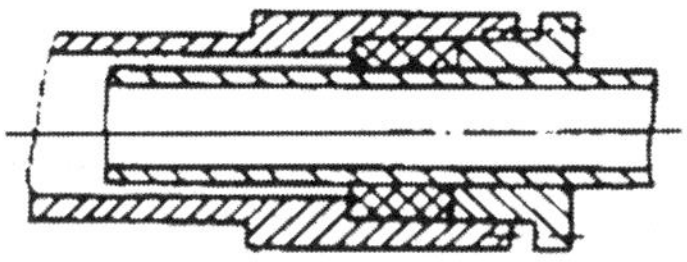	接头由内管和外管组成,内管可在外管内自由滑动,并用密封圈密封,内管外径必须进行精加工;适用于连接两元件有相对直线运动时的管道
快换式管接头	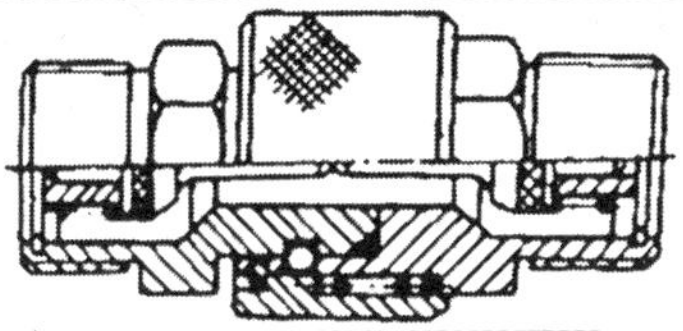	管子拆开后可自行密封,管道内的油液不会流失;适于经常拆卸的场合,但其结构比较复杂,局部压力损失较大
固定铰接管接头	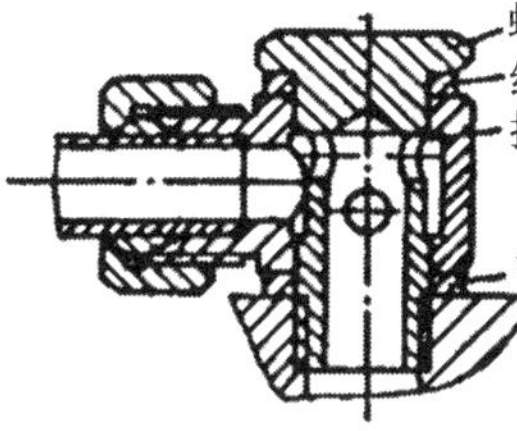	直角接头,可以随意调整布管方向,安装方便,占用空间小;接头和管子的连接方法,除卡套式外,还可用焊接式中间有通油孔的固定螺钉,把两个组合垫圈压紧在接头体上进行密封

三、过滤器

(一)液压油的污染及其控制

液压油被污染是指油中有水分、空气、微小固体颗粒和胶状生成物等杂质。

1.液压油污染的原因

(1)残留物污染。液压系统的管道及元件内的塑砂、切屑、磨料、焊渣、锈片、棉纱和灰尘等,虽经清洗,但仍会有残留杂质。

(2)侵入物污染。侵入物包括外界的灰尘、沙粒等。在系统工作过程中,侵入物通过外露的往复运动液压元件、油箱的进油孔和注油孔等侵入系统,造成油液污染。

(3)生成物污染。液压系统在工作过程中产生的金属微粒、密封材料磨损颗粒、涂料剥离片、水分、气泡及油液变质后的胶状生成物等都会造成油液的污染。

(4)化学物质和微生物污染。油液中的化学污染物有溶剂、表面活性剂、油液提炼过程中残留的化学杂质以及油液分解或添加剂作用产生的有害化学物质等。微生物一般常见于水基工作液中,因为水是微生物生存和繁殖的必要条件。

(5)以能量形式存在的污染物质。静电可引起元件的电流腐蚀,并且可能引起矿物油的挥发物(碳氢化合物)燃烧而造成火灾。磁场的吸引可使铁磁性磨屑吸附在零件表面或间隙内,引起元件的污染磨损和堵塞、卡紧等故障。系统中过多的热能使油温升高,引起油液润滑性能下降和元件泄漏增大,并加速油液变质和密封件老化失效。

2.对液压油污染的控制

液压油受到污染是液压系统发生故障的主要原因。为延长液压元件的寿命,保证液压系统正常工作,应将液压油的污染程度控制在某一限度以内。实际中常采用如下几方面的措施来控制污染:

(1)力求减少外来污染。液压系统组装前后必须严格清洗,油箱通大气处要加空气过滤器,向油箱灌油应通过过滤器,维修拆卸元件应在无尘区进行。

(2)滤除系统产生的杂质。在系统的有关部位设置适当精度的过滤器,并且在系统使用时定期检查、清洗或更换滤芯。应采用适当措施(如水冷、风冷等)控制系统的工作温度,以防止温度过高,造成工作介质氧化变质,产生各种生成物。

(3)定期检查更换液压油。应根据液压设备使用说明书的要求和维护保养规程的规定,定期检查、更换液压油。换油时要清洗油箱,冲洗系统管道及元件。

(二)过滤器的功用

过滤器作为液压系统必不可少的辅助元件,具有十分重要的地位。过滤器将油液中的杂质滤除,确保液压系统正常工作。

(三)过滤器的主要性能指标

1.过滤精度

过滤精度表示过滤器对各种不同尺寸的污染颗粒的滤除能力,用绝对过滤精度、过滤比和过滤效率等指标来评定。

(1)绝对过滤精度。绝对过滤精度是指通过滤芯的最大坚硬球状颗粒的尺寸,它反映了过滤材料中最大的通孔尺寸。绝对过滤精度可以用试验的方法进行测定,按通孔尺寸的不同,过滤器可分为粗过滤器、普通过滤器、精过滤器和特精过滤器等 4 种,它们分别能滤去大于 100 μm、10～100 μm、5～10 μm、1～5 μm 的杂质。通常要求过滤器的精度要小于运动零件配合间隙的一半或油膜厚度。

液压系统的过滤精度主要决定于系统的工作压力。系统压力越高,相对运动表面的配合间隙越小,要求的过滤精度就越高。其推荐值见表 2-11。

表 2-11 绝对过滤精度推荐值

系统类型	润滑系统	传动系统			伺服系统
压力/MPa	0～2.5	≤14	14<p≤21	21	21
绝对过滤精度/μm	100	25～50	25	10	5

实践证明,采用合适精度的过滤器,液压泵和液压马达的寿命可延长 4～10 倍,可基本消除油液污染、阀卡死和堵塞等故障,并可延长液压油和过滤器本身的寿命。

(2)过滤比。过滤比是指过滤器上游油液单位容积中大于某给定尺寸的颗粒数与下游油液单位容积中大于同一尺寸的颗粒数之比,对于某一尺寸 x 的颗粒来说,其过滤比的表达式为

$$\beta_x = N_u / N_d \tag{2-50}$$

式中:N_u——上游油液中大于某一尺寸 x 的颗粒浓度;

N_d——下游油液中大于同一尺寸 x 的颗粒浓度。

从式(2-50)可看出，β_x 越大，过滤精度越高。当对于某一尺寸的过滤比的数值达到 75 时，则该尺寸为过滤器的绝对过滤精度。过滤比能确切地反映过滤器对不同尺寸颗粒污染物的过滤能力，它已被国际标准化组织采纳作为评定过滤器过滤精度的性能指标。

(3)过滤效率。过滤效率可以通过下式由过滤比值直接换算出来：

$$E_c = \frac{(N_u - N_d)}{N_u} = 1 - \frac{1}{\beta_x} \tag{2-51}$$

2.压降特性

液压回路中的过滤器对油液流动来说是一种阻力，因而油液通过过滤器时必然要出现压力降。压降特性主要是指油液通过过滤器滤芯时所产生的压力损失。一般来说，在滤芯尺寸和流量一定的情况下，滤芯的过滤精度越高，压力降越大；在流量一定的情况下，滤芯的有效过滤面积越小，压力降越大；油液的黏度越大，流经滤芯的压力降也越大。

滤芯所允许的最大压力降，应以不致使滤芯元件发生结构性破坏为原则。在高压系统中，滤芯在稳定状态下工作时承受到的仅仅是它那里的压力降，这就是为什么纸质滤芯亦能在高压系统中使用的道理。油液流经滤芯时的压力降，大部分是通过试验或经验公式来确定的。

3.纳垢容量

纳垢容量是指过滤器在压力降达到其规定限值之前可以滤除并容纳的污染物数量，这项性能指标可以用多次通过性试验来确定。过滤器的纳垢容量越大，使用寿命越长，所以它是反映过滤器寿命的重要指标。一般来说，滤芯尺寸越大，即过滤面积越大，纳垢容量就越大。增大过滤面积，可以使纳垢容量成比例地增加。

(四)过滤器的类型

过滤器按其滤芯材料的过滤机制来分，有表面型过滤器、深度型过滤器和吸附型过滤器三种。

1.表面型过滤器

整个过滤作用是由一个几何面来实现的，滤下的污染杂质被截留在滤芯元件靠油液上游的一面。滤芯材料具有均匀的标定小孔，可以滤除比小孔尺寸大的杂质。由于污染杂质积聚在滤芯表面上，因此它很容易被堵塞。网式过滤器、线隙式过滤器均属于这种类型。

2.深度型过滤器

这种滤芯材料为多孔可透性材料，内部具有曲折迂回的通道。大于表面孔径的杂质直接被截留在外表面，较小的污染杂质进入滤材内部，撞到通道壁上，由于吸附作用而得到滤除。滤材内部曲折的通道也有利于污染杂质的沉积。纸芯式过滤器、烧结式过滤器等属于这种类型。

3.吸附型过滤器

这种滤芯材料把油液中的有关杂质吸附在其表面上。磁性过滤器即属于此类。

常用的过滤器及其特点见表 2-12。

表 2-12　常用的过滤器及其特点

类型	名称及结构简图	特点
表面型过滤器	网式过滤器 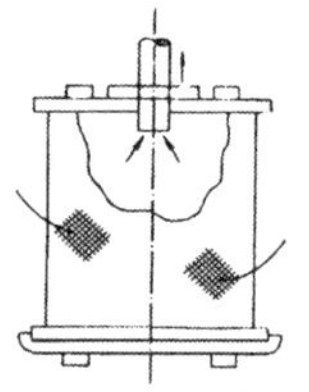	(1)过滤精度与金属丝网层数及网孔大小有关。在压力管路上常用 100、150、200 目(每英寸长度上孔数)的铜丝网,在液压泵吸油管路上常采用 20～40 目铜丝网。 (2)压力损失不超过 0.004 MPa。 (3)结构简单,通流能力大,清洗方便,但过滤精度低
	线隙式过滤器 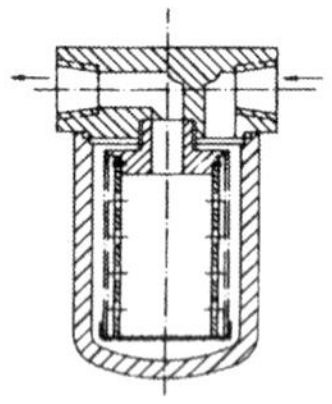	(1)滤芯由绕在芯架上的一层金属线组成,依靠线间微小间隙来挡住油液中杂质的通过。 (2)压力损失为 0.03～0.06 MPa。 (3)结构简单,通流能力大,过滤精度高,但滤芯不易清洗。 (4)用于低压管道中,当用在液压泵吸油管路上时,它的流量规格宜选得比液压泵的大
深度型过滤器	纸芯式过滤器 A—A 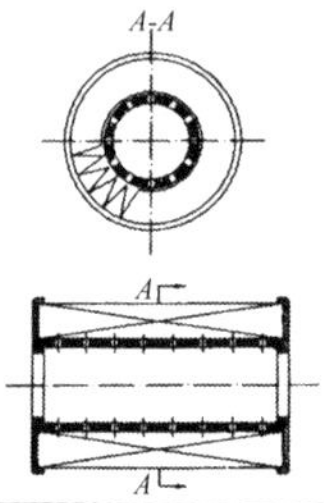	(1)结构与线隙式过滤器相同,但滤芯为用平纹或波纹的酚醛树脂或木浆微孔滤纸制成的纸芯。为了增大过滤面积,纸芯常制成折叠形。 (2)压力损失为 0.01～0.04 MPa。 (3)过滤精度高,但堵塞后无法清洗,必须更换纸芯。 (4)通常用于精过滤
	烧结式过滤器 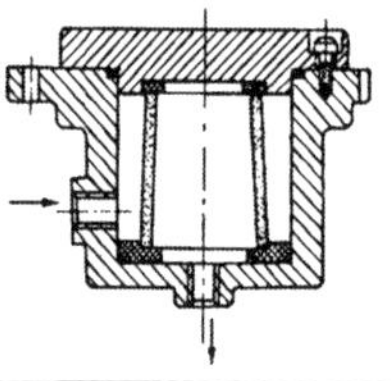	(1)滤芯由金属粉末烧结而成,利用金属颗粒间的微孔来挡住油液中的杂质通过。改变金属粉末的颗粒大小,就可以制出不同过滤精度的滤芯。 (2)压力损失为 0.03～0.2 MPa。 (3)过滤精度高,滤芯能承受高压,但金属颗粒易脱落,堵塞后不易清洗。 (4)适用于精过滤
吸附型过滤器	磁性过滤器	(1)滤芯由永久磁铁制成,能吸附油液中的铁屑、铁粉或带磁性的杂质。 (2)常与其他形式滤芯合起来制成复合式过滤器。 (3)对加工钢铁件的机床液压系统特别适用

(五)过滤器的选用和安装

1.过滤器的选用

选用过滤器时,主要考虑以下几点:

(1)过滤精度应满足预定要求。

(2)要有足够的过滤能力,能在较长时间内保持足够的通流能力。过滤能力指一定压力降下允许通过过滤器的最大流量,一般用过滤器的有效过滤面积(滤芯上能通过油液的总面积)来表示。过滤器的过滤能力还应根据过滤器在液压系统中的安装位置来考虑,如过滤器安装在吸油管路上时,为了不影响泵的吸油性能,防止发生气穴现象,其过滤能力应为泵流量的 2 倍以上,压力损失不得超过 0.02 MPa。

(3)滤芯要利于清洗和更换,便于拆装和维护。过滤器的滤芯一般应按规程定期更换、清洗。

(4)过滤器应有足够的机械强度,不能因液压力的作用而破坏。

(5)过滤器滤芯应有良好的抗腐蚀性能,并能在规定的温度下持久地工作。

2.过滤器的安装

如图 2-25 所示,过滤器在液压系统中的安装位置通常有以下几种。

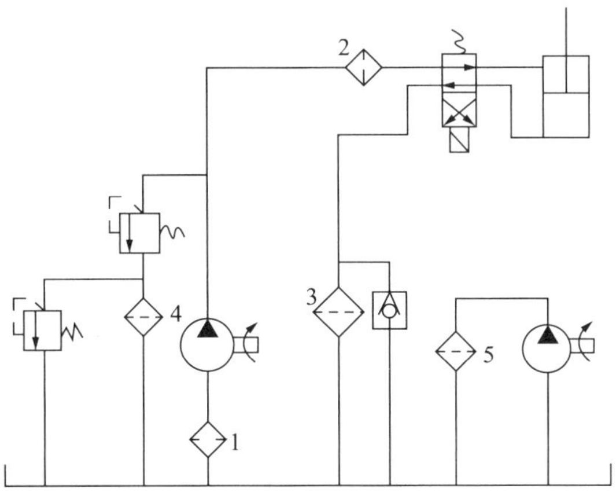

图 2-25 过滤器的安装位置

(1)安装在泵的吸油口(图 2-25 中的过滤器 1),可保护泵和整个系统。要求有较大的通流能力和较小的压力损失,以免影响液压泵的吸油性能。为此,一般多采用过滤精度较低的网式过滤器。

(2)安装在泵的出口油路上(图 2-25 中的过滤器 2)。此处安装过滤器的目的是用来滤除可能侵入阀类等元件的污染物,用于保护除泵和溢流阀以外的其他液压元件。其过滤精度应为 10～15 μm,且能承受油路上的工作压力和冲击压力,因此要有一定的强度,其过滤阻力应小于 0.35 MPa,过滤能力应不小于压油管路的最大流量。为防止过滤器堵塞引起泵过载或滤芯损坏,应在过滤器旁并联一个安全阀或污染指示器。安全阀的压力应略低于过滤器的最大允许压力降。污染指示器可显示进、出油口的压差,是了解滤芯堵塞情况的重要依据。

(3)安装在系统的回油路上(图 2-25 中的过滤器 3)。这种安装不能直接防止杂质进入液压系统,但可滤去油液流入油箱前的污染物,为泵提供清洁的油液。因回油路压力较低,可采用滤芯强度不高的精过滤器。为了防止因堵塞或低温启动时高黏度油液流过所引起的系统压力的升高,安全阀的开启压力应略低于滤芯允许的最大压力降。过滤器的过滤能力应不小于回油管路的最大流量。

(4)安装在系统的分支油路上(图 2-25 中的过滤器 4)。当泵流量较大时,若仍采用上述几种油路过滤,过滤器可能过大,为此可在只有泵流量 20%～30%的支路上安装一个小规格的过滤器,对部分油液起滤清作用。这种过滤器不承受系统工作压力,又不会给主油路造成压力损失。但这种过滤方法在工作时,只有系统流量的一部分通过过滤器,因而其缺点是过滤效果较差,不能完全保证液压元件的安全,不宜用在要求较高的液压系统中。

(5)单独过滤系统(图 2-25 中的过滤器 5)。它是用一个专用液压泵和过滤器单独组成一个独立于主液压系统之外的过滤回路。在压力和流量的波动下,一般过滤器的功能会大幅度降低，而在系统外的单独过滤回路却没有这种影响，因此过滤效果较好。这种方式可以经常清除系统中的杂质，但需要额外增加设备，适用于大型机械的液压系统。

(6)安装在重要元件前。液压系统中除了整个系统所需的过滤器外，还常常在一些重要元件(如伺服阀、精密节流阀等)的前面单独安装一个专用的精过滤器来确保它们的正常工作。

在液压系统中，为获得良好的过滤效果，几种安装方式可以综合使用。

安装过滤器时应注意，一般过滤器都只能单向使用，即进、出油口不可反接，以利于滤芯清洗和安全。另外，过滤器不要安装在液流方向可能变换的油路上，因为过滤器过滤下来的污染物积聚于进油腔一侧，当液流反向流动时，会将污染物再次带入油液，造成油液的污染。

四、密封装置

(一)密封装置的功能

密封是解决液压系统泄漏问题最重要、最有效的手段。密封装置的功用在于防止液压元件和液压系统中液压油的内漏和外漏，建立起必要的工作压力，节省油料。液压系统如果密封不良，可能出现不允许的外泄漏，外漏的油液将会污染环境，还可能使空气进入吸油腔，影响液压泵的工作性能和液压执行元件运动的平稳性。泄漏严重时，系统容积效率过低，甚至造成工作压力达不到要求值。若密封过度，虽可防止泄漏，但会造成密封部分的剧烈磨损，缩短密封件的使用寿命，增大液压元件间的运动摩擦阻力，降低系统的机械效率。因此，合理地选用和设计密封装置在液压系统的设计中十分重要。

(二)对密封装置的要求

(1)在工作压力和一定的温度范围内，应具有良好的密封性能，并随着压力的增加能自动提高密封性能。

(2)密封装置和运动件之间的摩擦力要小，摩擦系数要稳定。

(3)抗腐蚀能力强，不易老化，寿命长，耐磨性好，磨损后在一定程度上能自动补偿。

(4)结构简单，使用、维护方便，成本低。

(三)密封装置的类型和特点

按其工作原理来分类，密封可分为非接触式密封和接触式密封。

1.非接触式密封

非接触式密封主要指间隙密封。间隙密封是靠相对运动件配合面之间的微小间隙来进行密封的，常用于柱塞、活塞或阀的圆柱配合副中，一般在阀芯的外表面开有几条等距离的均压槽(压力平衡槽)，如图2-26所示。它的主要作用是使活塞具有自位性能，使径向压力分布均匀，减少移动时的液压卡紧力，同时使阀芯在孔中保持良好的对中性。一方面均压槽所形成的阻力对减少泄漏也有一定的作用，有助于增强密封效果。另一方面油液储存在均压槽内，使运动部件能

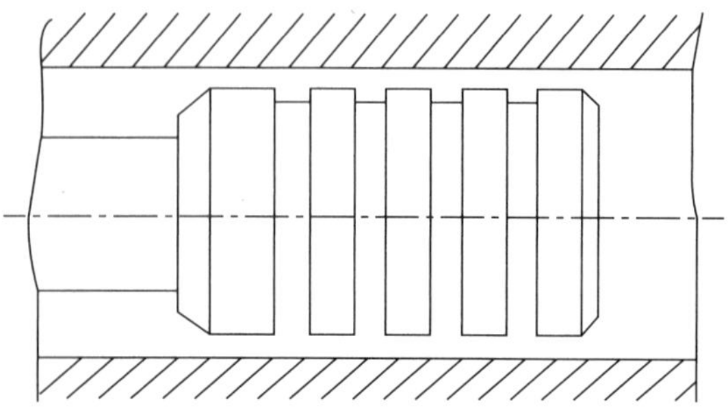

图2-26　间隙密封

自动润滑。圆柱面配合间隙与直径大小有关，对于阀芯与阀孔一般取 0.005～0.017 mm。

这种密封的优点是结构简单，摩擦力小。缺点是对配合表面的加工精度和表面粗糙度要求较高，且不能完全消除泄漏，密封性能也不能随压力的升高而提高，磨损后不能自动补偿。其主要用于低压、小直径、快速液压缸的动密封中，如液压泵内的柱塞与缸体之间、滑阀的阀芯与阀孔之间的配合。

2.接触式密封

最常用的接触式密封是橡胶密封圈，既可用于静密封，也可用于动密封。

(1)O 形密封圈。O 形密封圈一般用耐油橡胶制成，其横截面呈圆形，具有良好的密封性能，内、外侧和端面都能起密封作用。

图 2-27 所示为 O 形密封圈的结构和工作情况。图 2-27(a)所示为其外形。图 2-27(b)所示为装入密封沟槽的情况，δ_1、δ_2 为 O 形密封圈装配后的预压缩量。O 形密封圈在沟槽中受到油压作用而变形，会紧贴槽侧及配合偶件的壁，所以其密封性能可随压力的增加而提高。但其预压缩量必须合适，过小不能起到密封作用，过大则会增大摩擦力，并且容易损坏。当油液工作压力超过 10 MPa 时，O 形密封圈在往复运动中容易被油液压力挤入间隙而提前损坏，如图 2-27(c)所示。为此要在它的侧面安放 1.2～1.5 mm 厚的聚四氟乙烯挡圈，单向受力时在低压侧安放一个挡圈[图 2-27(d)]，双向受力时则在两侧各放一个[图 2-27(e)]。

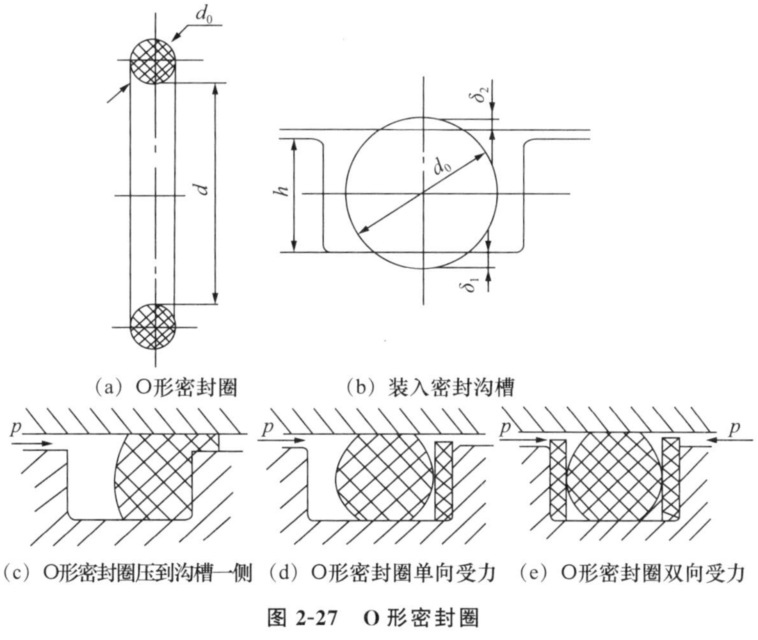

(a) O形密封圈　(b) 装入密封沟槽

(c) O形密封圈压到沟槽一侧　(d) O形密封圈单向受力　(e) O形密封圈双向受力

图 2-27　O 形密封圈

O 形密封圈的结构简单、安装尺寸小、摩擦系数小、制造容易、安装方便，成本低。但使用寿命较短，密封处的精度要求高，动密封时起动阻力大，适用于在 −40～120 ℃温度范围内工作，其使用速度范围为 0.05～0.3 m/s。

O 形密封圈的安装沟槽除矩形外，还有 V 形、燕尾形、半圆形等，实际应用中可查阅有关手册及国家标准。

(2)唇形密封圈。唇形密封圈根据截面的形状可分为 Y 形、V 形、U 形、L 形等。

Y 形密封圈的截面形状为 Y 形，用耐油橡胶制成。其工作原理如图 2-28 所示。液压力将

密封圈的两唇边 h_1 压向形成间隙的两个零件的表面。这种密封圈的特点是其密封性能可随压力的升高而提高，压力越高则唇边被压得越紧，密封性越好；当压力降低时唇边压紧程度也随之降低，从而减少了摩擦阻力和功率消耗。除此之外，此类密封圈还有一定的自动补偿能力，能自动补偿唇边的磨损，保持密封性能不降低。

Y形密封圈因内、外唇边对称，因此既可用于轴用密封，也可用于孔用密封。其密封性能良好，摩擦力小，稳定性好。适用于工作压力不大于20 MPa，工作温度为－30～100 ℃，使用速度不大于0.5 m/s的场合。

目前，液压缸中普遍使用图2-29所示的小Y形密封圈作为活塞和活塞杆的密封，其是Y形密封圈的改进型。其特点是断面宽度和高度的比值大，增加了底部的支承宽度，稳定性好，所以不用支承环也可避免因摩擦力造成的密封圈的翻转和扭曲。其内、外唇边高度不等，分轴用[图2-29(a)]和孔用[图2-29(b)]两种。其特点是固定边长(以增大支承)，其短边为密封边(能减少摩擦)。这种密封圈用聚氨脂橡胶制成，强度高、耐磨性好、摩擦系数小、寿命长，适用于工作压力不大于32 MPa，使用温度为－30～100 ℃的场合，应用较为广泛。

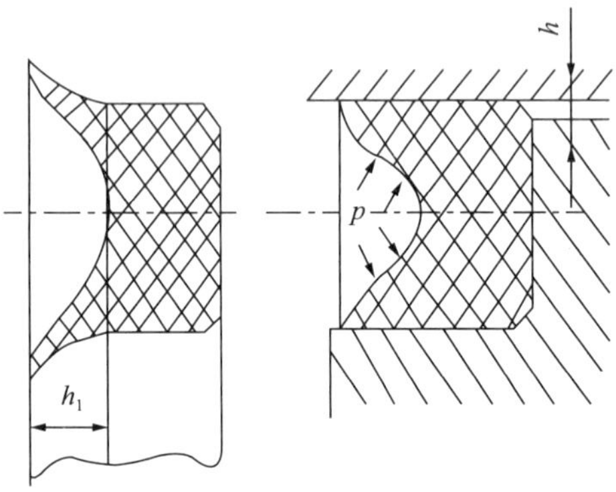

图2-28　Y形密封圈的工作原理

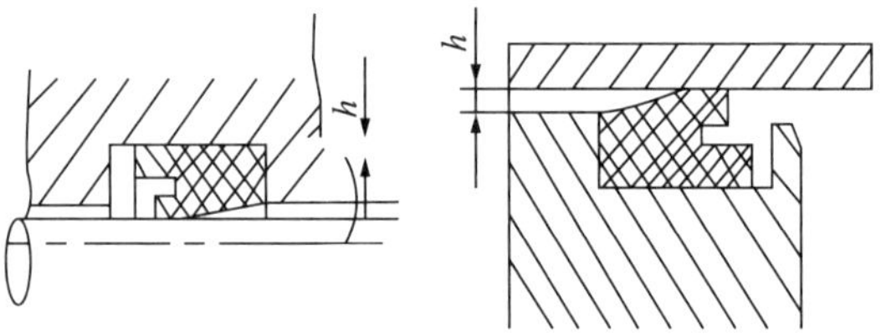

(a)轴用密封圈　(b)孔用密封圈

图2-29　小Y形密封圈

V形密封圈的形状如图2-30所示，密封环用橡胶或夹织物橡胶制成，压环和支承环可用金属、夹布橡胶、合成树脂等制成。压环的V形槽角度和密封环完全吻合，而支承环的夹角略大于密封环。为保证良好的密封性能，安装时，V形环的唇口应面向压力高的一侧，使两唇张开，分别贴紧在配合偶件的表面上。当压环压紧密封环时，支承环使密封环变形而起密封作用。

当工作压力高于10 MPa时，可以增加密封环的数量，以提高密封效果。这种密封圈在安装时要预压紧，所以摩擦阻力较大，适用于相对运动速度不高的场合。

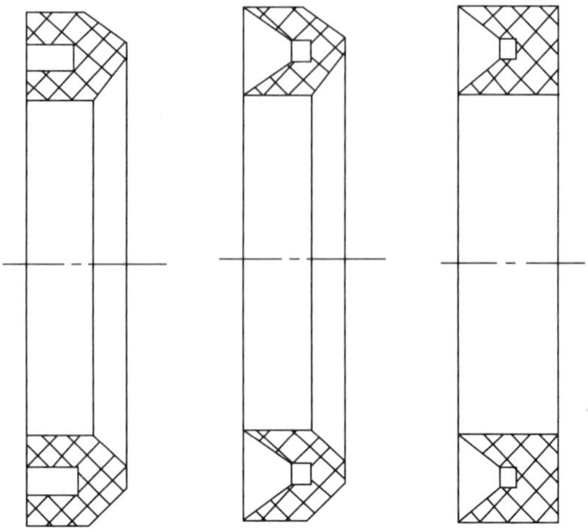

(a)支承环　(b)密封环　(c)压环

图2-30　V形密封圈

V形密封圈耐高压、密封性能良好、寿命长，但密封装置的摩擦力较大，结构尺寸较大，检修、拆换不方便。它主要用于大直径、高压、高速柱塞或活塞和低速运动活塞杆的密封。其工作温度为－40～80 ℃，工作压力可达 50 MPa。使用速度范围：密封圈为丁腈橡胶时，0.02～0.3 m/s；用夹织物橡胶时，0.005～0.5 m/s。

(3)组合式密封装置。随着液压技术应用的日益广泛，系统对密封的要求越来越高，普通的密封圈单独使用已不能很好地满足密封要求，特别是使用寿命和可靠性方面的要求。为此，研究人员研究和开发了由包括密封圈在内的两个以上元件组成的组合式密封装置。

图 2-31(a)所示为 O 形密封圈与截面为矩形的聚四氟乙烯塑料滑环组成的组合密封装置。其中滑环 2 紧贴密封面，O 形密封圈 1 为滑环提供弹性预压力，在介质压力等于零时构成密封。由于密封间隙靠滑环，而不是 O 形密封圈，因此摩擦阻力小且稳定，可用于 40 MPa 的高压系统。往复运动密封时，速度可达 15 m/s；往复摆动与螺旋运动密封时，速度可达 5 m/s。矩形滑环组合密封的缺点是抗侧倾能力稍差，在高低压交变的场合下工作容易漏油。

图 2-31(b)所示为由支承环 3 和 O 形密封圈 1 组成的轴用组合式密封装置，支承环与被密封件之间为线密封，其工作原理类似唇形密封圈。支承环采用一种经特别处理的化合物，具有极佳的耐磨性和保形性，不存在橡胶密封圈低速时易产生的爬行现象，工作压力可达 80 MPa。

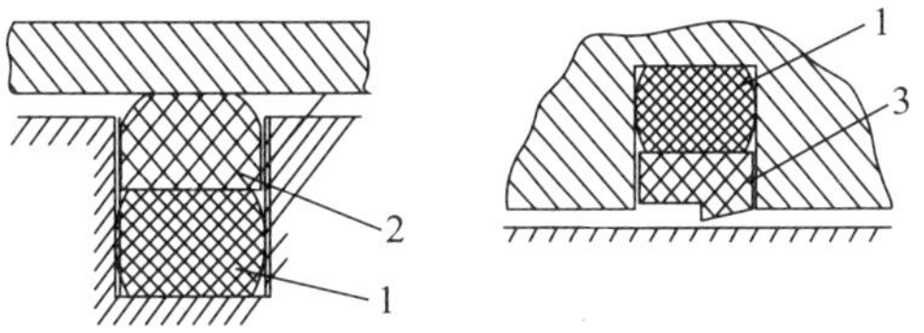

(a) 矩形滑环组合密封装置 (b) 轴用组合式密封装置

图 2-31 组合式密封装置

1-O 形密封圈；2-滑环；3-支承环

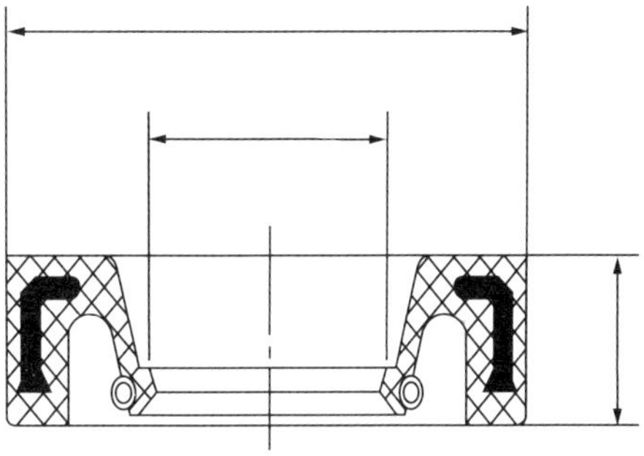

图 2-32 回转轴用密封圈

组合式密封装置由于充分发挥了橡胶密封圈和滑环(支承环)的长处，因此不仅工作可靠，而且使用寿命比普通橡胶密封圈提高近百倍，在工程中应用日益广泛。

(4)回转轴用密封装置。回转轴用密封装置形式很多。图 2-32 所示是一种由耐油橡胶制成的回转轴用密封圈。它的内部由直角形圆环铁骨架支撑着，密封圈的内边围着一条螺旋弹簧，把内边收紧在轴上来进行密封。这种密封圈主要用作液压泵、液压马达和回转式液压缸的伸出轴的密封，以防止油液漏到壳体外部。它的工作压力一般不超过 0.1 MPa，最大允许线速度为 4～8 m/s，须在有润滑情况下工作。

五、蓄能器

蓄能器是液压系统中的储能元件，它储存液压系统的压力油液，并在需要时释放出来供系统使用。

(一)蓄能器的类型与结构

蓄能器的类型较多，按其结构可分为重力式、弹簧式和充气式三类。

1.重力式

(1)工作原理。利用重物的位置变化来储存、释放能量。如图 2-33 所示，重物 1 通过柱塞

2作用在油液3上。当重物势能小于油压时，油液进入蓄能器，储存能量；当重物势能大于油压时，油液被压出蓄能器，释放能量。

(2)性能特点。结构简单，容量大，压力稳定。但结构尺寸大而笨重，运动惯性大，反应不灵敏，密封处易漏油，有摩擦损失。

(3)应用场合。常用于大型固定设备的液压系统，主要用于蓄能，现在工业上已应用不多。

2.弹簧式

(1)工作原理。利用弹簧的伸缩来储存、释放压力能，如图2-34所示，弹簧和油液用活塞隔开。当弹簧能量小于油压时，储存压力能，当弹簧能量大于油压时，释放能量。

(2)性能特点。结构简单，反应灵敏，但容量小，易内泄且有压力损失。

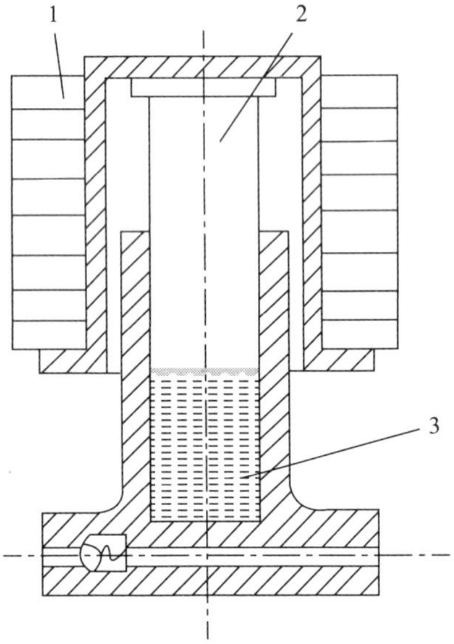

图2-33 重力式蓄能器

1-重物；2-柱塞；3-液压油

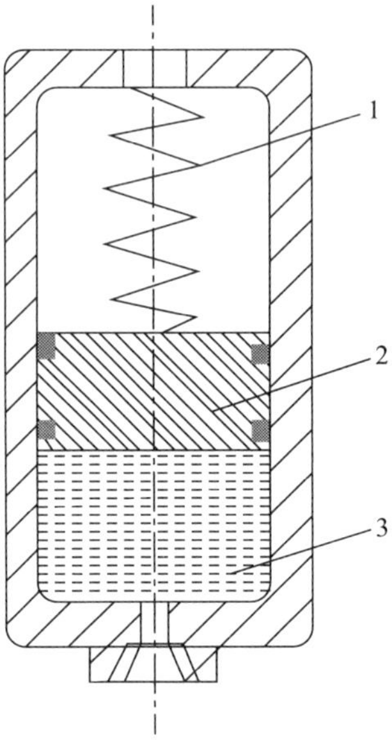

图2-34 弹簧式蓄能器

1-弹簧；2-活塞；3-液压油

(3)应用场合。供小容量、低压($p \leqslant 1 \sim 1.2$ MPa)回路用作蓄能和缓冲，不适用于高压或循环频率较高的工作场合。

3.充气式

充气式蓄能器是利用气体膨胀和压缩进行工作的，是目前较常用的蓄能器。为了安全起见，所充气体常采用惰性气体(一般为氮气)。根据结构可分为气瓶式、活塞式、气囊式和隔膜式四种。

(1)气瓶式蓄能器。

①工作原理。气瓶式蓄能器又称为直接接触式蓄能器或非隔离式蓄能器，气体和油液在蓄能器中直接接触，如图2-35所示，壳体上半部分充以压缩气体，下半部分容纳油液。

②性能特点。结构简单、轮廓尺寸小、容量大、惯性小、反应灵敏、没有摩擦损失，但气体容易混入油中，使油液的可压缩性增加，影响系统工作的平稳性，而且耗气量大，需经常补气，还要有附属设备(气体压缩机、油面计等)。

③应用场合。适用于要求不高的中、低压大流量系统。

(2)活塞式蓄能器。

①工作原理。活塞式蓄能器是一种隔离式蓄能器，如图 2-36 所示。它是利用在缸筒 2 中浮动的活塞 3 把缸中的气体与油液隔开。活塞上装有密封圈，活塞的凹部面向气体，以增加气室的容积。活塞随着油压的增减在缸筒内上下移动。

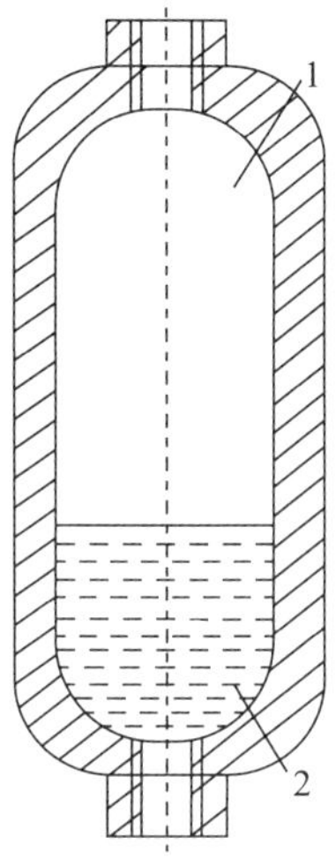

图 2-35　气瓶式蓄能器

1-压缩气体；2-液压油

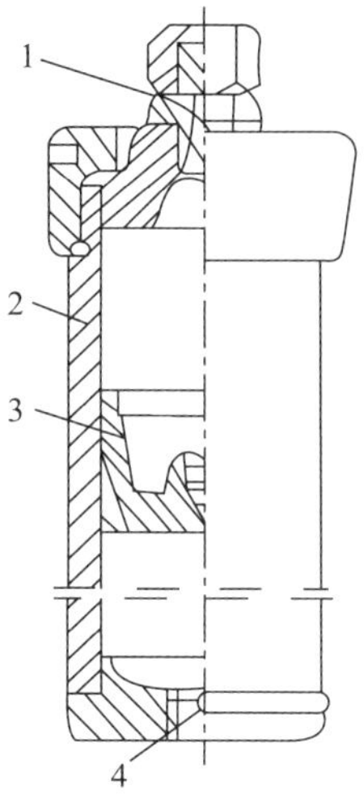

图 2-36　活塞式蓄能器

1-阀；2-缸筒；3-活塞；4-油孔

②性能特点。结构简单，气体与油液隔离，油液不易氧化，工作可靠，安装容易，维护方便，寿命长。缸筒和活塞制造精度高，由于活塞惯性和摩擦阻力的影响，反应不灵敏，密封要求较高，容量小。

③应用场合。主要用来储存能量，不宜用于吸收压力脉动和液压冲击以及低压系统。活塞的密封问题不能完全解决，密封件磨损后，会使气液混合，影响系统的工作稳定性。最高工作压力为 17 MPa，总容量为 1～39 L，适应温度范围为 −4～80 ℃。目前有逐渐被气囊式蓄能器取代的趋势。

(3)气囊式蓄能器。

①工作原理。气囊式蓄能器也是一种隔离式蓄能器，如图 2-37 所示。壳体 3 是一个无缝、耐高压、两端呈球形的圆柱体。壳体上部装有一个充气阀 1，充气阀的下端与固定于壳体并完全封闭的气囊 4 相连。气囊由具有伸缩性的耐油橡胶制成。使用前先通过充气阀向气囊内充入一定压力的气体，充气完毕后，将充气阀关闭，使气体被封闭在气囊内。当外部油液压力高于蓄能器内气体压力时，油液从蓄能器下部的进油口进入蓄能器，使气囊受压缩而储存液压能。当系统压力下降，低于蓄能器内压力油的压力时，蓄能器内的压力油就流出蓄能器。壳体下部有一个受弹簧 6 作用的菌形阀 5，当气囊充分膨胀时，即油液全部排出时，菌形阀关闭，防止气囊受气压的作用而被挤出壳体之外。

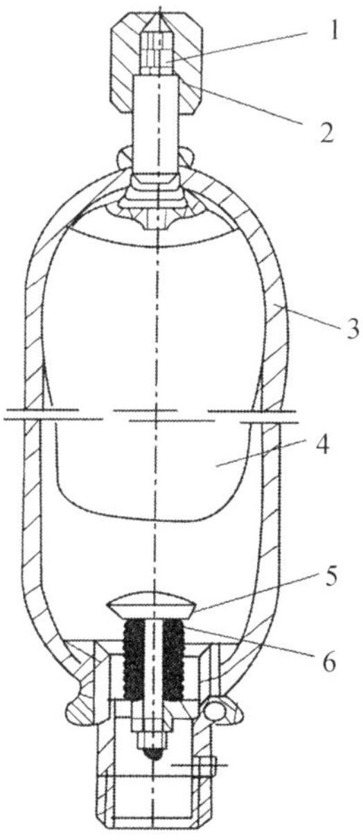

图 2-37　气囊式蓄能器

1-充气阀；2-限位阀；3-壳体；4-气囊；5-提升阀(菌形阀)；6-弹簧

②性能特点。气体与油液完全隔离，气囊的惯性小、反应灵敏、容易

维护、质量轻、结构紧凑、工作可靠、安装容易，充气后能长时间保存气体，且充气方便，是目前使用最为广泛的一种蓄能器。但这种蓄能器的气囊和壳体制造比较困难。

③应用场合。既可用于蓄能，又可用于缓和冲击、吸收脉动。气囊有折合型和波纹型两种。前者容量较大，适用于存储能量，后者则适合于吸收冲击压力。工作压力为 3.5～32 MPa，容量范围为 0.6～200 L，适用温度范围为 −10～65 ℃。

(4)隔膜式蓄能器。

①工作原理。隔膜式蓄能器的工作原理与气囊式蓄能器基本相同，用耐油橡胶隔膜把油和气分开，如图 2-38 所示。

②性能特点。容器为球形，质量与体积的比值最小。此类蓄能器容量很小，一般容量为 0.95～11.4 L。

③应用场合。只适用于吸收冲击，在航空机械中应用最为广泛。

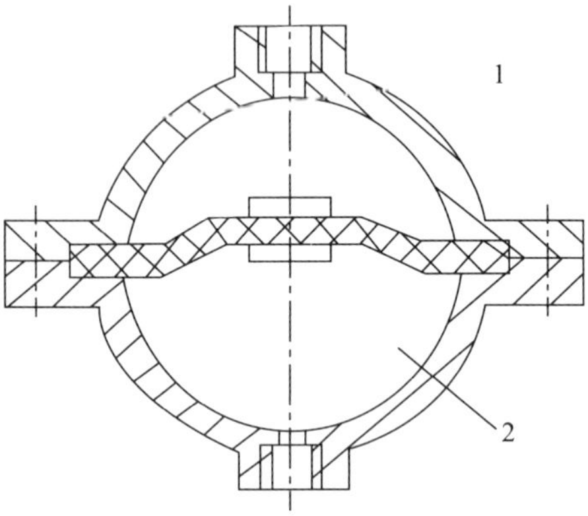

图 2-38　隔膜式蓄能器

1-气体；2-液压油

(二)蓄能器的作用

1.作为辅助动力源

要实现图 2-39 所示周期性动作的液压系统，在执行元件慢速运动时，需要的流量较少，可把液压泵输出的多余压力油液储存在蓄能器内；当执行元件需要大流量实现快速运动时，由于这时系统的工作压力往往较低，蓄能器将存储的压力油快速排出，与液压泵输出的油液共同供给执行元件，使其实现快速运动。使用这种方法不必采用大流量的液压泵，按平均流量选用液压泵就可以实现执行元件快速运动，从而减少电动机功率损耗，降低系统温升，节省能源。

2.用于停泵保压

若液压缸需要在相当长的一段时间内保压而无动作(比如液压机系统处于压制工件阶段或机床液压夹具夹紧工件阶段)，如图 2-40 所示，这时可使泵卸荷，用蓄能器保压并补充系统泄漏。这样可以大大减少电动机的功率损耗，降低系统温升。

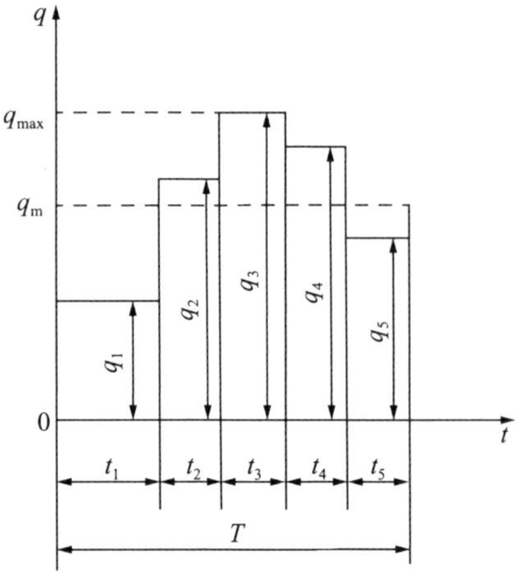

图 2-39　液压系统中的流量供应情况

T—1 个循环周期

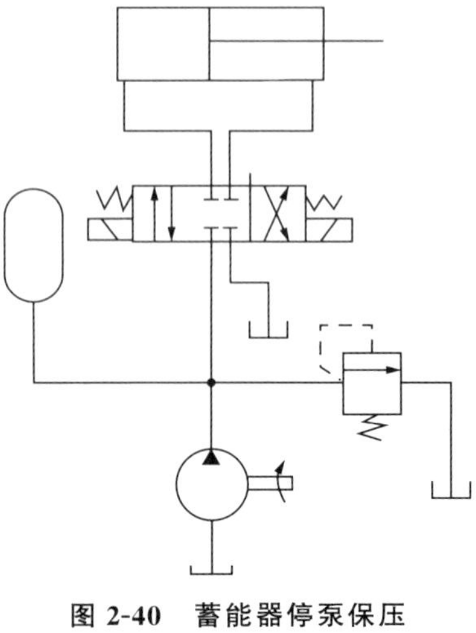

图 2-40　蓄能器停泵保压

3.作为应急能源

有的系统(如静压轴承供油系统),当液压泵发生故障或停电不能正常供油时,可能会发生事故;有的系统要求在供油突然中断时,执行元件应继续完成必要的动作(如为了安全起见,液压缸活塞杆应缩回缸内)。在这种情况下,蓄能器可作为应急能源在短时间内向液压系统供油,用于保持系统压力,或将正在进行的动作完成,避免机件的损坏及事故的发生。这种用途的蓄能器应有足够容量,以保证能达到系统速度的要求或让所有执行元件移动到相应的位置。

4.吸收压力脉动,缓和液压冲击

除螺杆泵以外,其他类型的液压泵输出的压力油都存在压力脉动,溢流阀等也会产生流量和压力脉动,在脉动源处设置一个蓄能器,可以有效地吸收压力脉动。

执行元件的往复运动的突然停止、控制阀的突然切换或关闭、液压泵的突然启动或停止往往都会产生液压冲击,引起机械振动,严重时还会造成系统的损坏。将蓄能器设置在易产生压力冲击的部位,可缓和压力冲击,从而提高液压系统的稳定性。

这方面应用的蓄能器要求惯性小,灵敏度高,且应尽可能安装在靠近冲击源的地方,如图 2-41 所示。

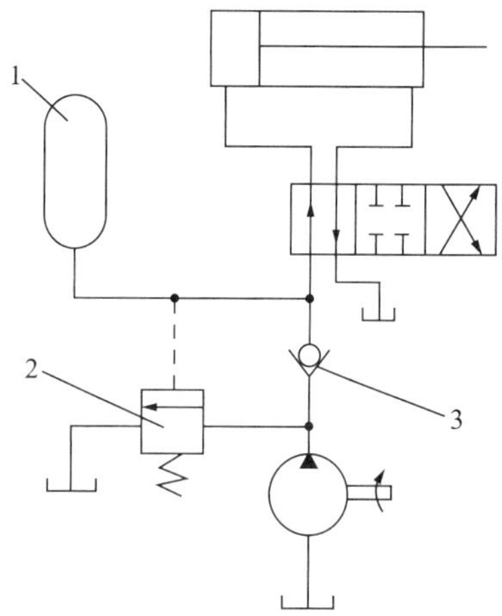

图 2-41　蓄能器用于吸收冲击压力

1-蓄能器;2-卸荷阀;3-单向阀

(三)蓄能器的使用和安装

蓄能器在液压回路中的安装位置随其功用不同而不同:吸收液压冲击或压力脉动时,宜放在冲击源或脉动源附近;补油保压时宜放在尽可能接近相关的执行元件处。使用和安装蓄能器时须注意如下几点:

(1)充气式蓄能器中应使用惰性气体(一般为氮气),允许工作压力视蓄能器结构形式而定,比如气囊式为 3.5～32 MPa。

(2)不同的蓄能器各有其适用的工作范围,例如气囊式蓄能器的气囊强度不高,不能承受很大的压力波动,且只能在－20～70 ℃的温度范围内工作。

(3)气囊式蓄能器原则上应垂直安装(油口向下),只有在空间位置受到限制时才允许倾斜或水平安装。这是因为倾斜或水平安装时气囊会受浮力而与壳体单边接触,妨碍其正常伸缩并加快其损坏。

(4)装在管路上的蓄能器,承受着一个相当于其入口面积和油液压力乘积的力,须用支板或支架固定。

(5)蓄能器与液压泵之间应安装单向阀,防止液压泵停止工作时蓄能器内储存的压力油液倒流而使泵反转。蓄能器与管路系统之间应安装截止阀,供充气、检修时使用。

(6)蓄能器必须安装在便于检查、维修的位置,并远离热源。

(7)为保障安全,在搬运或拆装蓄能器时应排出其中的压缩气体。

六、热交换器

油液在液压系统中具有密封、润滑和传递动力等多重作用,为保证液压系统正常工作,应将油液温度控制在一定范围内,一般应保持在 30～50 ℃的范围之内,最高不超过 65 ℃,最低不低于 15 ℃。如果液压油温度过高，则油液稳度下降，会使润滑部位的油膜破坏，油液泄漏增加，密封材料提前老化，气蚀现象加剧等。长时间在较高温度下工作，还会加快油液氧化，析出沉淀物，并影响泵和阀运动部分的正常工作。如果液压系统依靠自然冷却仍不能使油温控制在上述范围内，就须安装冷却器进行强制性冷却。反之，如果环境温度太低，油液温度过大，则会造成设备启动困难，压力损失加大并使振动加剧等不良后果，这时就须安装加热器来提高油液温度。冷却器和加热器统称为热交换器。

(一)冷却器

根据冷却介质不同，冷却器可分为水冷式和风冷式两种。

1.水冷式

液压系统中的冷却器，最简单的是蛇形管冷却器，如图 2-42 所示，它直接装在油箱内，冷却水从蛇形管内流过，带走油液中的热量。这种冷却器结构简单，但冷却效率低，耗水量大，费用高。液压系统中用得较多的冷却器是强制对流式多管冷却器(图 2-43)。油液从进油口 5 流入，从出油口 3 流出；冷却水从进水口 7 流入，通过多根水管后由出水口 1 流出。油液在水管外部流动时，它的行进路线因冷却器内设置了隔板而加长，因而增加了热交换效果。

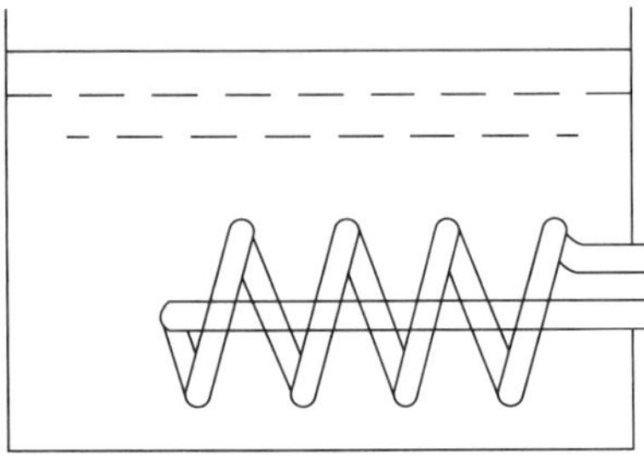

图 2-42　蛇形管冷却器

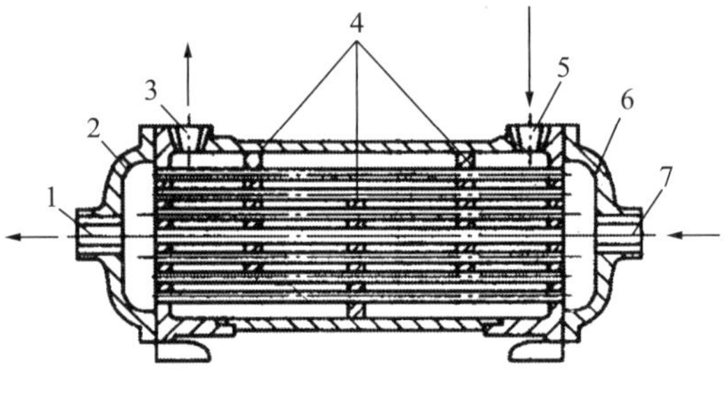

图 2-43　多管冷却器

1-出水口；2、6-端盖；3-出油口；4-隔板；5-进油口；7-进水口

国内在 20 世纪 70 年代开始兴起一种翅片管式冷却器，水管外面增加了许多横向或纵向的散热翅片，大大扩大了散热面积和热交换效果。图 2-44 所示为翅片管式冷却器的一种形式，它是在圆管或椭圆管外嵌套上许多径向翅片，其散热面积可达光滑管的 8～10 倍。椭圆管的散热效果一般比圆管更好。

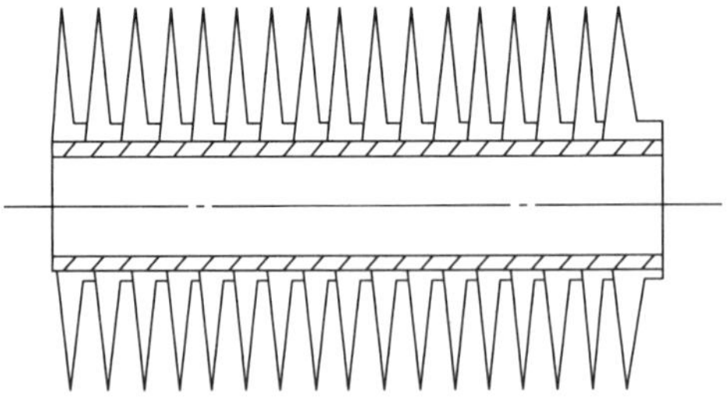

图 2-44　翅片管式冷却器

2.风冷式

液压系统也可以用汽车上的风冷式散热器来进行冷却。这种用风扇鼓风带走流入散热器内油液热量的装置不须另设通水管路，结构简单，价格低廉，但冷却效果较水冷式差。

冷却器一般应安放在回油管或低压管路上。如溢流阀的出口，系统的主回流路上或单独的冷却系统。冷却器所造成的压力损失一般为 0.01～0.1 MPa。

(二)加热器

液压系统的加热一般常采用结构简单、能接需要自动调节最高和最低温度的电加热器。这种加热器的安装方式是用法兰盘横装在油箱箱壁上，发热部分全部浸在油液内(图 2-45)。加热器应安装在油箱内油液流动处，以利于热量的交换。由于油液是热的不良导体，单个加热器的功率不能太大，以免其周围油液过度受热后发生变质现象。如有必要可安装多个加热器，使加热均匀。

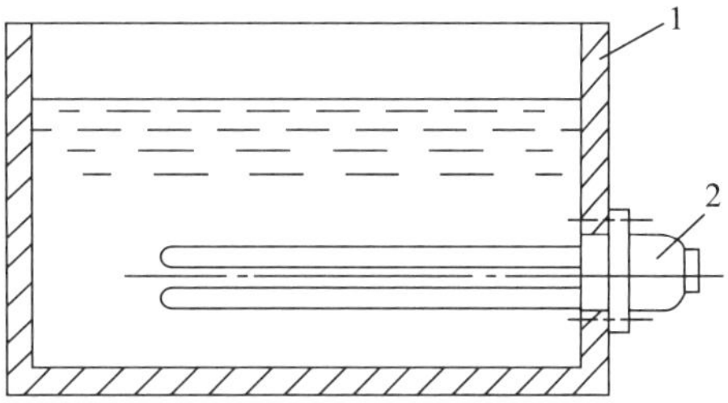

图 2-45 加热器安装位置

1-油箱；2-加热器

七、压力计及压力计开关

液压系统和各局部回路的压力大小，可以通过压力计观测，以便调整和控制液压系统及各工作点的压力。最常用的压力计是弹簧弯管式压力计。

压力计有普通压力计和标准压力计。普通压力计用于一般压力测量，标准压力计用于精确测量或检验普通压力计的精度。压力计的精度等级以其误差占量程的百分数来表示。选用压力计时系统最高压力约为量程的 3/4 比较合理。为防止压力冲击损坏压力计，常在通至压力计的通道上设置阻尼器。

压力计开关用于接通或断开压力计与测量点的通路；开关中过油通道很小，以阻尼压力的波动和冲击，防止压力计的指针剧烈地摆动。

压力计开关，按其所能测的测量点的数目，分为一点、三点和六点；按连接方式分为管式和板式。多点压力计开关，可以使一个压力计和液压系统中几个被测量油路相通，以分别测量几个油路的压力。图 2-46 所示为压力计开关的结构，图示位置为非测量位置，此时压力计由沟槽 a 和小孔 b 与油箱相通。若将手柄推进去，沟槽 a 把测量点与压力计连通，并将压力计通往油箱的通路切断，这时便可测出一个点的压力；若将手轮转到另一位置，便可测出另一点的压力。

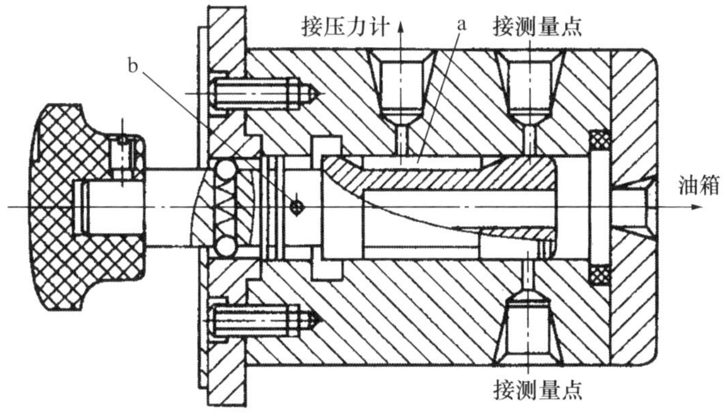

图 2-46 压力计开关

【任务实施】

1.液压辅助装置的认识

观摩液压试验台，认识并熟悉常用的液压辅件。

2.管接头的认识

观察管接头的结构，了解管接头的作用。

3.油箱的拆卸

拆下油箱上盖连接螺钉，观察其内部结构，了解油箱的作用。

4.蓄能器拆卸

拆下调节螺钉，取下上盖，观察其内部结构，了解蓄能器的作用。

项目三
液压控制阀及基本回路

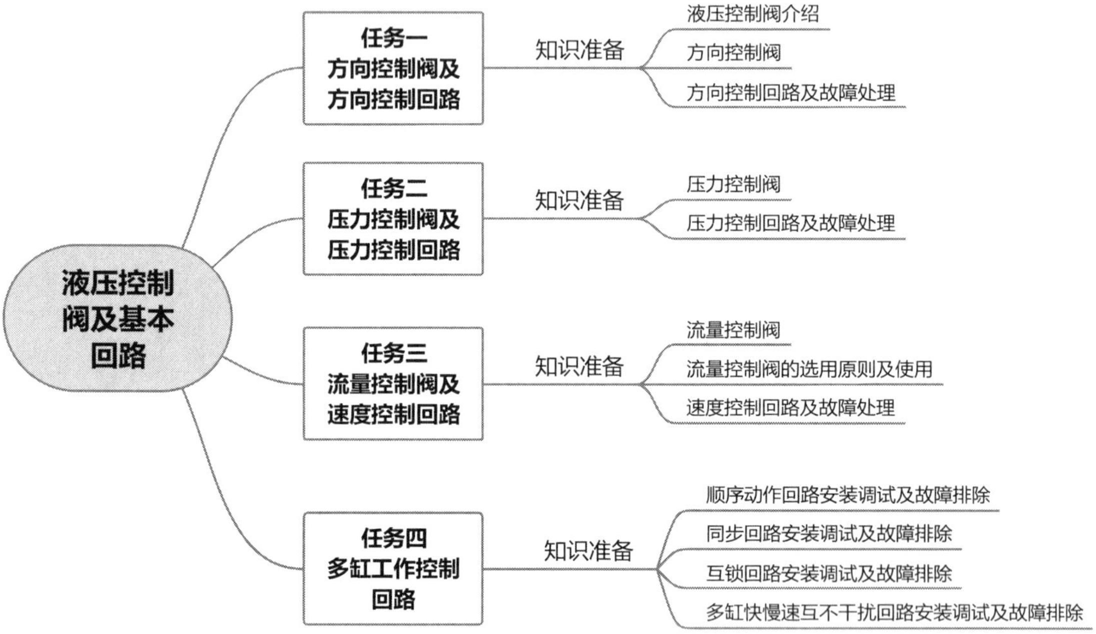

项目知识分布图

任务一 方向控制阀及方向控制回路

【任务描述】

拆装单向阀、液控单向阀、两位两通换向阀、两位三通换向阀、三位四通换向阀及多路换向阀,熟悉方向控制阀的工作原理、性能特点及应用,以及常见故障和排除方法。

【知识准备】

一、液压控制阀介绍

液压控制阀简称液压阀,是组成液压系统的核心元件。其主要作用是控制液压系统中油液的压力、流量大小及流动方向。基于其作用,它可分为方向阀、压力阀和流量阀三大类。它们具有不同的功能,其中压力阀和流量阀利用通流截面的节流作用控制着系统的压力和流量,而方向阀则利用流通通道的更换控制着油液的流动方向。这就是说,尽管液压阀存在着各种各样不同的类型,但它们之间还是保持着一些基本共性:

(1)在结构上,所有的阀都由阀体、阀芯(锥阀或滑阀)和驱使阀芯动作的元部件(如弹簧、电磁铁)组成。

(2)在工作原理上,所有阀的开口大小,阀进、出口间压差以及流过阀的流量之间的关系都符合孔口流量公式,仅是各种阀控制的参数各不相同而已。

1.液压阀的分类

液压控制阀可按以下特性进行分类,见表 3-1。

表 3-1 液压控制阀分类

分类法	种类	详细分类
按用途分	压力控制阀	溢流阀、顺序阀、卸荷阀、平衡阀、减压阀、比例压力控制阀、缓冲阀、仪表截止阀、限压切断阀、压力继电器
	流量控制阀	普通节流阀、调速阀、分流阀、集流阀、比例流量控制阀
	方向控制阀	普通单向阀、液控单向阀、换向阀、行程减速阀、充液阀、梭阀、比例方向阀
按结构分	滑阀	圆柱滑阀、旋转阀、平板滑阀
	座阀	锥阀、球阀、喷嘴挡板阀
	射流管阀	射流阀
按操作方式分	手动阀	手把及手轮、踏板、杠杆
	机动阀	挡块及碰块、弹簧、液压、气动
	电动阀	电磁铁控制、伺服电动机和步进电动机控制

续表3-1

分类法	种类	详细分类
按连接方式分	管式连接	螺纹连接式、法兰连接式液压控制阀
	板式及叠加式连接	单层连接板式、双层连接板式、整体连接板式、叠加阀
	插装式连接	螺纹式(二通、三通、四通)插装阀、法兰式二通插装阀
按其他方式分	开关或定值控制阀	压力控制阀、流量控制阀、方向控制阀
按控制方式分	电液比例阀	电液比例压力阀、电源比例流量阀、电液比例换向阀、电流比例阀复合阀、电液比例多路阀
	伺服阀	单级、两级(喷嘴挡板式、动圈式)电液流量伺服阀、三级电液流量伺服阀
	数字控制阀	数字控制压力阀、流量阀及方向阀

2.对液压阀的基本要求

为了让液压传动系统能正常稳定地工作,对液压阀有以下基本要求:

(1)动作灵敏、工作可靠、工作时冲击和振动小;

(2)密封性能要好,内泄漏要少,无外泄漏;

(3)油液流动时压力损失要小;

(4)结构紧凑,安装、调试和维护方便,通用性好。

二、方向控制阀

方向控制阀的作用是控制液压系统中油液的流动方向。方向控制阀的工作原理是利用阀芯和阀体间相对位置的改变,以实现油路之间接通或断开,从而满足系统对油液流动方向的要求。

方向控制阀按其结构和功能不同可分为单向阀和换向阀两类。

(一)单向阀

单向阀可分为普通单向阀和液控单向阀两种。

1.普通单向阀

1)结构及原理

普通单向阀(简称单向阀)的作用是控制油液只能向一个方向流动,反向流动则截止,故又称止回阀。对单向阀的基本要求是:正向导通时压力损失要小,反向截止时密封性能要好。

图3-1所示为单向阀的结构,单向阀主要组成部分包括阀体、阀芯和弹簧。当压力油从P_1口进入单向阀时,克服弹簧3作用在阀芯2上的力,使阀芯向右移动,打开阀口,并通过阀芯上的径向孔a、轴向孔b从阀体右端的通口P_2流出;当压力油从P_2口流入时,油压以及弹簧力将阀芯压紧在阀体1上,使阀口关闭,油液无法从P_2口流向P_1口。

单向阀弹簧的刚度一般选得较小,阀的正向开启压力一般在0.03~0.05 MPa。如采用刚度较大的弹簧使其开启压力达0.3~0.6 MPa,则可用作背压阀。

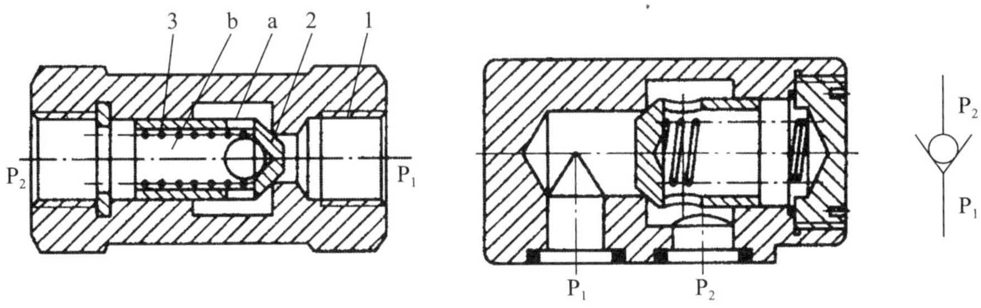

(a)管式连接单向阀 (b)板式连接单向阀 (c)图形符号

图 3-1 单向阀

1-阀体;2-阀芯;3-弹簧

2)应用

单向阀在液压系统中的应用主要有以下几种:

(1)安置在液压泵的出油口,可防止当泵检修或多泵合流系统停泵时油液倒流,在系统中作为背压阀使用。

(2)安装在不同油路之间,防止油路间相互干扰。

(3)与其他液压阀如节流阀、顺序阀、减压阀等组合成单向控制阀,执行单向通流功能,如单向节流阀、单向顺序阀、单向减压阀、高低压泵回路切换用卸荷阀、蓄能器回路卸荷阀等。

(4)其他需要控制液流单向流动的场合,如单向阀群组的半桥和全桥与其他阀组成的回路。

3)注意事项

(1)在具体选用单向阀时,要根据需要合理选择开启压力外,开启压力越高,油中所含气体越多,越容易产生振动。

(2)选用单向阀时,在油液流动反向出口无背压的油路中可选用内泄式,否则选用外泄式,以降低控制油的压力,而外泄式的泄油口必须无压回油,否则会抵消一部分控制压力。

(3)单向阀的工作流量应与阀的额定流量相匹配,当通过单向阀的流量远小于额定流量时,单向阀有时会产生振动。

(4)安装单向阀时,要认清单向阀进、出油口的方向,否则会影响液压系统的正常工作,特别是单向阀用在泵的出口,如反向安装时可能损坏泵或烧坏电动机。

2.液控单向阀

1)结构及原理

液控单向阀有普通型[图 3-2(a)]和带卸荷阀芯型[图 3-2(b)]两种。与普通单向阀相比,在结构上增加了控制油腔 a、控制活塞 1 及控制油口 K。当控制油口 K 处无控制压力油通入时,其作用和普通单向阀一样。当控制油口 K 有控制压力油,且其作用在控制活塞 1 上的液压力超过油口 P_2 压力和弹簧作用在锥阀芯 2 上的合力时,控制活塞 1 使锥阀芯 2 上移,通油口 P_1 和 P_2 接通,油液便可在两个方向自由流动。为了减少控制活塞移动的阻力,控制活塞制成阶梯状并设一外泄油口 L。

在高压系统中,液控单向阀反向开启前 P_2 口的压力很高,所以,反向开启的控制压力也较高,且当控制活塞推开单向阀芯时,高压封闭回路内油液的压力突然释放,会产生很大的冲击。

为了避免这种现象且减少控制压力，可采用图 3-2(b)所示的带卸荷阀芯的液控单向阀。在控制活塞推开锥阀芯 2 之前，先将卸荷阀芯 3 顶开，P_2 和 P_1 腔之间产生微小的缝隙，使 P_2 腔压力降低到一定程度，然后再顶开单向阀芯实现 P_2 到 P_1 的反向流动。

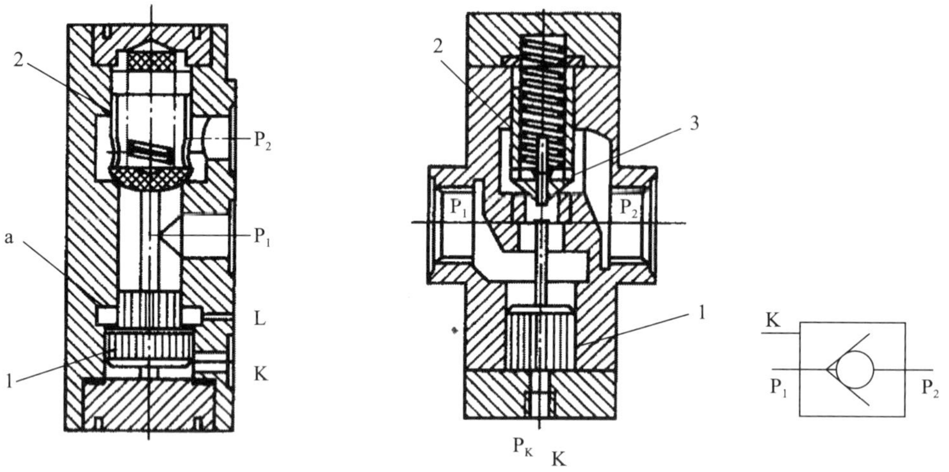

(a)普通型液控单向阀　(b)带卸荷阀芯型液控单向阀　(c)图形符号

图 3-2　液控单向阀

1-控制活塞；2-锥阀芯；3-卸荷阀芯

2)主要性能指标

(1)正向最低开启压力。用作控制液流单向流动的阀，弹簧刚度可选小些，阀的正向最低开启压力仅需 0.03～0.05 MPa。用作油液系统背压阀时，需要刚度较大的弹簧，阀的正向最低开启压力达到 0.2～0.6 MPa。

(2)反向泄漏量。反向泄漏量是指液流反向时进入阀座孔处的泄漏量。性能良好的液控单向阀应无反向泄漏量或极小。当系统有较高保压要求时应选用锥阀式液控单向阀。

(3)压力损失。压力损失是指控制口压力为零时液控单向阀通过额定流量时的压力降。它包含两部分：一是由于弹簧力、摩擦力等造成的开启压力损失。二是液流的流动损失。为减小压力损失，可选用开启压力低的液控单向阀。

(4)反向开启最低控制压力。反向开启最低控制压力是指能使单向阀打开的控制口最低压力。一般来说，外泄式比内泄式反向开启最低控制压力低，带卸荷阀芯的比不带卸荷阀芯的反向开启最低控制压力低。

(5)控制口起作用时的压力损失。当液控单向阀在控制活塞作用下打开时，不论此时是正向流动还是反向流动，它的压力损失仅是由油液的流动阻力而产生的，与弹簧力无关。因此，在相同流量下，它的压力损失要小于控制活塞不起作用时的正向流动压力损失。

3)应用

液控单向阀既可以对反向液流起截止作用，且密封性能好，又可以在一定条件下允许正反向液流自由通过，因此常用于液压系统的保压、锁紧和平衡回路。

图 3-3 所示的液压锁就是液控单向阀的典型应用，它可以起到锁紧油缸、避免倒灌和控制重物下放速度的作用。

4)注意事项

(1)选用液控单向阀时,应考虑液控单向阀所需要的控制压力。此外,还应考虑系统压力变化对控制油路压力变化的影响,以免出现误开启。

(2)液控单向阀回路设计应确保反向油流有足够的控制压力,以保证阀芯的开启。

(3)内泄式和外泄式液控单向阀,分别应用于反向出口腔油流背压较低和较高的应用场所,以降低控制压力。

(4)当液控单向阀从控制活塞将阀芯顶开,使反向油流通过,到卸掉控制油,控制活塞返回,使阀芯重新关闭的过程中,控制活塞容腔中的油要从控制油口排出。如果控制油路回油背压较高,排油不通畅,则控制活塞不能迅速返回,阀芯的关闭速度也要受到影响,这对需要快速切断反向油流的系统来说无法满足快速性能要求。为此,可采用外泄式结构的液控单向阀,将压力油引入外泄油口,强迫控制活塞迅速返回。

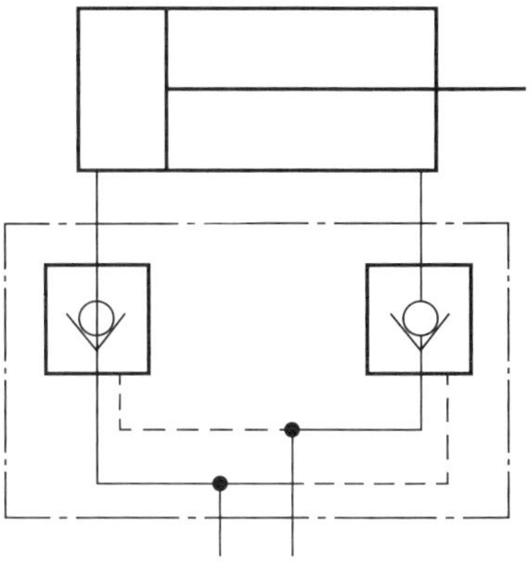

图 3-3　液压锁

(二)换向阀

换向阀是利用改变阀芯与阀体的相对位置,控制相应油路的接通、切断或换向,从而实现对执行元件运动方向的控制。换向阀的阀芯的结构形式有滑阀式、转阀式和锥阀式等,其中滑阀式阀芯应用最为广泛。

1.换向原理

图 3-4 所示为滑阀式换向阀的工作原理。当阀芯移到右端时[图 3-4(a)],泵的流量流向 A 口,液压缸左腔进油,右腔回油,活塞便向右运动。阀芯在中间位置时[图 3-4(b)],流体的全部通路均被切断,活塞不运动。当阀芯移到左端时[图 3-4(c)],泵的流量流向 B 口,液压缸右腔进油,左腔回油,活塞便向左运动。因而通过阀芯移动可实现执行元件的正、反向运动或停止。

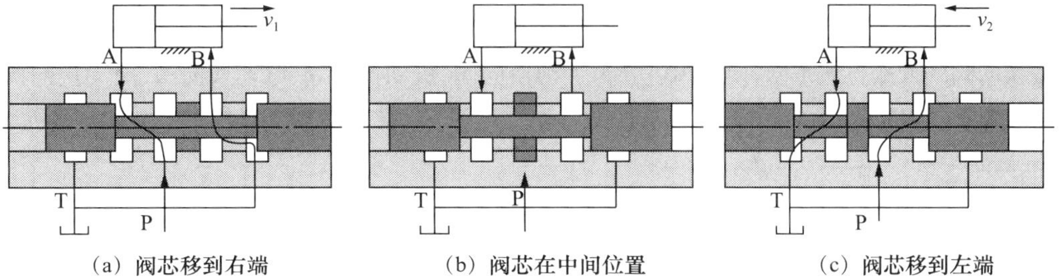

(a) 阀芯移到右端　　(b) 阀芯在中间位置　　(c) 阀芯移到左端

图 3-4　滑阀式换向阀的工作原理

2.换向阀的分类

换向阀按阀芯在阀体内的工作位置数和换向阀所控制的油口通路数分为二位二通、二位三通、二位四通、二位五通等类型(表 3-2)。不同的位数和通路数是由阀体上的沉割槽和阀芯上台肩的不同组合形成的。将五通阀的两个回油口 T_1 和 T_2 连通成一个油口 T,便可成为四通阀。

表 3-2　常用换向阀的结构和图形符号

位和通	结构	图形符号
二位二通	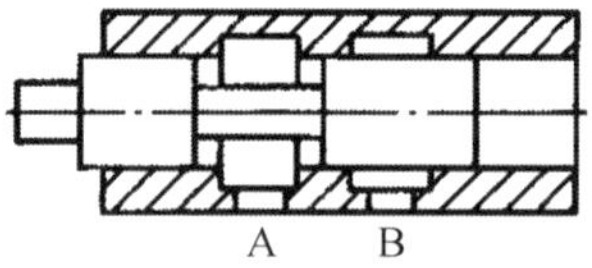	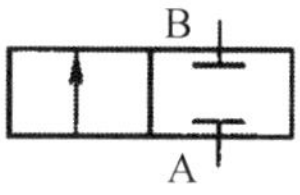
二位三通	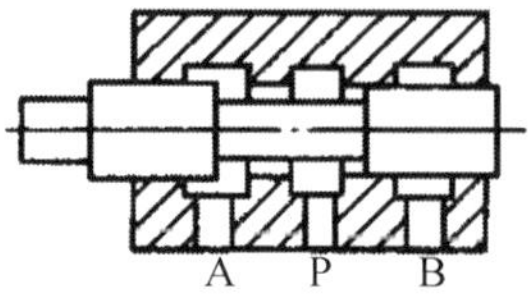	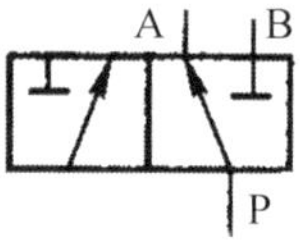
二位四通	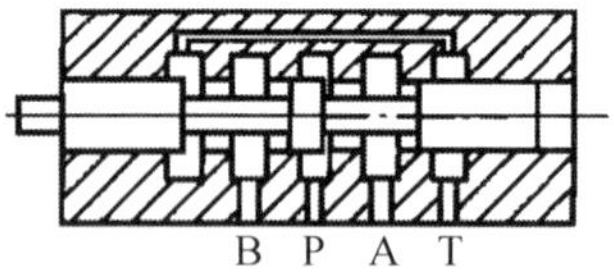	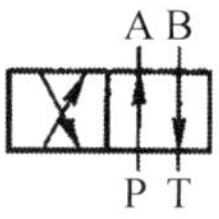
二位五通	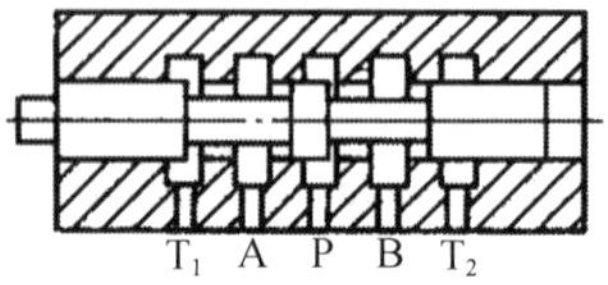	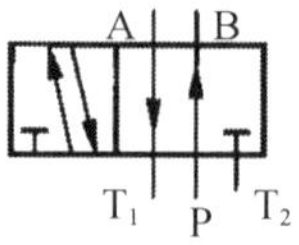
三位四通	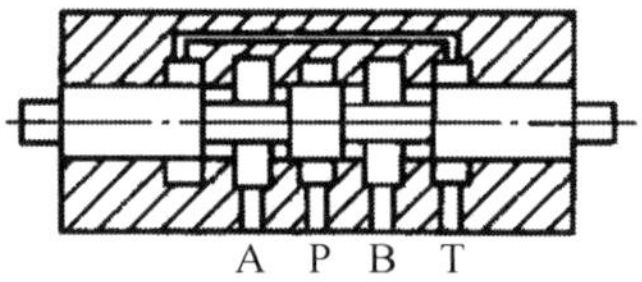	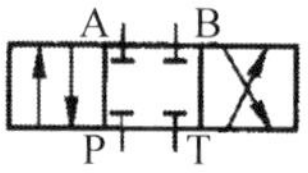
三位五通	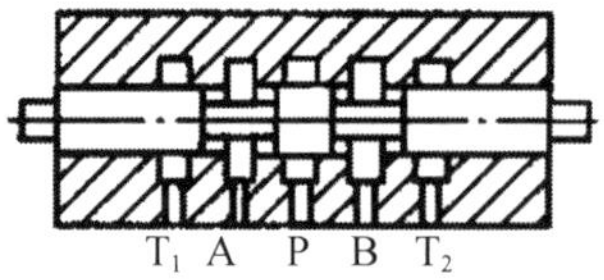	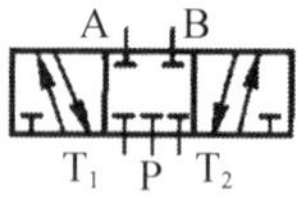

按换向阀的操作方式不同,换向阀可分为手动换向阀、机动换向阀、电动换向阀、液动换向阀和电液动换向阀等,其中电动换向阀最为常见,后面将作重点阐述。常见的滑阀操纵方式如图 3-5 所示。

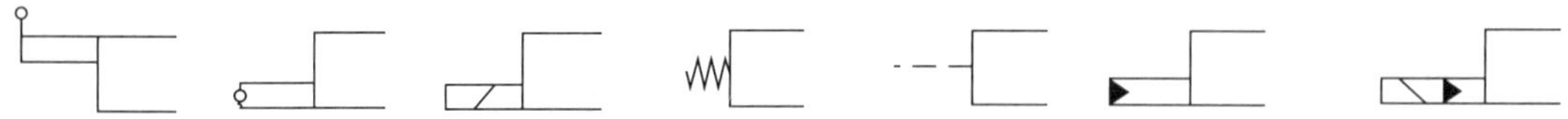

(a)手动式　(b)机动式　(c)电磁动　(d)弹簧控制　(e)液动　(f)液压先导控制　(g)电液控制

图 3-5　滑阀操纵方式

3.换向阀的符号表示

表 3-2 列出了几种常用滑阀式换向阀的结构及与之相对应的图形符号。下面对换向阀的图形符号做以下说明:

(1)用方格数表示阀的工作位置数,三格即三个工作位置。

(2)在一个方格内,箭头("↑""↓")或堵塞符号("⊥""⊤")与方格相交点数为油口通路数。箭头仅表示两油口相通,并不表示实际流向;"⊥"表示该油口不通,处于截止状态。

(3)P 表示进油口,T 表示回油口,A 和 B 表示连接其他两个工作油路的油口。

(4)控制方式和复位弹簧的符号画在方格的两侧。

(5)三位阀的中位、二位阀靠有弹簧的那一位为常态位置。绘制液压系统图时，换向阀的符号与油路的连接应画在常态位上。

4.三位换向阀的中位机能

三位换向阀处于中位时各油口的连通方式称为中位机能。中位机能不同的同规格阀，其阀体通用，仅阀芯台肩结构、尺寸及内部通孔情况不同。表 3-3 列出了常用的几种三位换向阀中位机能的机能代号、结构、图形符号及机能特点和作用。

表 3-3　三位换向阀中位机能

机能代号	结构	中位图形符号	机能特点和作用
O	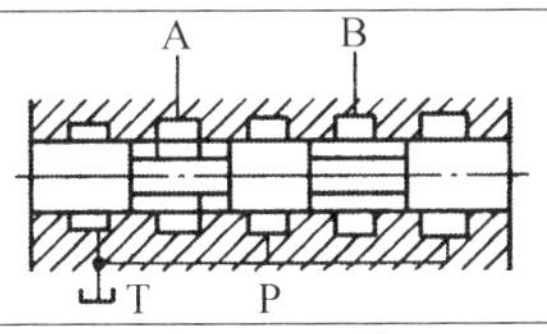	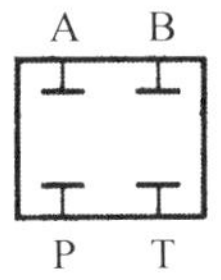	各油口全部封闭，缸两腔封闭，系统不卸荷。液压缸充满油，从静止到启动平稳；制动时运动惯性引起液压冲击较大；换向位置精度高
H	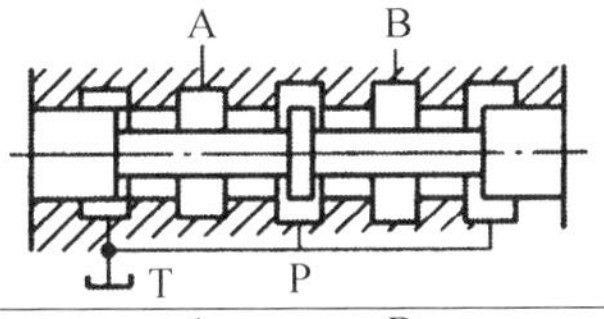	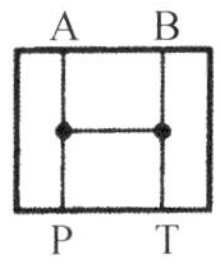	各油口全部连通，系统卸荷，缸成浮动状态。液压缸两腔接油箱，从静止到启动有冲击；制动时油口互通，故制动较 O 型平稳；但换向位置变动大
P	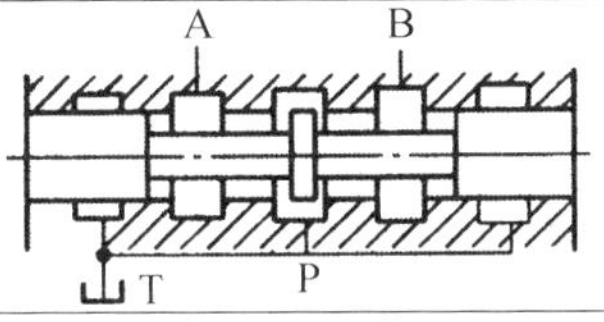	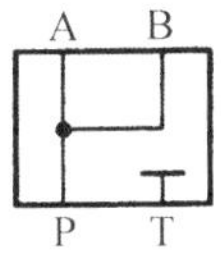	压力油口 P 与缸两腔连通，可形成差动回路，回油口封闭。从静止到启动较平稳；制动时缸两腔均通压力油，故制动平稳；换向位置变动
Y	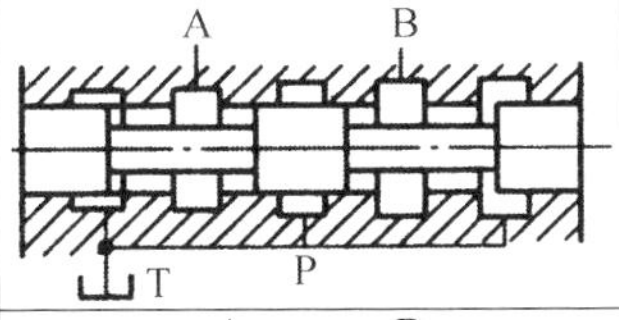	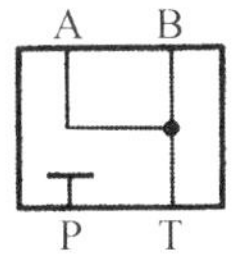	油泵不卸荷，缸两腔通回油，缸成浮动状态。由于缸两腔接油箱，从静止到启动有冲击，制动性能介于 O 型与 H 型之间
K	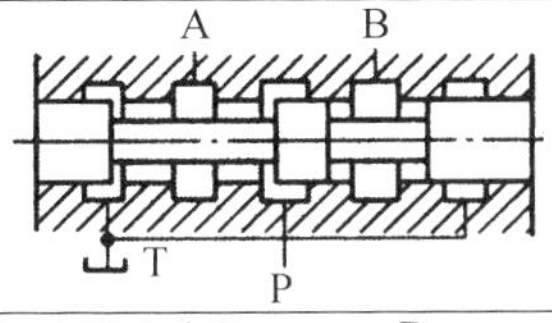	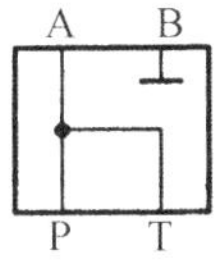	油泵卸荷，液压缸一腔封闭，一腔接回油口。两个方向换向时性能不同
M	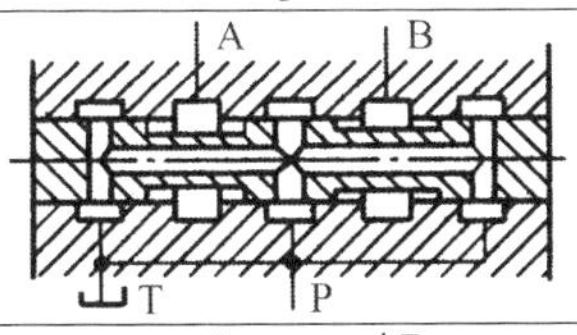	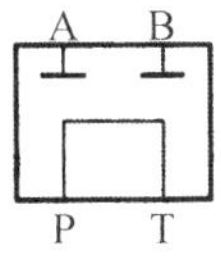	油泵卸荷，缸两腔封闭。从静止到启动较平稳；制动性能与 O 型相同；可用于油泵卸荷、液压缸锁紧的液压回路中
X	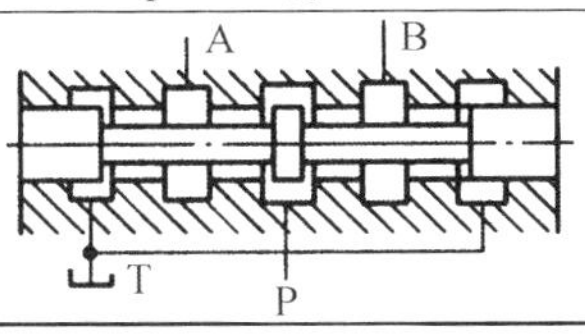	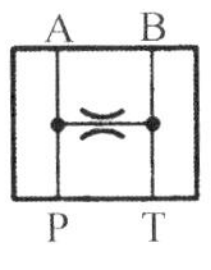	各油口半开启接通，油口 P 保持一定的压力；换向性能介于 O 型和 H 型之间

三位换向阀中位机能不同，处于中位时其对系统的控制性能也不相同。在分析和选择时，通常需考虑执行元件的换向精度和平稳性要求；是否需要保压或卸荷；是否需要“浮动”或可以

在任意位置停止等。

5.中位机能的运用

(1)系统保压。换向阀在中位时,当 P 口被堵塞(如 O 型、Y 型、P 型),系统保压,液压泵能向多缸系统或其他执行元件供压力油。

(2)系统卸荷。当 P 口与 T 口接通时(如 H 型、M 型),系统卸荷,可节约能量,但不能与其他缸并联用。

(3)换向平稳性和精度。阀在中位,当液压缸的 A、B 两口都堵塞时(如 O 型、M 型),换向过程不平稳,易产生液压冲击,但换向精度高。反之,A、B 两口都与 T 口连通时(如 H 型、Y 型),换向平稳,冲击小,但换向过程中工作部件不易制动,换向精度低。

(4)液压缸"浮动"和在任意位置上的停止。阀在中位,选用 A、B 两口互通时(如 H 型、Y 型),卧式液压缸呈"浮动"状态,可利用其他机构移动工作台,调整位置。选用 A、B 油口都与 P 口相通的形式(差动连接式液压缸除外),如 P 型。液压缸可在任意位置停止并被锁住。

(5)启动平稳。当系统对启动平稳性要求较高时,应选用油口 A、B 都不通 O 口的形式,如 O 型、P 型、M 型。这时液压缸某一腔的油液在启动时能起到缓冲作用,因而可保证启动的平稳性。

(四)几种常用的换向阀

1.手动换向阀

图 3-6(a)所示为弹簧自动复位结构的阀,松开手柄,阀芯靠弹簧力恢复至中位(常态位),适用于动作频繁、持续工作时间较短的场合,操作比较方便,常用于工程机械。图 3-6(b)所示为弹簧钢球定位结构的阀,当松开手柄后,阀仍然保持在所需的工作位置上,适用于机床、液压机、船舶等需要保持工作状态时间较长的情况。将多个手动换向阀组合在一起,可以操纵多个执行元件的运动,便构成多路阀。

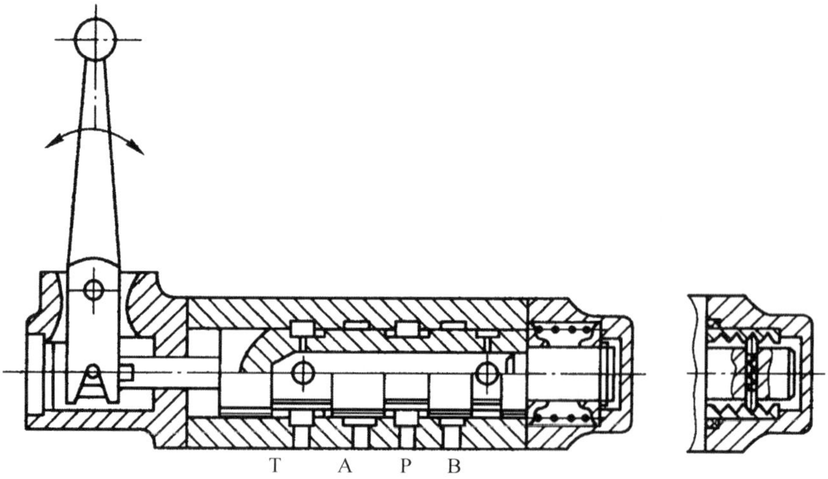

(a) 结构图

(b) 图形符号

图 3-6 手动换向阀及其图形符号

2.机动换向阀

机动换向阀又称行程阀，主要用来控制液压机械运动部件的行程。这种阀必须安装在液压缸附近，在液压缸驱动工作部件的行程中，借助于安装在工作部件一侧的挡块或凸轮移动到预定位置时就压下阀芯，使阀换位，从而控制油液的流动方向。机动换向阀通常是二位的，有二通、三通、四通和五通几种，其中二位二通、二位三通机动换向阀又分常闭和常开两种。

图 3-7(a)所示为滚轮式二位二通常闭式机动换向阀，若滚轮未压住，则油口 P 和 A 不通；当挡铁或凸轮压住滚轮时，阀芯右移，则油口 P 和 A 接通。图 3-7(b)所示为其图形符号。

机动换向阀通常是弹簧复位式的二位阀。它的结构简单，动作可靠，换向位置精度高，改变挡块的迎角或凸轮外形，可使阀芯获得合适的换向速度，减小换向冲击。但这种阀不能安装在液压站上，因而连接管路较长，使整个液压装置不够紧凑。

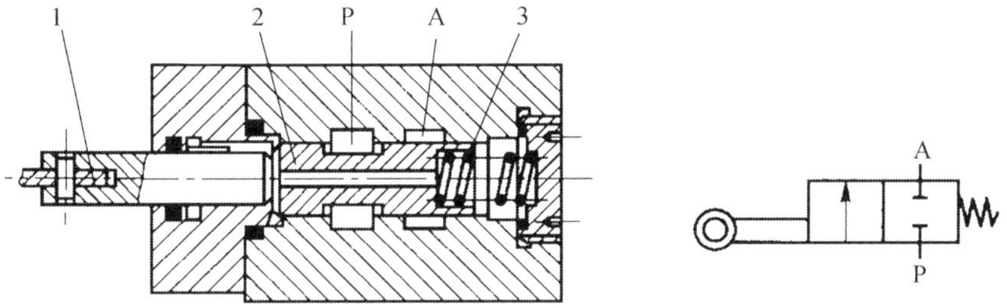

（a）结构图　　（b）图形符号

图 3-7　二位二通机动换向阀

1-滚轮；2-阀芯；3-弹簧

3.电磁换向阀

电磁换向阀是利用电磁铁吸合产生的推力去推动阀芯换位，实现油路通断或切换的换向阀。它是电气系统与液压系统之间的信号转换元件，它的电气信号由液压设备中的按钮开关、限位开关、行程开关等电气元件发出，从而可以使液压系统方便地实现各种操作及自动顺序动作。

图 3-8(a)所示为二位三通电磁换向阀断电位置。它是单电磁铁弹簧复位式，阀体左端安装的电磁铁可以通入直流电或交流电。在电磁铁不通电时，阀芯在右端弹簧力的作用下处于左极端位置(常位)，油口 P 与 A 连通，不与 B 相通。若电磁铁得电产生一个向右的电磁力，该力通过推杆推动阀芯右移，则油口 P 与 B 连通，与 A 不相通。二位电磁阀一般都由单电磁铁控制。但无复位弹簧而设有定位机构的双电磁铁二位阀，由于电磁铁断电后仍能保留通电时的状态，从而减少了电磁铁的通电时间，延长了电磁铁的寿命，节约了能源。此外，当电源因故中断时，电磁阀的工作状态仍能保留下来，可以避免系统失灵或出现事故，这种“记忆”功能对于一些连续作业的自动化机械和自动线来说，往往是十分必要的。

图 3-8(b)为二位三通电磁换向阀图形符号。

在三位电磁换向阀的两端各有一个电磁铁和一个对中弹簧，阀芯在常态时处于中位。对三位电磁换向阀来说，当右端电磁铁通电吸合时，衔铁通过推杆将阀芯推至左端，换向阀就在右位工作；反之，当左端电磁铁通电吸合时，换向阀就在左位工作。

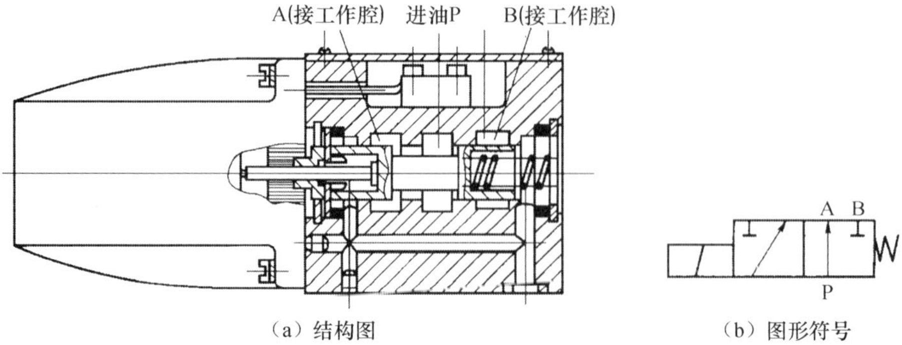

（a）结构图　　（b）图形符号

图 3-8　二位三通电磁换向阀

图 3-9 是直流电磁铁的电磁换向阀，使用电压为 24V。按电磁铁的铁芯能否浸泡在油里，分为干式和湿式电磁铁。

交流电磁铁使用方便，起动力大，吸合、释放快，动作时间最快约为 10 ms；但工作时冲击和噪声较大，为避免线圈过热，换向频率不能超过 60 次/min，启动电流大，在阀芯被卡时易烧毁线圈。

直流电磁铁体积小，工作可靠；冲击小，允许换向频率为 120 次/min，最高可达 300 次/min，使用寿命比交流电磁铁使用寿命长；但启动力比交流电磁铁小，需要有直流电源。干式电磁铁不允许油液进入电磁铁内部，在阀芯推杆的周围要有可靠的密封。湿式电磁铁可以浸泡在油液中工作，换向阀的相对运动件之间就不需要密封装置，这就减少了阀芯的运动阻力，提高了换向的可靠性。因此已逐渐取代传统的干式电磁铁。

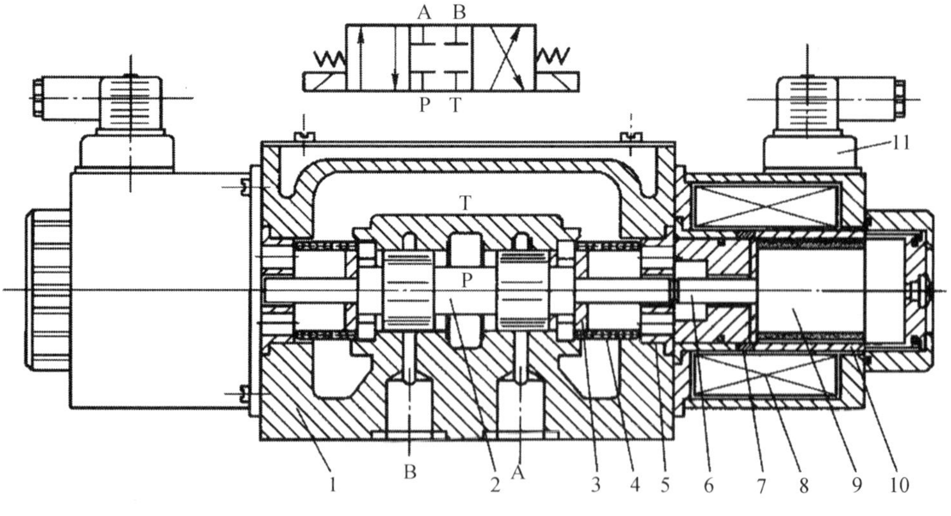

图 3-9　三位四通电磁换向阀

1-阀体；2-阀芯；3-定位套；4-对中弹簧；5-挡圈；6-推杆；7-环；8-线圈；9-铁芯；10-导套；11-插头组件

1)选用注意事项

①电磁阀中的电磁铁有直流式、交流式、自整流式，而结构上又分为干式和湿式。各种电磁铁的吸力特性、励磁电流、最高切换频率、机械强度、冲击电压，吸合冲击、换向时间等特性不

同，必须选用合适的电磁铁。特殊的电磁铁有安全防爆式、耐压防爆式，而高湿度环境使用时要进行热处理，高温环境使用时要注意绝缘性。

②检查电磁阀的滑阀机能是否符合要求，电磁阀有很多滑阀机能，出厂时还有正装和反装的区别，所以在使用时一定要检查滑阀机能是否与要求一致。换向阀的中位滑阀机能关系到执行机构停止状态下的安全性，必须考虑内泄漏和背压情况。另外，最大流量值随滑阀机能的不同会有很大变化。

③换向阀的阀芯形状影响阀芯开口面积，阀芯位移的变化规律、阀的切换时间及过渡位置时执行机构的动作情况，必须认真选择。

④电磁阀使用时的压力、流量不要超过制造厂样本上的额定压力、额定流量。否则液压卡紧现象和液动力影响往往引起动作不良，尤其在液压缸回路中，活塞杆外伸和内缩时回油流量是不同的，内缩时回油流量比泵的输出流量还大，流量放大倍数等于缸两腔活塞面积之比，要特别注意。还要注意的是，四通阀堵住 A 口或 B 口只用一侧流动时，额定流量显著减小。压力损失对液压系统的回路效率有很大影响，所以确定阀的通径时不仅考虑阀本身，而且要综合考虑回路中所有阀的压力损失、管路阻力等。

⑤回油口 T 的压力不能超过允许值。因为 T 口的工作压力受到限制，当四通电磁阀堵住一个或两个油口，当作三通阀或二通电磁阀使用时，若系统压力值超过该电磁换向阀所允许的背压值，则 T 口不能堵住。

⑥双电磁铁电磁阀的两个电磁铁不能同时通电，对交流电磁铁，两电磁铁同时通电，可造成换向阀发热而烧坏；对于直流电磁铁，则由于阀芯位置不固定，引起系统误动作。因此，在设计电磁阀的电控系统时，应使两个电磁铁通断电有互锁关系。

⑦所使用油液要保持清洁。由于电磁阀的阀芯与阀体孔之间配合间隙较小，通常只有 0.006～0.015 mm，如有较大的杂质进入这个间隙就可能使阀芯卡死，所以必须严格控制油液的过滤精度。采用湿式电磁铁的电磁阀，由于油液进入电磁铁内，油液中的磁性材料颗粒会吸附在铁芯上，影响电磁铁的吸合动作。所以用湿式电磁阀的系统要注意对磁性材料颗粒的过滤。

⑧由于电磁铁的吸力一般不超过 90N，因此电磁换向阀只适用于压力不太高、流量不太大的场合。

2)安装注意事项

(1)电磁换向阀的轴线必须按水平方向安装，如垂直方向安装，受阀芯、衔铁等零件质量影响，将造成换向或复位的不正常。

(2)一般电磁阀两端的油腔是泄油腔或回油腔，应检查该腔压力是否过高。如果在系统中多个电磁阀的泄油或回油管道接在一起造成背压过高，则应将它们分别单独接油箱。

(3)安装底板表面应磨削加工，同时有平面度要求，不得凸起。否则，板式连接电磁换向阀与底板的接合处会渗油。

(4)安装螺钉不能拧得太松。否则，板式连接电磁换向阀与底板的接合处会渗油。

(5)控制电源参数应与电磁阀一致。否则有可能造成换向阀不能正常工作或烧毁电磁铁。

4.液动换向阀

液动换向阀是利用压力油推动阀芯换位，实现油路的通断或切换的换向阀。

图 3-10(a)所示为三位四通液动换向阀，当 K_1 口通压力油，K_2 口回油时，P 口与 A 口接

通，B 口与 T 口接通；当 K_2 口通压力油，K_1 口回油时，P 口与 B 口接通，A 口与 T 口接通；当 K_1 口、K_2 口都未通压力油时，P、T、A、B 四个油口全部堵死。图 3-10(b)为三位四通液动换向阀的图形符号。

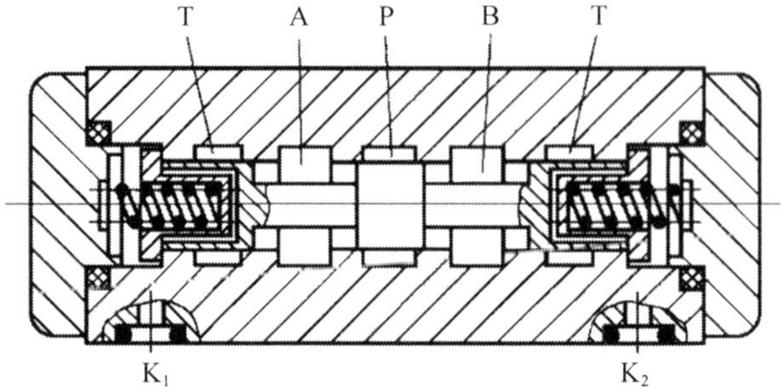

(a) 结构图

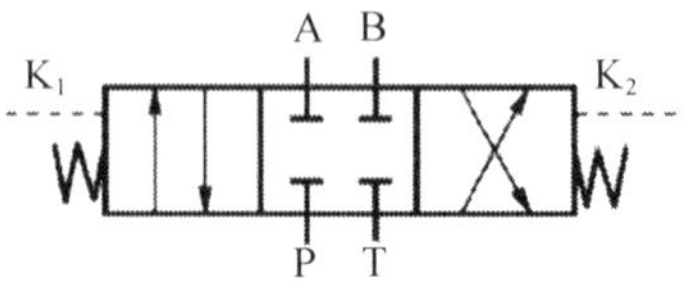

(b) 图形符号

图 3-10　三位四通液动换向阀

液动换向阀结构简单、动作平稳可靠、液压驱动力大，适用于高压、大流量的液压系统。该阀较少单独使用，常与电磁换向阀联合使用。

5.电液动换向阀

电液动换向阀是由电磁换向阀和液动换向阀组合而成的。电磁换向阀起先导作用，它可以改变和控制液流的方向，从而改变液动换向阀的位置。由于操纵液动换向阀的液压推力可以很大，因此主阀可以做得很大，允许有较大的流量通过。这样用较小的电磁铁就能控制较大的液流了。

控制主阀的压力油可以直接来自主油路，并在阀体内接通，称为内控式；也可以另外引入，称为外控式。从主阀两端排出的控制油液经先导阀回油箱，称为外排式，不经先导阀而直接经主阀回油箱称为内排式。

图 3-11 所示为三位四通电液动换向阀，为内控外排式。当先导阀左边的电磁铁通电后，使其阀芯向右边位置移动，来自主阀 P 口的控制油液可经先导电磁阀的 A 口和左单向阀进入主阀左端容腔，并推动主阀阀芯向右移动，这时主阀右端容腔中的控制油液可通过右边的节流阀经先导电磁阀的 B 口和 T 口，再从主阀的 T 口或外接油口流回油箱，使主阀 P 与 A、B 与 T 的油路相通；反之，由先导电磁阀右边的电磁铁通电，可使 P 与 B、A 与 T 的油路相通。当先导电磁阀的两个电磁铁均不带电时，先导阀阀芯在其对中弹簧作用下回到中位，此时来自主阀 P 口的控制油液不再进入主阀芯的左、右两容腔，则先导阀必须是 P 型中位机能的三位四通电磁阀，才能保证主阀芯左、右两腔的油液通过先导阀中间位置的 A、B 两油口与先导阀 T 口相通，再从主阀的 T 口或外接油口流回油箱。主阀芯在两端对中弹簧的预压力的推动下，依靠阀体定位，准确地回到中位，此时主阀的 P、A、B 和油口均不通，这种对中称为弹簧对中。除此对中方式之外，电液动换向阀还有液压对中的。在液压对中的电液动换向阀中，先导式电磁阀在中位时，先导阀 A、B 两油口均与控制液压油口 P 连通，而油口 T 则封闭，其他方面与弹簧对中的电液动换向阀基本相似。

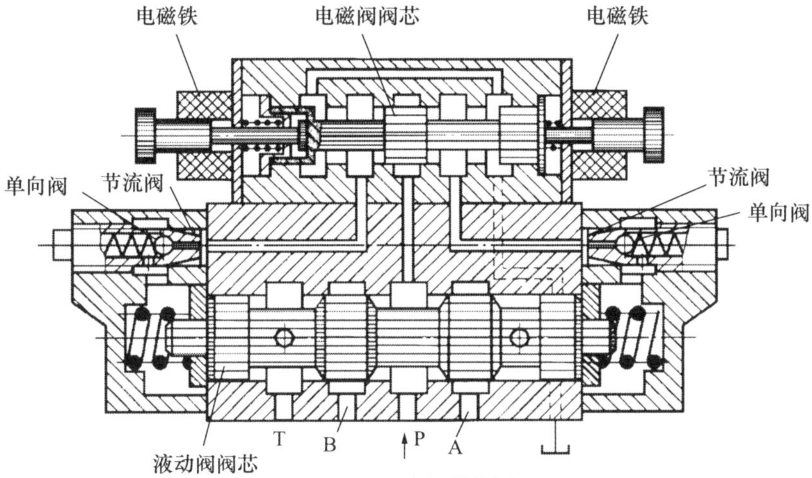

(a) 结构图

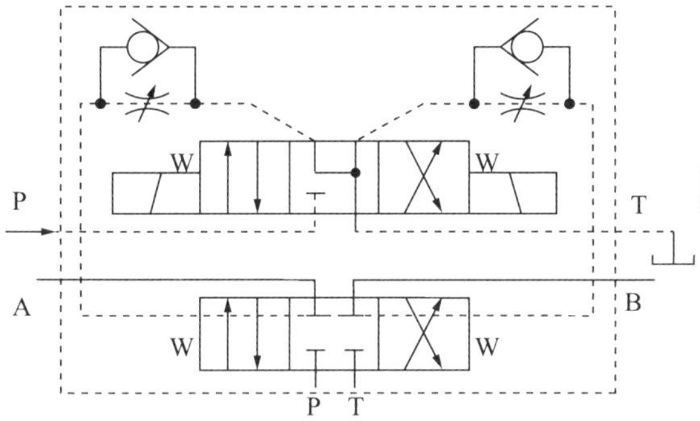

(b) 图形符号

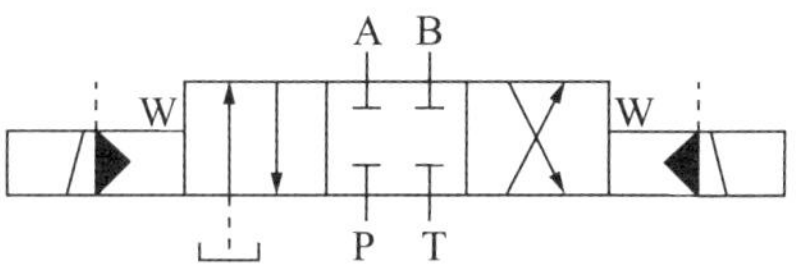

(c) 简化图形符号

图 3-11　三位四通电液动换向阀

以下是对电液动换向阀的一些控制机构的特点分析：

(1)电液动换向阀的工作状态(不考虑内部结构)和普通电磁阀一样,但工作位置的变换速度可通过阀上的节流阀调节。左电磁铁通电后,控制油通过左单向阀通入主阀芯左控制腔。右控制腔回油需经右节流阀通过先导阀回油箱。调节节流阀开口,即可调节主阀换向时间,从而消除执行元件的换向冲击。

(2)对于内控方式实现供油的电液动换向阀,若在常态位下使泵卸荷(具有 M、H、K 型等中位机能),为克服阀在通电后因无控制油压而使主阀不能动作的缺陷,常在主阀的进油孔中插装一个预压阀(即一个具有硬弹簧的单向阀),使在卸荷状态下仍有一定的控制油压,足以操纵主阀芯换向。如图 3-12 所示,安装在进油口内的阀即为预压阀。

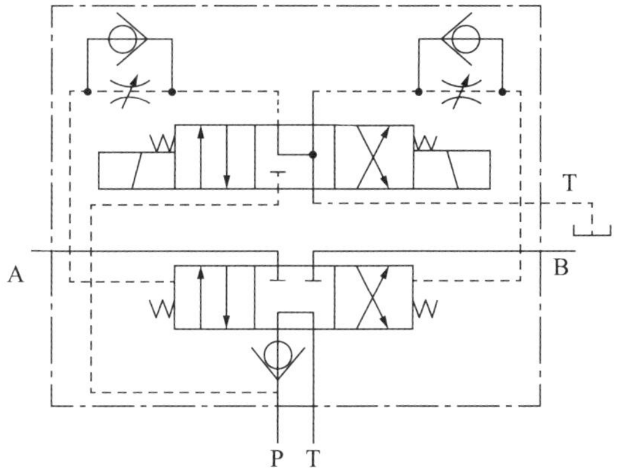

图 3-12　装有预压阀的电液动换向阀

电液动换向阀推力大,操纵很方便。此外,主阀芯向左或向右的移动速度可分别由左、右节流阀来调节，这使系统中的执行元件能够得到平稳无冲击的换向。所以，这种操纵形式的换向性能比较好，适用于高压、大流量的场合。

6.电磁球阀

电磁球阀是一种以电磁铁的推力为驱动力推动钢球来实现油路通断的电磁换向阀。图 3-13 所示为二位三通电磁球阀。当电磁铁 8 断电时，钢球 5 在弹簧 7 的作用下压紧在左阀座 4 的孔上，P 口与 A 口通，T 口关闭。当电磁铁 8 通电时，电磁推力经杠杆放大后，通过操纵杆 2 克服弹簧力将钢球压向右阀座 6 的孔上，使 P 口与 A 口不通，A 口与 T 口相通，实现换向。

电磁球阀具有密封性好，反应速度快，使用压力高和适应能力强等优点。主要用在超高压小流量的液压系统中或作二通插装阀的先导阀。

7.多路换向阀

多路换向阀是一种集中布置的手动换向阀，常用于工程机械等要求集中操纵多个执行元件的设备中。按组合方式不同可分为并联式、串联式和顺序单动式三种，其图形符号如图 3-14 所示。在并联式多路换向阀的油路中，泵可同时向各个执行元件供油(这时负荷小的执行元件先动作，若负载相同，则执行元件的流量之和等于泵的流量)，也可只向其中的一个或几个执行元件供油。在串联式多路换向阀的油路中，泵只能依次向各个执行元件供油。其中第一阀的回油口与第二阀的进油口相连，各执行元件可以单独动作，也可以同时动作。在各个执行元件同时动作的情况下，多个负载压力之和不应超过泵的工作压力，但每个执行元件都可以获得很高的运动速度。在顺序单动式多路换向阀的油路中，泵只能顺序向各个执行元件分别供油。操作前一个阀就切断了后面阀的油路，从而可以避免各执行元件动作间的相互干扰，并防止其误动。

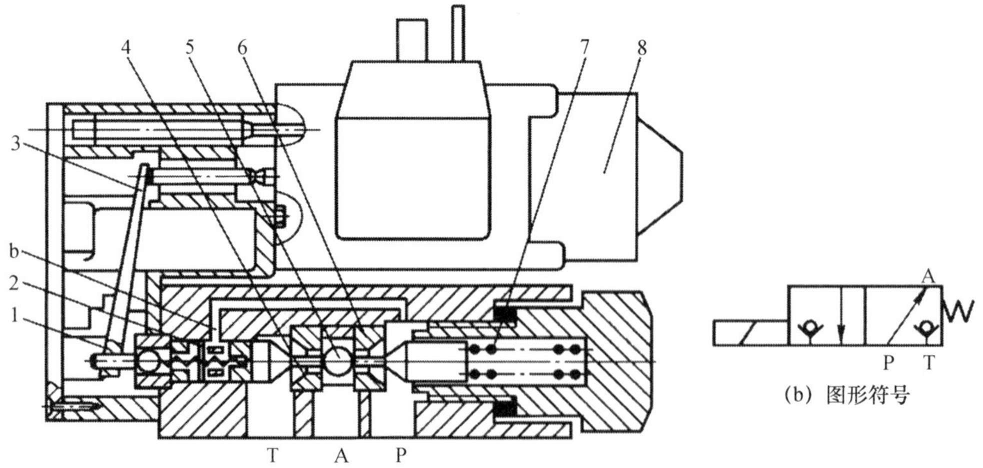

(a) 结构图

(b) 图形符号

图 3-13 电磁球阀(二位三通)

1-支点；2-操纵杆；3-杠杆；4-左阀座；5-钢球；6-右阀座；7-弹簧；8-电磁铁

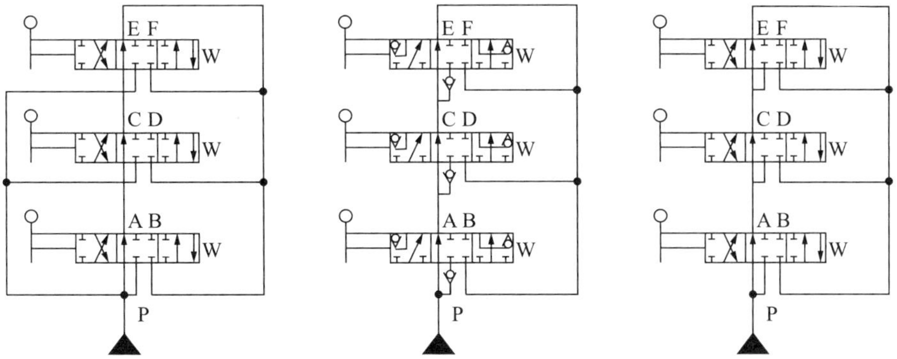

(a)并联式　　(b)串联式　　(c)顺序单动式

图 3-14　多路换向阀

三、方向控制回路及故障处理

方向控制回路是控制执行元件的启动、停止及换向的回路。通常包括换向回路和锁紧回路。

1.换向回路

运动部件的换向，一般采用各种换向阀来实现。在容积调速的闭式回路中，也可以利用双向变量泵来实现执行元件的换向。

对单作用液压缸，可采用二位三通换向阀进行换向。双作用液压缸则一般采用二位四通（或五通）、三位四通（或五通）换向阀来进行换向，其换向阀的控制方式可根据不同用途进行选取。

图 3-15 所示为采用二位四通电磁换向阀的换向回路。其特点是使用方便，易于实现自动化，但换向冲击大，适用于小流量和平稳性要求不高的场合。对于流量较大（$>$63 L/min）、换向精度和平稳性要求较高的液压系统，通常采用液动或电液动换向阀的换向回路。

2.锁紧回路

锁紧回路的功能是使执行元件停止在规定位置上，且能防止因外界影响而发生漂移或窜动。

通常采用 O 型或 M 型中位机能的三位换向阀构成锁紧回路，当换向阀中位接入回路时，执行元件的进、出油口都被封闭，可将执行元件锁紧不动。这种锁紧回路由于受到滑阀泄漏的影响，锁紧效果较差。

图 3-16 所示为采用液控单向阀的锁紧回路。在液压缸的两侧油路上串接液控单向阀（液压锁），并采用中位机能为 H 型的三位换向阀，活塞可以在行程的任何位置停止并锁紧，其锁紧效果只受液压缸泄漏的影响，因此其锁紧效果较好。

采用液控单向阀的锁紧回路，换向阀的中位机能应使液控单向阀的控制油液卸压（换向阀的中位机能应采用 H 型或 Y 型），以保证换向阀中位接入回路时，液控单向阀能立即关闭，活塞停止运动并锁紧。若换向阀的中位机能采用 O 型或 M 型，当换向阀处于中位时，由于控制油液仍然存在压力,液控单向阀不能立即关闭,直到换向阀由于泄漏使控制油液压力下降到一定值后,液控单向阀才能关闭,这就降低了锁紧效果。

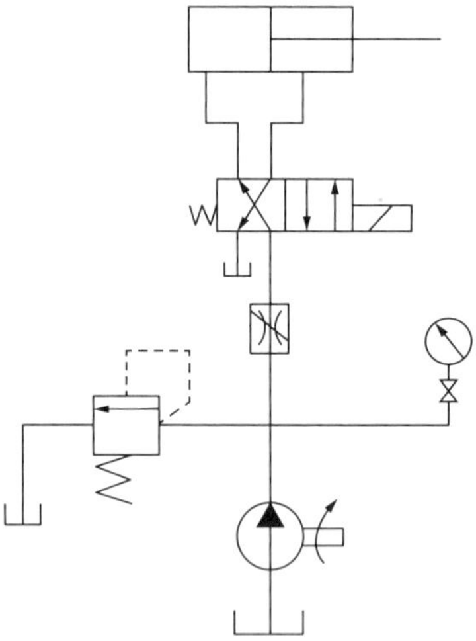

图 3-15　换向回路

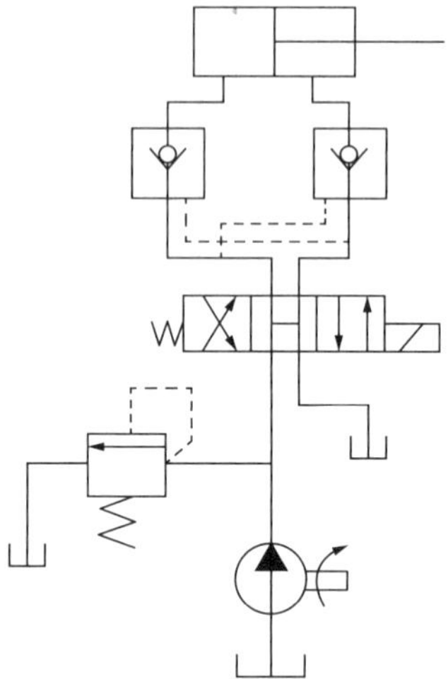

图 3-16　锁紧回路

3.方向控制回路常见故障分析

在液压系统中,方向控制回路是利用各种方向控制阀去控制油流的接通、切断或改变方向,或者利用双向液压泵改变进、出油的方向,达到控制执行元件的运动状态(运动或停止)和运动方向的改变(前进或后退,上升或下降)的目的。图 3-17 所示为使用方向控制阀使液压缸换向的例子。

方向控制回路常见故障有换向阀不换向、单向阀泄漏严重或不起单向作用。

(1)换向阀不换向。其原因如下:

①电磁铁吸力不足,不能推动阀芯移动。

②直流电磁铁剩磁大,阀芯不能复位。

③阀芯被拉毛,在阀体内卡死不能动作。

④对中弹簧轴线歪斜,阀芯在阀体内卡死不能动作。

⑤由于阀芯、阀体加工精度差,产生径向卡紧力,使阀芯卡死不能动作。

⑥油液污染严重,堵塞滑阀间隙,导致阀芯卡死不能动作。

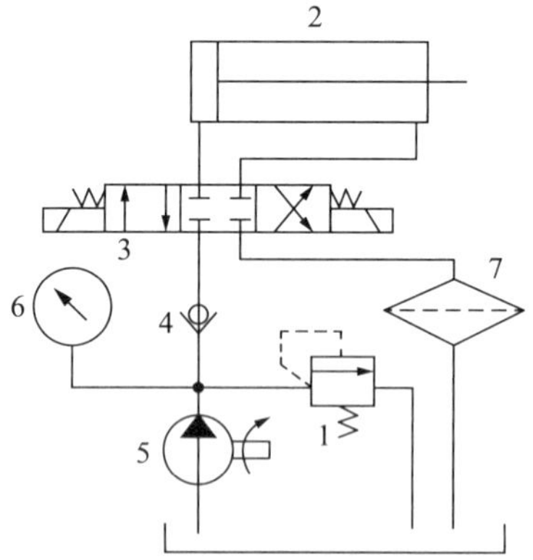

图 3-17　方向控制回路

1-溢流阀;2-液压缸;3-电磁换向阀;4-单向阀;5-油泵;6-压力表;7-过滤器

(2)单向阀泄漏严重或不起单向作用,其原因如下:

①锥阀与阀座密封不严。

②弹簧漏装或歪斜,阀芯不能复位。

③锥阀或阀座被拉毛或在环形密封面上有污物。

④阀芯卡死,油液反向流动时锥阀不能关闭。

【任务实施】

一、液控单向阀性能实验

1.液控单向阀性能实验回路安装

液控单向阀性能实验原理图(图 3-18)。

按照实验原理图连接实验回路。

2.液控单向阀特性观察

(1)按下“电源”按钮启动电机,然后按下“供压”按钮系统供压。

(2)电磁换向阀左侧通电,液控单向阀液控端断开,观察压力表读数及活塞杆是否运动,分析并找出原因。

(3)电磁换向阀左侧通电,液控单向阀液控端按图 3-18 接到回路中,观察压力表读数及活塞杆是否运动,分析并找出原因。

(4)按下“供压”按钮系统停止供压,然后按下“电源”按钮关闭电机。

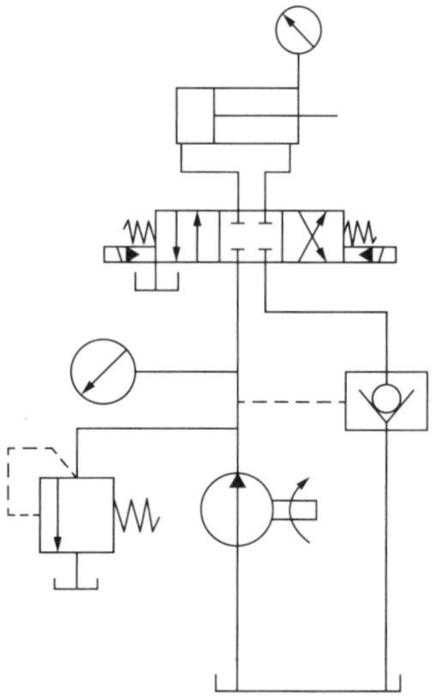

图 3-18　液控单向阀性能实验原理

二、方向控制回路安装调试及故障排除

1.任务实施目的

(1)加深理解锁紧回路的组成及工作原理。

(2)加深理解换向回路的组成及工作原理。

2.任务实施要求

(1)拟订锁紧回路实验方案(包括液压系统原理图)。

(2)确定控制方式。

(3)写出实验操作步骤。

3.任务实施步骤

(1)根据液压回路原理图(图 3-19 至图 3-21)正确连接各液压元件,实现规定的动作。

(2)安装回路所需元器件,用透明油管连接回路。经检查确定无误后接通电源,连接三位四通电磁换向阀,启动电气控制面板上的电源开关;对照实验回路原理图,检查连接是否正确。确认无误后,进入下一步。

(3)启动液压泵开关,调节液压泵的转速使压力表达到预定压力,利用三位四通电磁换向阀的换向功能使活塞进行往复运动;进行液压回路调试。先松开溢流阀,启动液压泵,让泵空转 1～2 min,慢慢调节溢流阀,使泵的出口压力调至适当值。

(4)操纵控制面板,检验油缸伸缩动作能否实现,若不能达到预定动作,检查各液压元件连接是否正确、各液压元件的调节是否合理、电气线路是否存在故障等。更正后重新开始实验,直至工作循环顺利实现。

(5)根据每个回路的原理解说,进行逐项实验。实验完毕后,清理试验台,将各元器件放入原来的位置。

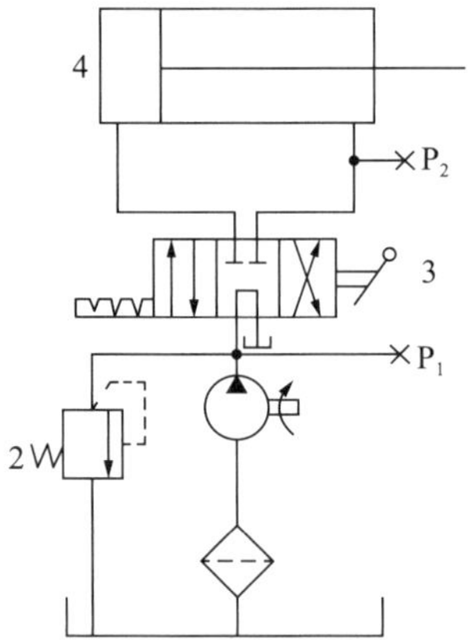

图 3-19　手动换向回路

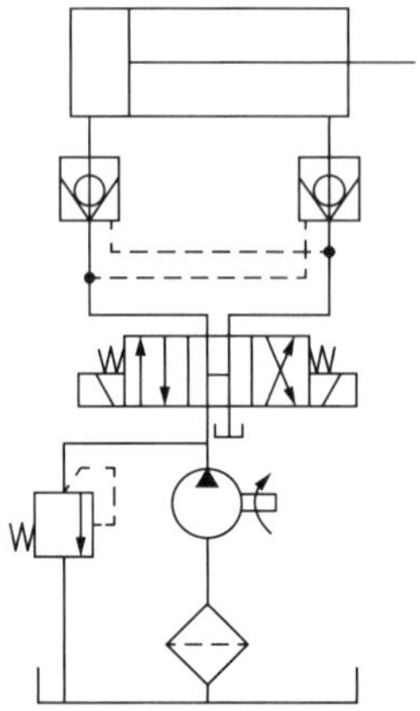
图 3-20　用液控单向阀的锁紧回路

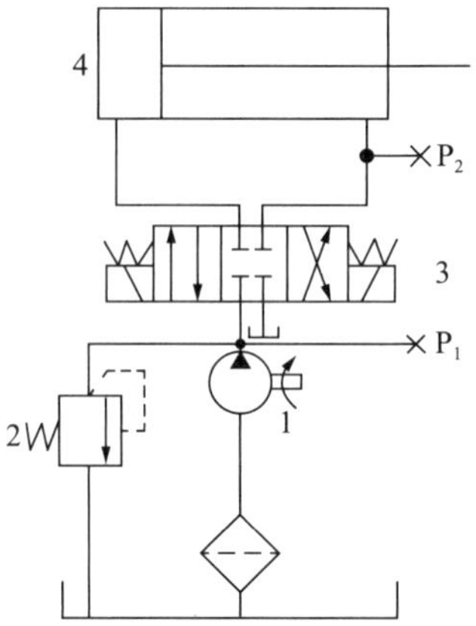

图 3-21　三位四通电磁阀换向回路

任务二　压力控制阀及压力控制回路

【任务描述】

拆装压力控制阀的典型结构,熟悉压力控制阀的工作原理和性能特点,掌握压力控制回路的特点及主要类型。动手安装、连接和调试压力控制回路。

【知识准备】

一、压力控制阀

在液压系统中,控制液体压力的阀(溢流阀、减压阀)和控制执行元件或电器元件等在某一压力下产生动作的阀(顺序阀、压力继电器等)统称为压力控制阀。其共同特点是,利用作用于阀芯上的液体压力和弹簧力相平衡的原理进行工作。基于其结构和功能的不同可分为溢流阀、减压阀、顺序阀和压力继电器等。在具体的液压系统中,根据工作需要的不同,对压力控制的要求是各不相同的:有的需要限制液压系统的最高压力,如安全阀;有的需要稳定液压系统中某处的压力值(或者压力差、压力比等),如溢流阀、减压阀等定压阀;还有的是利用液压力作为信号控制其动作,如顺序阀、压力继电器等。

(一)溢流阀

1.直动式溢流阀

图 3-22 所示为直动式滑阀型溢流阀。压力油从进口 P 进入阀后,经孔 f 和阻力孔 g 后作用在阀芯 4 的底面 c 上。当进口压力较低时,阀芯在弹簧 2 预调力作用下处于最下端,P 口与 T 口隔断,阀处于关闭状态。

当进口 P 处压力升高至作用在阀芯底面上的液压力大于弹簧预调力时,阀芯开始向上运动,阀口打开,油液从 P 口经 T 口溢流回油箱。在流量改变时,阀口开度也改变,但因阀芯的移动量很小，所以作用在阀芯上的弹簧力变化也很小。当有油液流过溢流阀口时，溢流阀进口处的压力基本保持定值。

直动式溢流阀是利用阀芯上端的弹簧力直接与下端面的液压力相平衡来进行压力控制的。因此，当压力或流量较大时，这类阀的弹簧的刚度较大，结构尺寸也较大。同时，阀的开口大，弹簧力有较大的变化量，造成所控制的压力随流量的变化而有较大的变化。再由于弹簧较硬，调节比较费力，所以这类阀只适用于系统压力较低、流量不大的场合，最大调整压力为 2.5 MPa，或作为先导式溢流阀的先导阀使用。

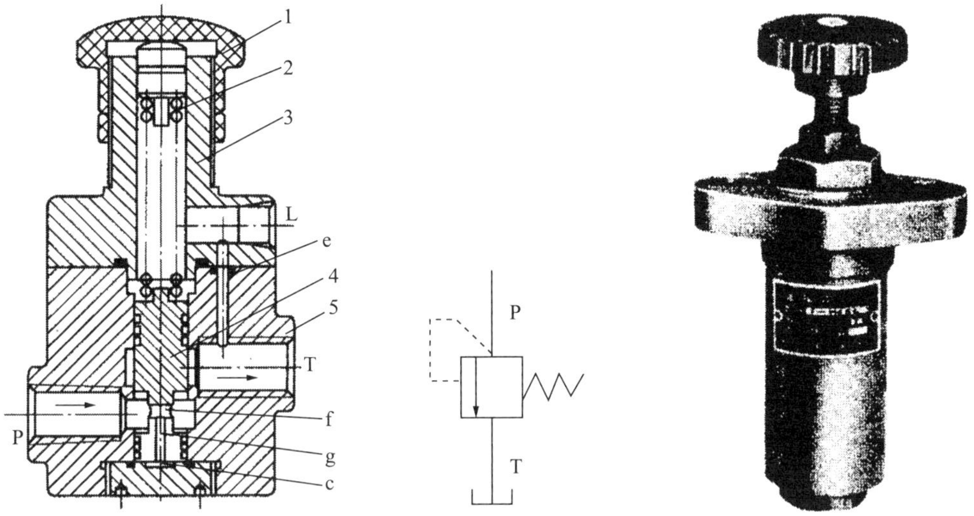

(a)结构图　(b)图形符号　(c)实物图

图 3-22　直动式滑阀型溢流阀

1-调节螺母；2-弹簧；3-上盖；4-阀芯；5-阀体

2.先导式溢流阀

先导式溢流阀由主阀和先导阀两部分组成。先导阀的结构和工作原理与直动式溢流阀相同，先导阀内的弹簧用来调定主阀的溢流压力。主阀控制溢流量，主阀的弹簧不起调压作用，仅是为了克服摩擦力使主阀芯及时复位而设置的，该弹簧又称稳压弹簧。

如图 3-23 所示，先导阀实际是一个锥阀形的直动式溢流阀，用于调节主阀上腔的压力；主阀控制溢流量，并维持系统压力恒定。先导式溢流阀和直动式溢流阀的作用是相同的，即在溢流的同时定压和稳压。

先导式溢流阀的工作原理。先导式溢流阀的主要特点是利用主阀平衡活塞上、下两腔油液压力差，使之与弹簧力相平衡。压力油从进油口 P 进入后，经主阀芯 5 的 f 孔流入阀芯的下端，并对阀芯产生向上的液压作用力。同时还通过阻尼孔 e 流入并充满主

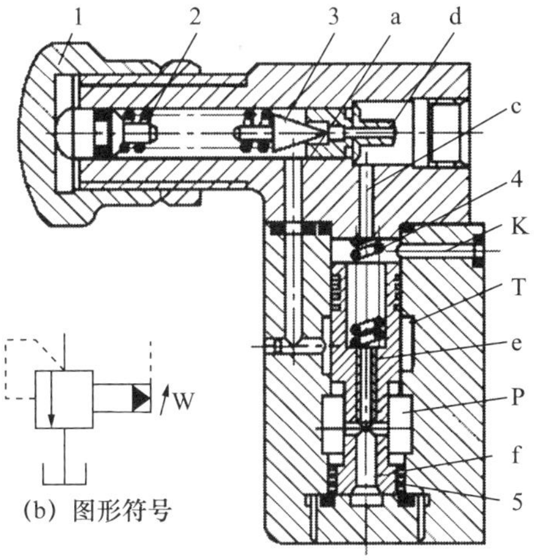

(b) 图形符号

(a) 结构图

图 3-23　先导式溢流阀

1-调节螺母；2-调压弹簧；3-先导阀阀芯；4-主阀弹簧；5-主阀芯

阀芯的上腔和经孔 c 流入先导阀阀芯右腔，并作用在主阀芯 5 的上端和先导阀阀芯 3 的锥面上。当压力较低时，作用在先导阀锥阀上的压力不足以克服调压弹簧力，先导阀处于关闭状态，此时没有压力油通过主阀芯上的阻尼孔流动，故主阀芯上、下两腔压力相等，主阀芯在弹簧力的作用下轻轻地顶在阀座上，压力油进油口 P 和溢流口 T 不通。一般安装在主阀芯内的弹簧刚度很小。

如果压力口压力升高到超过先导阀开启压力，先导阀打开，压力油经主阀阀芯上的阻尼孔 e、孔 c、孔 d 和先导阀从回油口（溢流口）T 流回油箱。由于压力油通过阻尼孔流动时会产生压力降，因此主阀阀芯的上腔油压力小于下腔油压力，使主阀芯上、下两腔的压力差对主阀形成向上的液压作用力，但由于先导阀泄漏量小，该向上液压作用力仍小于主阀弹簧 4 的作用力。当进油压力继续升高时，先导阀阀口的开度加大，泄油量增多，通过阻尼孔的流量增加，则阻尼孔压力降增大，致使主阀芯上、下两腔的油压力差所形成向上的液压力升，高超过弹簧的预紧力和主阀阀芯的摩擦阻力及主阀阀芯自重等力的总和，主阀阀芯上移，使压力油进油口 P 和溢流口 T 相通，大量压力油便由溢流口流回油箱。此后，溢流阀进油口压力不再升高，此时溢流阀的进油口压力即为主阀的开启压力；主阀芯处于某一平衡位置，并维持压力恒定。这就是先导式溢流阀的定压原理，其稳压过程与直动式溢流阀相同，这里不再重述。如果调节调节螺母 1，改变调压弹簧 2 的预紧力，溢流阀进油口压力（即调定压力）也随之变化。更换不同刚度的调压弹簧，便能得到不同的调压范围。

3.溢流阀的性能要求

（1）溢流阀的调压范围要大；

（2）当流过溢流阀的流量变化时，系统中压力变化要小，启闭特性要好；

（3）灵敏度要高；

（4）工作稳定，没有振动和噪声；

（5）当溢流阀关闭时，泄漏量要小。

4.溢流阀的应用

（1）作调压、稳压阀。溢流阀有溢流时，可维持阀进口亦即系统压力恒定。在图 3-24(a)所示定量泵节流调速系统中，定量泵多余的油液经溢流阀溢流回油箱，液压泵的工作压力取决于溢流阀的调整压力且基本保持恒定。在定量泵系统中，溢流阀与节流阀并联。此时溢流阀常开溢油，随着机构所需油量的不同，阀门的溢油量时大时小，以调节及平衡进入液压系统中的油量，使液压系统中之压力保持恒定。溢流阀的调整压力等于系统的工作压力。溢流部分损耗功率，故一般只应用于小功率待定量泵的系统中。

（2）作安全阀。当系统超载时，溢流阀才打开，对系统起过载保护作用，而平时溢流阀关闭。在图 3-24(b)所示变量泵的系统中，当阀前压力不超过某一预调值时，此阀关闭不溢油。当阀前压力超过此预调值时，阀立即打开，油流回油箱或流向低压回路，因而可防止液压系统过载。注意安全阀多用于带变量泵的系统，其所控制的过载压力，一般比系统的工作压力高 8％～10％。

（3）作背压阀。溢流阀（一般为直动式的）装在系统的回油路上，产生一定的回油阻力，以改善执行元件的运动平稳性。

（4）使系统卸荷。如图 3-24(c)所示，用换向阀将溢流阀的遥控口和油箱连接，可使系统卸荷。

(5)实现远程调压。如图 3-24(d)所示,将溢流阀的遥控口和调压较低的溢流阀连通时,其主阀芯上腔油压由低压溢流阀调节(先导阀不再起调压作用),即实现远程调压。

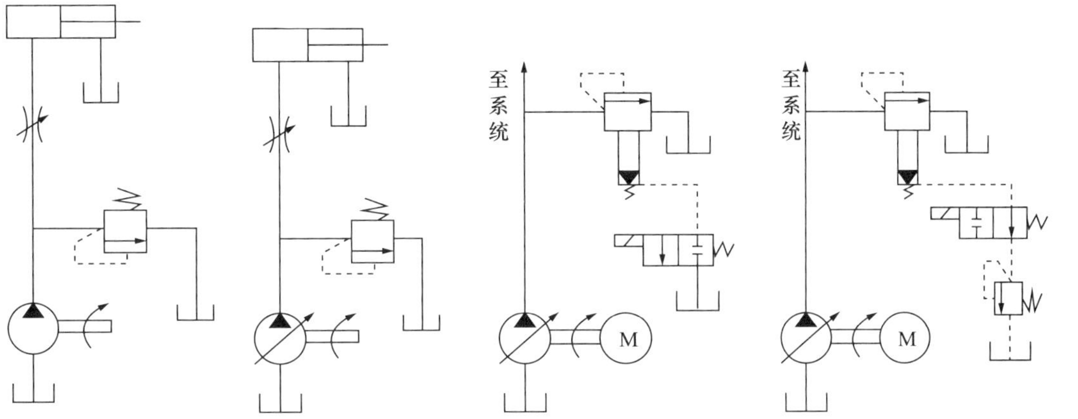

(a)调压溢流　(b)安全保护　(c)使系统卸荷　(d)远程调压

图 3-24　溢流阀的应用

(6)用作顺序阀。将溢流阀顶盖加工出一个泄油口,堵死主阀与顶盖相连的轴向孔,并将主阀溢油口作为二次压力出油口,即可作顺序阀用。

(7)用作卸荷溢流阀。一般常用于泵、蓄能器系统中。泵在正常工作时,向蓄能器供油,当蓄能器中油压达到需要压力时,通过系统压力,操纵溢流阀,使泵卸荷,系统就由蓄能器供油而正常工作;当蓄能器油压下降时,溢流阀关闭,油泵继续向蓄能器供油,从而保证系统的正常工作。

5.溢流阀的安装及使用

在搭建液压系统时,安装溢流阀时应注意下述事项:

(1)注意 Y 型与 Y1 型中压溢流阀的区别。Y1 型中压溢流阀与 Y 型的作用原理、用途完全相同,但压力比较稳定,超调量较小,机构较复杂,进、出油口与 Y 型相反。

(2)避免将压力表接在溢流阀的遥控口上。液压系统工作时,若将压力表接在溢流阀的遥控口上,则压力表指针抖动,且溢流阀有一定的声响。将压力表改接在溢流阀的进油口,则问题得到解决。原因是压力表中的弹簧和溢流阀先导阀的弹簧易产生共振。同时,把压力表接在溢流阀的遥控口也不能正确反映溢流阀的进口压力。

(3)高压下,避免突然使溢流阀卸荷。当高压时,如果突然使溢流阀卸荷,将导致液压力远大于弹簧力而失去力平衡,使弹簧损坏。溢流量过大会使液压缸产生冲击振动造成溢流阀和缸体损坏。

(二)减压阀

减压阀分定压、定差和定比减压阀三种,其中最常用的是定压减压阀,如不指明,通常所称的减压阀即为定压减压阀。

1.减压阀的工作原理

减压阀是一种利用液流流过缝隙产生压降的原理,使出口压力低于进口压力的压力控制阀。减压阀分为直动式和先导式两种。其中直动式很少单独使用,先导式应用较多。

2.直动式减压阀

图 3-25 所示为直动式减压阀。当阀芯处在原始位置上时，它的阀口 a 是打开的，阀的进、出油口相通。阀芯下腔与出口压力油相通，出口压力未达到弹簧预调力时阀口全开，阀芯不动。当出口压力达到弹簧预调力时，阀芯上移，阀口开度 X_R 减小。如忽略其他阻力，仅考虑阀芯上的液压力和弹簧力相平衡的条件，则可以认为出口压力基本上维持在某一定值(调定值)上。这时如出口压力减小，阀芯下移，阀口开度 X_R 增大，阀口处阻力减小，压降减小，使出口压力回升，达到调定值。

3.先导式减压阀

图 3-26 所示为先导式减压阀。减压阀与溢流阀有以下几点不同之处：

(1)减压阀为出口压力控制，保证出口压力为定值；溢流阀为进口压力控制，保证进口压力恒定。

(2)常态时，减压阀阀口常开，溢流阀阀口常闭。

(3)减压阀串联在系统中，其出口油液通执行元件，因此泄漏油需单独引回油箱(外泄)；溢流阀的出口直接接油箱，它是并联在系统中，因此泄漏油引至出口(内泄)。

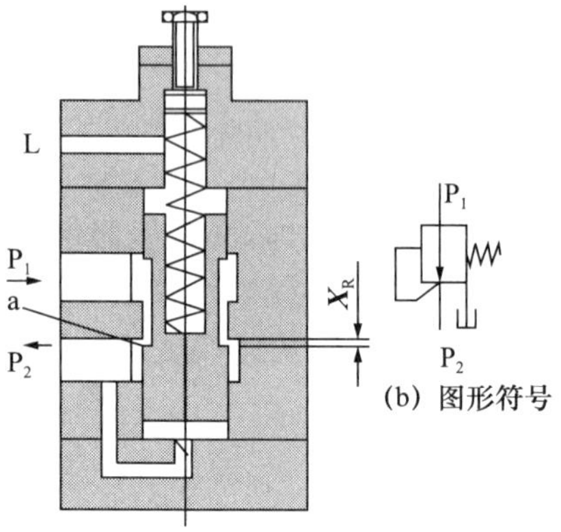

(a) 结构图

图 3-25 直动式减压阀

L-泄油口；P_1-进油口；P_2-出油口

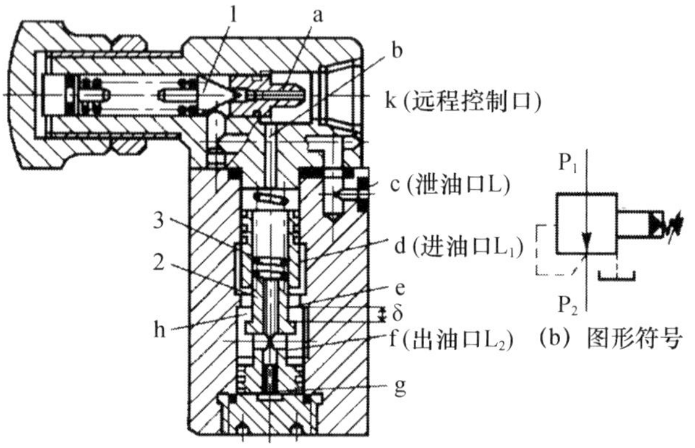

(a) 结构图

图 3-26 先导式定压减压阀

1-先导锥阀；2-主阀阀芯；3-主阀弹簧

4.减压阀的选用

选择减压阀的主要依据是它们在系统中的作用、额定压力、最大流量、压力损失值、工作性能参数和使用寿命等。通常按照液压系统的最大压力和通过阀的流量，从产品样本选择减压阀的规格(压力等级和通径)。

(1)减压阀的调定压力根据其工作情况而决定，注意减压阀不能控制输出油液流量的大小，当减压后的流量需要控制时，应另设流量控制阀。减压阀的流量规格应由实际通过该阀的最大流量选取。在使用中不宜超过推荐的额定流量。

(2)不要使通过减压阀的流量远小于其额定流量，否则易产生振动或其他不稳定现象。这时要在回路上采取必要的措施。

(3)减压阀的各项性能指标对液压系统都有影响，可根据系统的要求按样本上的性能曲线选用减压阀。

(4)要注意先导式减压阀的泄漏量比其他控制阀大，这种阀的泄漏量可多达 1 L/min 以上，而且只要阀处于工作状态，泄漏始终存在。在选择液压泵容量时，要充分考虑到这一点。

(5)注意减压阀的最低调节压力，应保证一次压力与二次压力之差为0.3～1 MPa。

5.减压阀的使用注意事项

(1)螺纹及法兰连接的减压阀与单向减压阀有两个进油口及一个回油口，板式连接的减压阀与单向减压阀有一个进油口及一个回油口。安装时必须注意将泄油口直接接回油箱，并保持泄油路的畅通。泄油孔有背压时，会造成减压阀及单向减压阀工作异常。

(2)顺时针调节手柄为压力升高，逆时针调节手柄为压力降低。

(3)当有必要接入压力表测量进口压力时，可拧出塞在壳体上的M14×1.5螺塞，而换入相应的管接头。

(4)当阀工作时，常因空气渗入使油乳化而引起压力的波动和产生噪声，因此必须注意不使空气进入油内。

(5)当油泵及油路压力正常，而减压阀二次油路压力过低或压力等于零时，应将阀盖拆开，检查泄油管是否堵塞，调压锥阀、阻尼孔是否清洁。

(6)减压阀的超调现象较严重，一次压力和二次压力相差越大，超调也将越大，在设计系统时应注意。

(7)单向减压阀由减压阀和单向元件组成，其作用与减压阀相同，其反向油流由单向元件自由通过，不受减压阀的限制。

6.减压阀的应用范围

减压阀常用于降低系统某一支路油液的压力，使该二次油路的压力稳定且低于系统的调定压力，如夹紧油路、控制油路和润滑油路。必须说明的是，减压阀出口压力还与出口的负载有关。若因负载建立的压力低于调定压力，则出口压力由负载决定，此时减压阀不起减压作用。应用减压阀必有压力损失，这将增加功耗和使油液发热。当分支油路压力比主油路压力低很多，且流量又很大时，常采用高、低压泵分别供油，而不宜采用减压阀。

与溢流阀相同的是，减压阀也可以在先导阀的遥控口接远程调压阀实现远程控制或多级调压。

(三)顺序阀

顺序阀用来控制多个执行元件的顺序动作。通过改变控制方式、泄油方式和二次油路的接法，顺序阀还可具有其他功能，如作背压阀、平衡阀或卸荷阀用。

1.工作原理和结构

顺序阀也有直动式和先导式之分；根据控制压力来源的不同，它有内控式和外控式之分；根据泄油方式，它有内泄式和外泄式两种。在理论上组合起来就有8种类型，其中针对直动式顺序阀，有内控外泄式、内控内泄式、外控外泄式和外控内泄式4种，如图3-27所示。

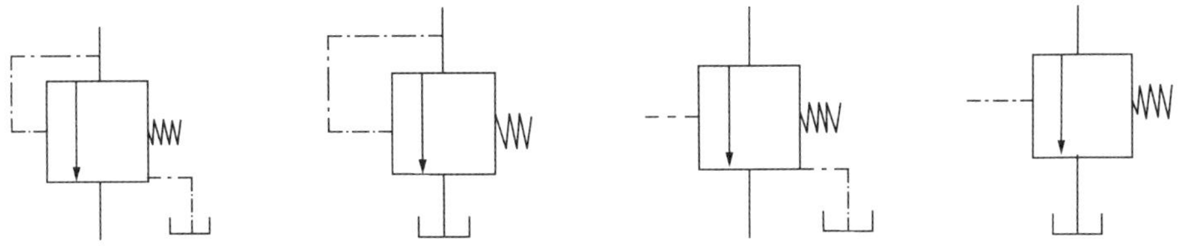

(a)内控外泄式　(b)内控内泄式　(c)外控外泄式　(d)外控内泄式

图3-27　直动式顺序阀类型

图 3-28(a)所示为直动式顺序阀。它的进油口 P_1 和阀芯下腔相通，出油口 P_2 与系统执行元件相接。当进油压力对阀芯产生的液压作用力小于调压弹簧的作用力时，阀芯处于最下端位置，将进、出口隔断，即阀口关闭；当进油口 P_1 压力升高，对阀芯产生的液压作用力增至大于弹簧力时，阀芯上移，将进、出油口接通，阀口打开，压力油便从阀口经出油口 P_2 流出进入系统，使执行元件动作。调节调压弹簧的预紧力便可调节顺序阀的调定压力。经阀芯与阀体间的缝隙流入弹簧腔的泄漏油，从外泄口 L 流回油箱。直动式顺序阀的工作压力和通过阀的流量都有一定的限制，最高控制压力也不太高。

图 3-28(b)所示为先导式顺序阀，其与先导式溢流阀大体相似，其工作原理也基本相同，这里不再详述。对性能要求较高的高压大流量系统，需采用先导式顺序阀。先导式顺序阀也有内控外泄、外控外泄和外控内泄等几种不同的控制方法。

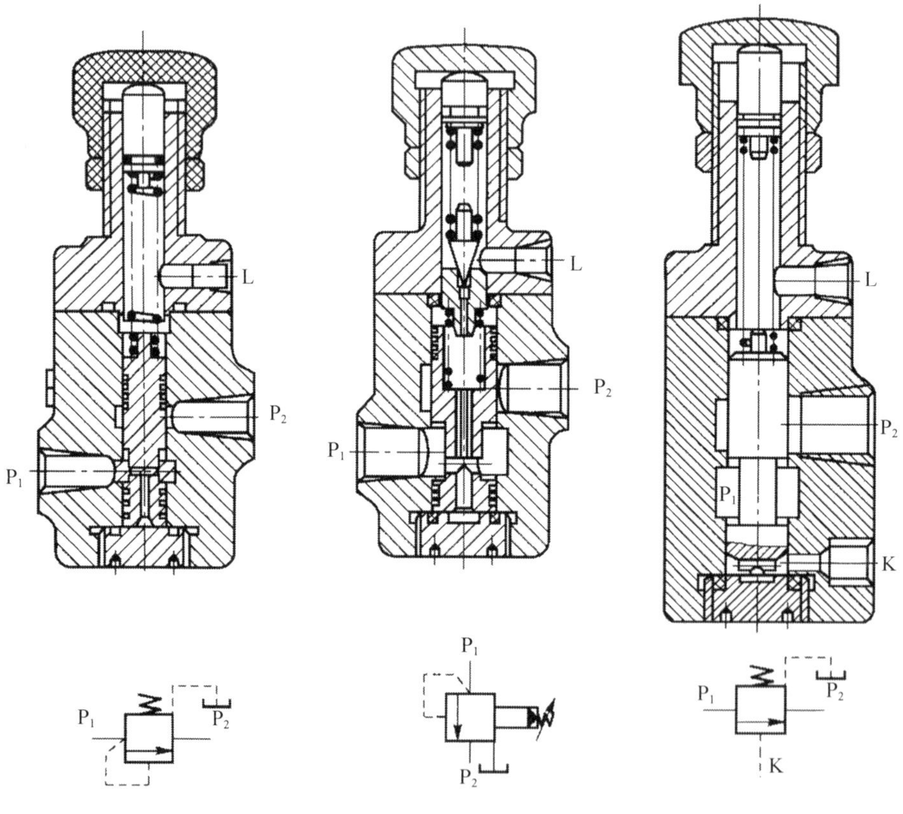

(a)直动式顺序阀　　(b)先导式顺序阀　　(c)外控式液控顺序阀

图 3-28　顺序阀

图 3-28(c)所示为外控式液控顺序阀，它与内控式顺序阀的区别在于阀芯上没有与进油口相同的孔，因而进口油液不能进入阀芯下腔。控制阀芯运动的油液由控制口 K 引入，阀芯启闭由控制油液压力是否达到调定值决定。

顺序阀的构造及其工作原理类似溢流阀，区别在于顺序阀出油口 P_2 不接油箱而是接后续的液压执行元件，因此必须采用外泄式(即有专门的泄油口 L 单独接油箱)的顺序阀，而内泄式顺序阀只能用于出口接油箱的场合，常用以使泵卸荷，故又称卸荷阀。还有就是顺序阀只有在进口压力低于调定值时阀口全闭和进口油压达到调定值时阀口开启，从而使后续执行元件动作这两种状态，而溢流阀有自动恒压调节作用。另外，顺序阀为使执行元件准确地实现顺序动作，要求阀的调压偏差小，因此调压弹簧的刚度要小，阀在关闭状态下的内泄漏量也要小。上述两种原因使顺序阀阀口的封油长度必大于溢流阀。

2.顺序阀的性能、应用及选择

顺序阀的主要性能与溢流阀相仿。此外，顺序阀为使执行元件准确地实现顺序动作，要求阀的调压偏差小，因而调压弹簧的刚度小一些好。另外，阀关闭时，在进口压力作用下各密封部位的内泄漏应尽可能小，否则可能引起误动作。

顺序阀在液压系统中的应用主要有：

(1)控制多个元件的顺序动作。图 3-29(a)所示为夹具上实现定位和夹紧的液压控制回路，其前进的动作顺序是先定位后夹紧，后退时同时退后。油液经二位四通电磁换向阀常态位进入定位缸无杆腔，实现定位动作。这个过程中压力未达到顺序阀调定值，故夹紧缸不动。待定位完成，油压升高，达到顺序阀调定值时，顺序阀开启，油液经顺序阀进入夹紧缸，进行夹紧。为保证可靠工作，顺序阀调定值应大于定位缸 0.5～0.8 MPa。

(2)内控内泄式顺序阀与单向阀组成平衡阀，保持垂直放置的液压缸不因自重而下落。在大型压床上由于压柱及上模很重，为防止因自重而产生的自走现象，必须加装单向顺序阀平衡阀(顺序阀)，如图 3-29(b)所示。在换向阀处在中位时，无论活塞上重量如何增大，也能在任意位置停留并被锁住。当换向阀左位工作，使活塞下行时，可以打开顺序阀，减少功率损失。

(3)外控内泄式顺序阀可在双泵供油系统中，当系统所需流量较小时，使大流量泵卸荷。卸荷阀便是由先导式外控顺序阀与单向阀组成的。

(4)内控内泄式顺序阀接在液压缸回油路上，产生背压，作背压阀用，以使活塞的运动速度稳定。

在选用顺序阀时，要注意：

(1)顺序阀的规格主要根据通过该阀的最高压力和最大流量来选取。

(2)顺序动作小，顺序阀的调定压力应比先动作的执行元件的工作压力至少高 0.5 MPa，以免压力波动产生误动作。

(3)顺序阀可分为内控式和外控式两种，前者用阀进口处的压力控制阀芯的启闭；后者用外部控制压力油控制阀芯的启闭(也称液控顺序阀)；顺序阀有直动式和先导式两种，前者用于低压系统，后者用于中高压系统。

(4)内控式直动式顺序阀工作原理与直动式溢流阀相似，两者的区别在于二次油路即出口压力油不接回油箱，因而泄漏油口必须单独接回油箱。

(5)卸荷溢流阀与外控顺序阀作卸荷阀的区别。

(6)外控顺序阀与直控顺序阀的区别。

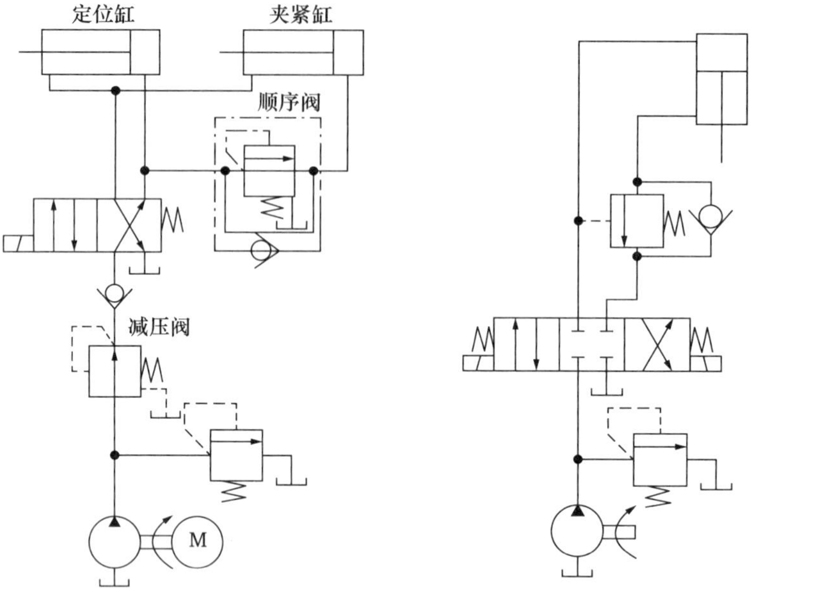

(a) 夹具上实现定位和夹紧的液压控制回路　(b) 内控内泄式顺序阀与单向阀组成平衡阀

图 3-29　顺序阀的应用

(四)压力继电器

1.结构原理及性能

压力继电器是利用系统中压力变化,控制电路通断的液压-电气转换元件。它在油液压力达到其设定压力时,发出电信号,控制电气元件动作,实现泵的加载或卸荷、执行元件的顺序动作或系统的安全保护和连锁等功能。

图 3-30 所示为单触点柱塞式压力继电器。压力油从油口 P 通入作用在柱塞 5 的底部,其压力达到弹簧的预紧力时,便克服弹簧阻力和柱塞摩擦力推动柱塞上升,通过顶杆 3 触动微动开关 1 发出信号。限位挡块 4 可在压力超载时保护微动开关。当液压力小于弹簧预紧力时,微动开关触头复位。微动开关开启时,柱塞上移所受到的摩擦力的方向与压力的方向相反,闭合时则相同,显然,压下微动开关触头的压力(开启压力)比复位的压力(闭合压力)大,存在的差值称为通断调节区间。通断调节区间要有足够的数值,否则,系统有压力脉动时,压力继电器发出的电信号会时断时续。为此,有的产品在结构上可人为地调整摩擦力的大小,使通断调节区间的数值可调。此差值对压力继电器的正常工作是必要的,但不宜过大。图 3-30(b)所示为压力继电器图形符号。

压力继电器的主要性能包括:

(1)调压范围。调压范围是指能发出电信号的最低工作压力和最高工作压力之间的范围。

(2)灵敏度和通断调节区间。压力升高,继电器接通电信号的压力(开启压力)和压力下降继电器复位切断电信号的压力(闭合压力)之差为压力继电器的灵敏度。为避免压力波动时继电器时通时断,要求开启压力和闭合压力间有一可调节的差值,称为通断调节区间。

(3)重复精度。在一定的设定压力下,多次升压(或降压)过程中,开启压力和闭合压力本身的差值称为重复精度。

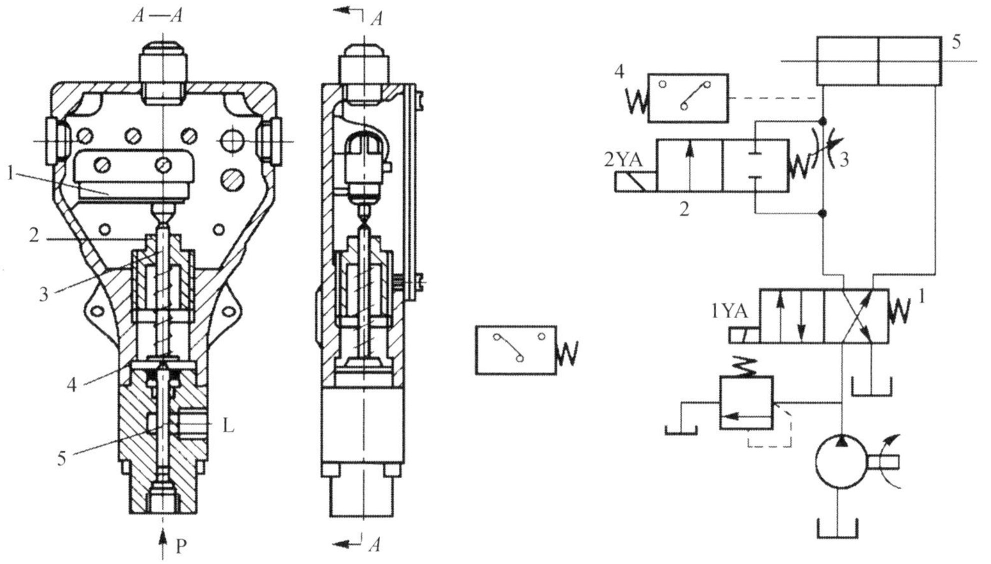

（a）结构图　　（b）简化图形符号　　（c）图形符号

图 3-30　单触点柱塞式压力继电器

1-微动开关；2-调节螺母；3-顶杆；4-限位挡块；5-柱塞

(4)升压或降压动作时间。压力由卸荷压力升到设定压力，微动开关触点闭合发出电信号的时间，称为升压动作时间，反之称为降压动作时间。

2.压力继电器的使用

压力继电器常见故障是由于阀芯、推杆的径向卡紧导致微动开关灵敏度降低和损坏，微动开关空行程过大等引起。在使用压力继电器时，要注意：

(1)当阀芯或推杆发生径向卡紧时，摩擦力增加。这个摩擦阻力与阀芯和推杆的运动方向相反，因而使压力继电器的灵敏度降低。

(2)在使用中由于微动开关支架变形，或零位可调部分松动，都会使原来调整好的微动开关最小空行程变大，使灵敏度降低。

(3)压力继电器的泄油腔如不直接接回油箱，由于泄油口背压过高，也会使灵敏度降低。

(4)差动式压力继电器的微动开关和泄油腔用橡胶膜隔开，因此当进油腔和泄油腔接反时，压力油即冲破橡胶膜进入微动开关，从而损坏微动开关。

(5)由于调压弹簧腔和泄油腔相通，调节螺钉处无密封装置，因此当泄油压力过高时，在调节螺钉处出现外泄漏现象，所以泄油腔必须直接接回油箱。

(6)在挡铁定位的节流调速回路中，压力继电器的安装位置应与流量控制阀同侧，且紧靠液压缸。

压力继电器在液压系统中的应用很广。如刀具移到指定位置碰到挡铁或负载过大时的自动退刀，润滑系统发生故障时的工作机械自动停车，系统工作程序的自动换接等，都是典型的例子。

二、压力控制回路及故障处理

压力控制回路是利用各种压力控制阀来控制液压系统压力的回路，用于实现调压（稳压）、减压、增压、多级压力控制、卸荷、保压等，以满足系统中各种执行元件对力或转矩的要求。

（一）调压回路

调压回路的功用是使液压系统整体或部分压力保持恒定或不超过某一个调定值。在定量泵系统中，液压泵的供油压力可以通过溢流阀来调节。在变量泵系统中用安全阀来限定系统的最高压力，防止系统过载。若系统中需要两种以上的压力则可以采用多级调压回路。

1.单级调压回路

图3-31(a)所示的定量泵系统中，用节流阀调节进入液压缸的流量，定量泵输出的流量大于进入液压缸的流量，而多余的油液便从溢流阀流回油箱。调节溢流阀的压力便可以调节液压泵的供油压力，溢流阀的调定压力必须大于液压缸最高工作压力和油路中各种压力损失之和。

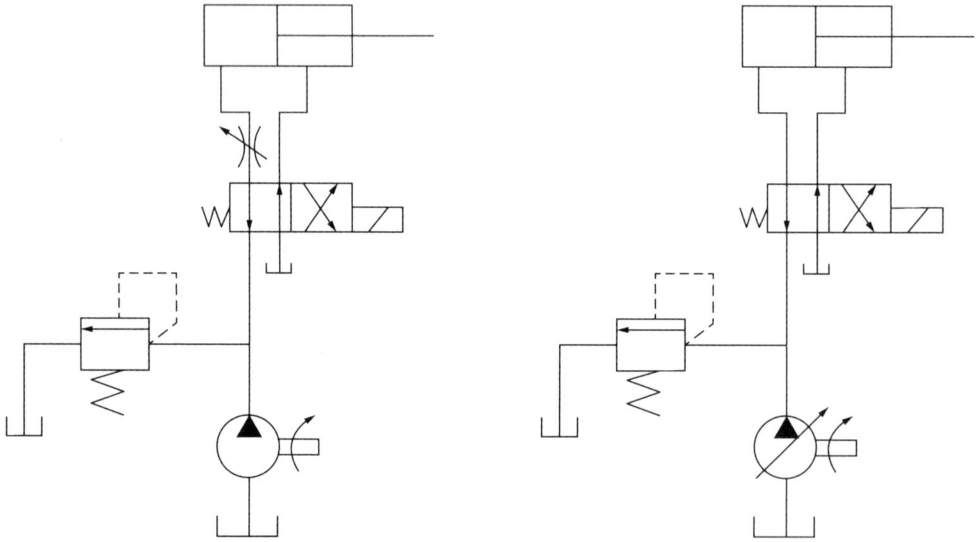

(a)定量泵系统　　(b)变量泵系统

图3-31　单级调压阀

图3-31(b)所示的变量泵系统中，系统正常工作时，溢流阀阀口关闭，系统过载时，溢流阀的阀口打开，多余油液从溢流阀流回油箱，从而限定系统的最高压力，防止系统过载。

2.二级调压回路

图3-32所示为二级调压回路，可以实现两种不同的压力控制。由定量泵供油，溢流阀2和溢流阀4各调一级，当二位二通电磁阀3处于图示位置时，系统压力由溢流阀2调定。当电磁阀3通电时，电磁阀3上位工作，系统压力由溢流阀4调定，但溢流阀4的调定压力必须低于溢流阀2的调定压力，否则溢流阀4不起作用。

3.多级调压回路

图3-33所示为三级远程调压回路，远程调压阀2、3通过三位四通电磁换向阀4接在先导式溢流阀1的遥控口上，液压泵5的最大压力随阀4左、右、中位置的不同而分别由远程调压阀2、3及主溢流阀1调定。主溢流阀1的设定压力必须大于每个远程调压阀的调定压力。

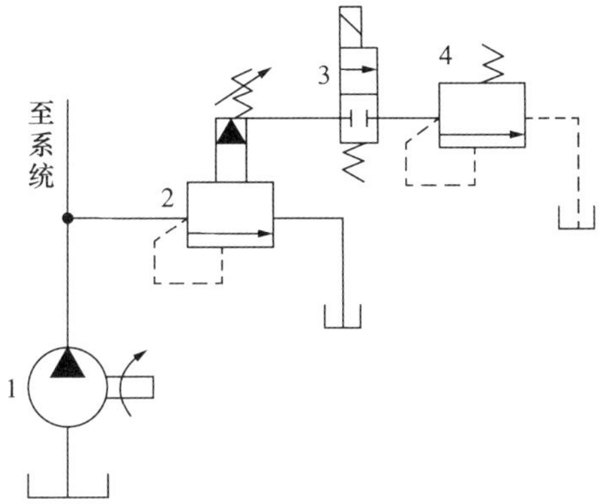

图 3-32　二级调压回路

1-定量泵；2、4-溢流阀；3-电磁阀

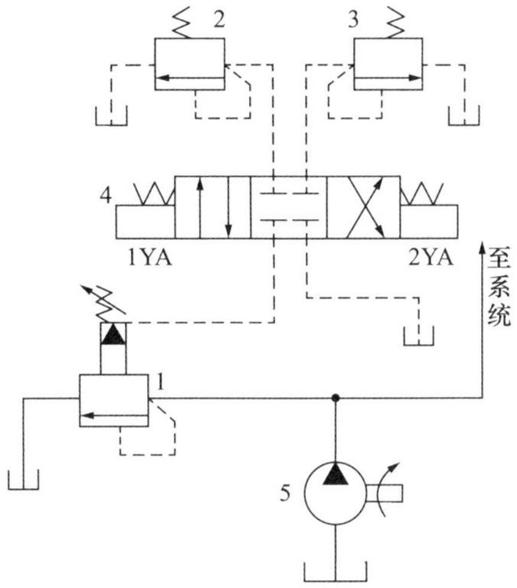

图 3-33　三级调压回路

1-主溢流阀；2、3-远程调压阀；

4-三位四通电磁换向阀；5-液压泵

(二)减压回路

当泵的输出压力是高压而局部回路或支路要求低压时，可以采用减压回路，如机床液压系统中的定位、夹紧、回路分析以及液压元件的控制油路等，它们往往要求比主油路较低的压力。减压回路较为简单，一般是在所需低压的支路上串接减压阀。采用减压回路虽能方便地获得某支路稳定的低压，但压力油经减压阀口时要产生压力损失，这是它的缺点。

最常见的减压回路为通过定值减压阀与主油路相连，如图 3-34(a)所示。回路中的单向阀为主油路压力降低(低于减压阀调整压力)时防止油液倒流，起短时保压作用。减压回路中也可以采用类似两级或多级调压的方法获得两级或多级减压。图 3-34(b)所示为利用先导式减压阀 5 的远控口接一远控溢流阀 6，则可由阀 5、阀 6 各调得一种低压。但要注意，阀 6 的调定压力值一定要低于阀 1 的调定减压值。

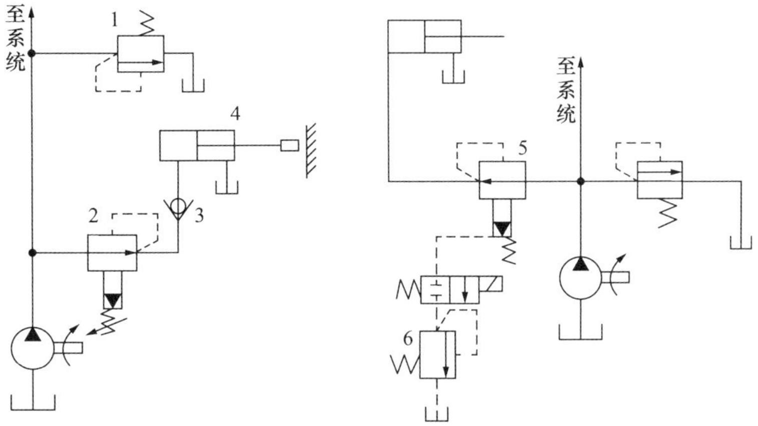

(a)采用定值减压阀的减压回路　　　　(b)二级减压回路

图 3-34　减压回路

1、6-溢流阀；2-定值减压阀；3-单向阀；4-液压缸；5-先导式减压阀

为了使减压回路工作可靠,减压阀的最低调整压力不应小于 0.5 MPa,最高调整压力至少应比系统压力小 0.5 MPa。当减压回路中的执行元件需要调速时,调速元件应放在减压阀的后面,以避免减压阀泄漏(指由减压阀泄油口流回油箱的油液)对执行元件的速度产生影响。

(三)卸荷回路

在液压系统工作中,有时执行元件短时间停止工作,不需要液压系统传递能量,或者执行元件在某段工作时间内保持一定的力,而运动速度极慢,甚至停止运动。在这种情况下,不需要液压泵输出油液,或只需要很小流量的液压油,于是液压泵输出的压力油全部或绝大部分从溢流阀流回油箱,造成能量的无谓消耗,引起油液发热,使油液加快变质,而且还影响液压系统的性能及泵的寿命。为此,需要采用卸荷回路,即卸荷回路的功用是指在液压泵驱动电动机不频繁启闭的情况下,使液压泵在功率输出接近于零的情况下运转,以减少功率损耗,降低系统发热,延长泵和电动机的寿命。液压泵的输出功率为其流量和压力的乘积,因而,两者任一近似为零,功率损耗即近似为零。因此液压泵的卸荷有流量卸荷和压力卸荷两种。流量卸荷主要是使用变量泵,使变量泵仅为补偿泄漏而以最小流量运转,此方法比较简单,但泵仍处在高压状态下运行,磨损比较严重;压力卸荷的方法是使泵在接近零压下运转。

常见的压力卸荷方式有以下几种:

(1)利用二位二通阀的卸荷回路。如图 3-35 所示,当二位二通换向阀左位工作时,泵输出的油液经二位二通换向阀直接流回油箱,液压泵卸荷。此时二位二通换向阀的额定流量必须和泵的流量相匹配。

(2)利用换向阀中位机能卸荷回路。M 型、H 型和 K 型中位机能的三位换向阀处于中位时,泵即卸荷。图 3-36 所示为采用 M 型中位机能的电液换向阀的卸荷回路。这种回路切换时压力冲击小,但回路中必须设置单向阀,以使系统能保持 0.3 MPa 左右的压力,供操纵控制油路之用。

(3)利用先导型溢流阀的远程控制口卸荷。图 3-37 所示为一种用先导型溢流阀的卸荷回路,当先导型溢流阀的远程控制口直接与二位二通电磁阀相连时,泵的输出以很低的压力位溢流回油箱。这种卸荷回路卸荷压力小,切换时冲击也小。

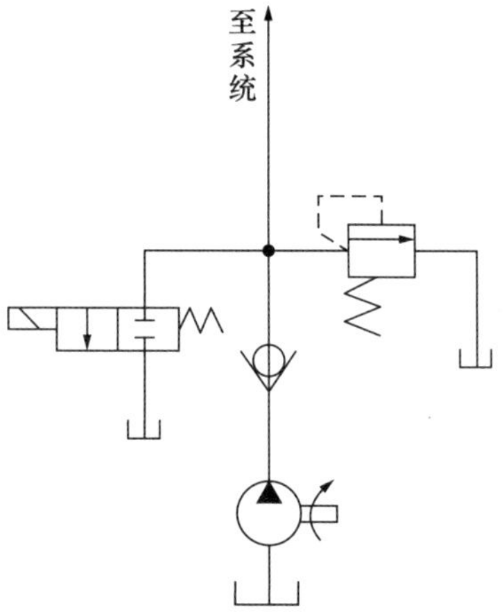

图 3-35　利用二位二通阀的卸荷回路

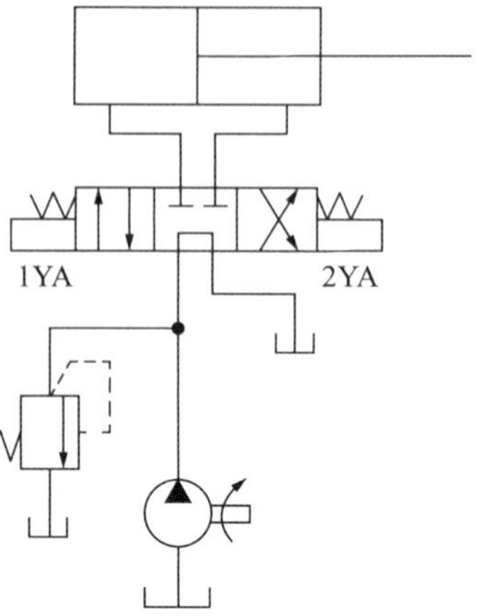

图 3-36　利用换向阀中位机能卸荷回路

(四)保压回路

在液压系统中,常要求液压执行机构在一定的行程位置上停止运动或在有微小的位移下稳定地维持住一定的压力,这就要采用保压回路。最简单的保压回路是密封性能较好的液控单向阀的回路。但是,阀类元件处的泄漏使得这种回路的保压时间不能维持太久。常用的保压回路有以下几种:

(1)利用液压泵的保压回路。利用液压泵的保压回路也就是在保压过程中,液压泵仍以较高的压力(保压所需压力)工作,此时,若采用定量泵则压力油几乎全经溢流阀流回油箱,系统功率损失大,易发热,故只在小功率的系统且保压时间较短的场合下才使用;若采用变量泵,在保压时泵的压力较高,但输出流量几乎等于零,液压系统的功率损失小,这种保压方法能随泄漏量的变化而自动调整输出流量,因而其效率也较高。

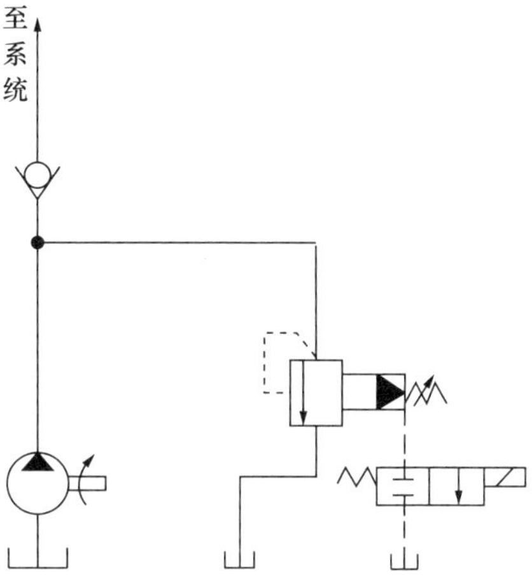

图 3-37　先导型溢流阀的远程控制口卸荷回路

(2)利用蓄能器的保压回路。图 3-38 所示为利用蓄能器的保压回路,当主换向阀在左位工作时,液压泵向液压缸和蓄能器同时供油,并推动活塞右移;当液压缸向前运动且压紧工件,进油路压力升高至调定值,卸荷阀打开,泵即卸荷,单向阀自动关闭,液压缸则由蓄能器保压。缸压不足时,卸荷阀关闭,液压泵又向蓄能器供油。

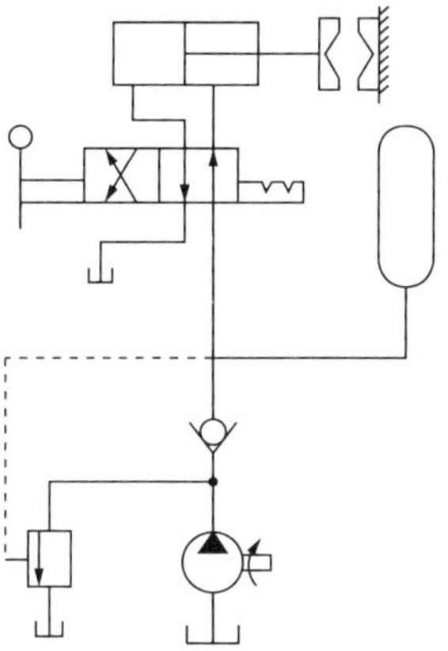

图 3-38　利用蓄能器的保压回路

(五)增压回路

如果系统或系统的某一支油路需要压力较高但流量又不大的压力油,而采用高压泵又不经济,或者根本就没有必要增设高压力的液压泵时,就常采用增压回路,这样不仅易于选择液压泵,而且系统工作较可靠,噪声小。增压回路中提高压力的主要元件是增压缸或增压器。

(1)单作用增压缸的增压回路。图 3-39 所示为利用单作用增压缸的增压回路,当系统在图示位置工作时,系统的供油压力 p_1 进入增压缸的大活塞腔,此时在小活塞腔即可得到所需的较高压力 p_2;当二位四通电磁换向阀右位接入系统时,增压缸返回,辅助油箱中的油液经单向阀补入小活塞。因而该回路只能间歇增压,所以称之为单作用增压回路。

(2)双作用增压缸的增压回路。图 3-40 所示为采用双作用增压缸的增压回路,能连续输出高压油。当液压缸 4 的活塞左移,遇到大的负载时,系统压力升高,打开顺序阀 1,油液经阀 1、二位四通换向阀 3 进入双作用液压缸 2 中,增压缸活塞无论左移或右移,均能输出高压油。只要换向阀 3 不断切换,增压缸就不断地往复运动,高压油就连续经单向阀 5 或 6 进入液压缸 4 的右腔。液压缸 4 的活塞向右运动时增压回路不起作用。

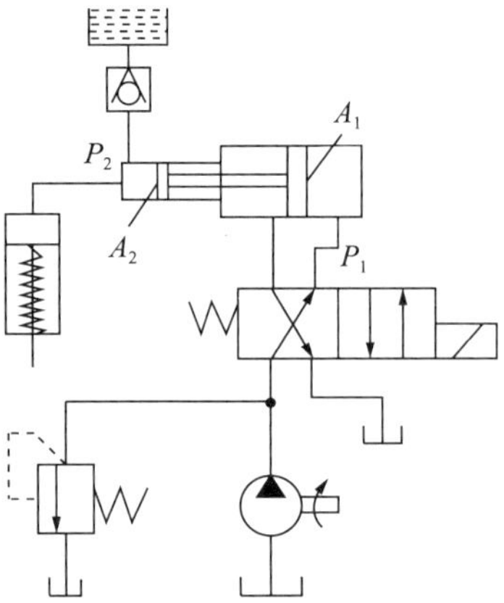

图 3-39　单作用增压缸的增压回路

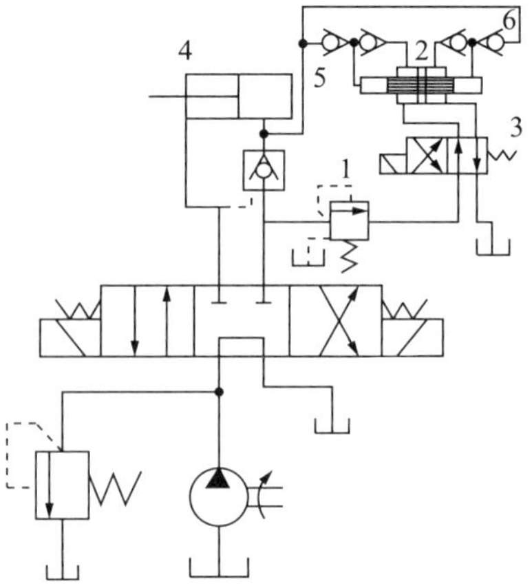

图 3-40　双作用增压缸的增压回路

1-顺序阀;2、4-液压缸;3-换向阀;5、6-单向阀

(六)平衡回路

平衡回路的功用在于防止垂直或倾斜放置的液压缸和与之相连的工作部件因自重而自行下落。图 3-41 所示为采用单向顺序阀的平衡回路,当 1YA 得电后,活塞下行时,回油路上就存在着一定的背压;只要将这个背压调得能支撑住活塞和与之相连的工作部件自重,活塞就可以平稳地下落。当换向阀处于中位时,活塞就停止运动,不再继续下移。这种回路当活塞向下快速运动时功率损失大,锁住时活塞和与之相连的工作部件会因单向顺序阀和换向阀的泄漏而缓慢下落,因此它只适用于工作部件质量不大、活塞锁住时定位要求不高的场合。

图 3-42 所示为采用液控顺序阀的平衡回路。当活塞下行时,控制压力油打开液控顺序阀,背压消失,因而回路效率较高;当停止工作时,液控顺序阀关闭以防止活塞和工作部件因自重而下降。这种平衡回路的优点是只有上腔进油时活塞才下行,比较安全可靠;缺点是,活塞下行时平稳性较差。这是因为活塞下行时,液压缸上腔油压降低,将使液控顺序阀关闭。当顺序阀关闭时,因活塞停止下行,使液压缸上腔油压升高,又打开液控顺序阀。液控顺序阀始终

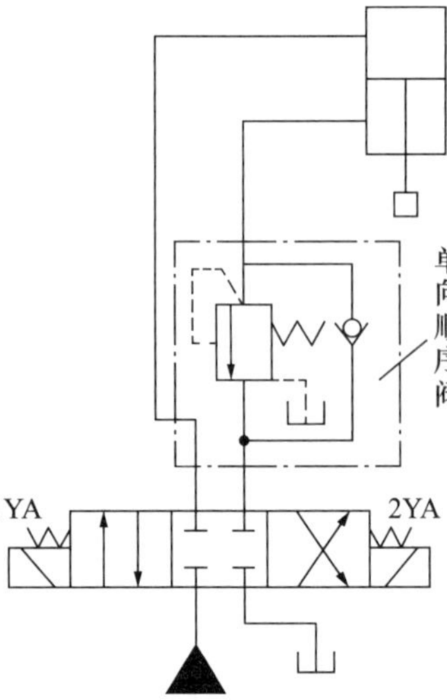

图 3-41　采用单向顺序阀的平衡回路

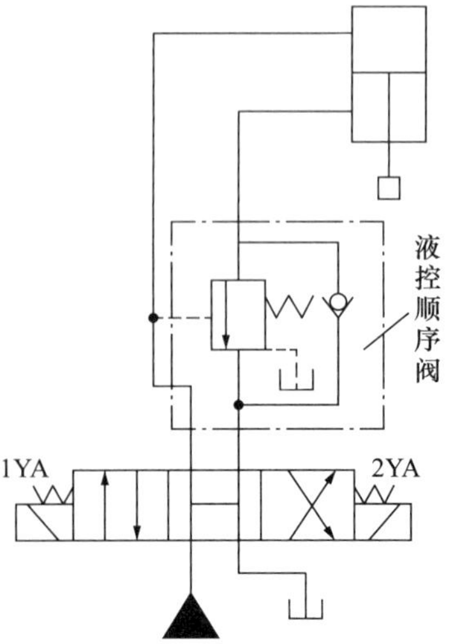

图 3-42　采用液控顺序阀的平衡回路

工作于启闭的过渡状态，因而影响工作的平稳性。这种回路适用于运动部件质量不是很大、停留时间较短的液压系统中。

(七)压力控制回路常见故障分析

以图 3-43 所示的压力控制回路为例，压力控制回路常见故障有：压力调不上去；压力过高，调不下来；压力振动、摆动大。

1.压力调不上去的故障原因

(1)先导式溢流阀的主阀阻尼孔堵塞，滑阀在下端油压作用下，克服上腔的液压力和主阀弹簧力，使主阀上移，调压弹簧失去对主阀的控制作用，因此主阀在较低的压力下打开溢流口溢流。系统中，正常工作的压力阀，有时突然出现故障往往是这种原因。

(2)溢流阀的调压弹簧太软、装错或漏装。

(3)阀芯被毛刺或其他污物卡死于开口位置而不能关闭。

(4)阀芯和阀座关闭不严，泄漏严重。

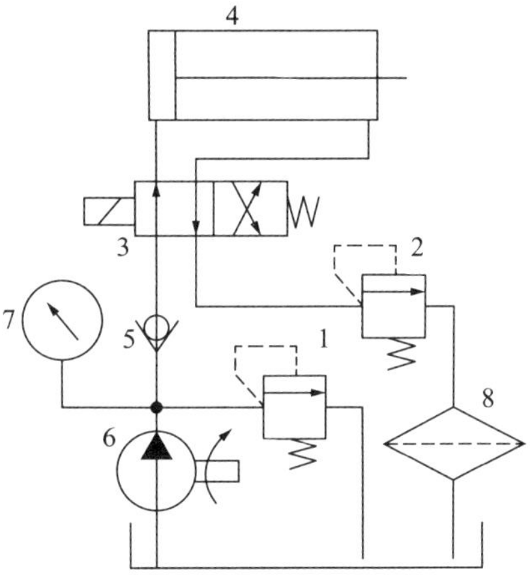

图 3-43　压力控制回路

1、2-溢流阀；3-二位四通电磁换向阀；4-液压缸；5-单向阀；6-油泵；7-压力表；8-过滤器

2.压力过高、调不下来的故障原因

(1)安装时，阀的进、出油口接错，没有压力油去推动阀芯移动，因此阀芯打不开。

(2)阀芯被毛刺或污物卡死于关闭位置，主阀不能开启。

(3)先导阀前的阻尼孔堵塞，导致主阀不能开启。

3.压力振动、摆动大的故障原因

(1)阀芯与阀座接触不良。

(2)阀芯在阀体内移动不灵活。

(3)油液中混有空气。

(4)阻尼孔直径过大，阻尼作用弱。

(5)与相近的阀产生了共振。

【任务实施】

一、液压阀的拆装

1.溢流阀拆装

(1)溢流阀型号：P 型直动式溢流阀。

(2)拆卸步骤：先将 4 个六角螺母用工具分别拧下，使阀体与阀座分离；从阀体中拿出弹簧，使用工具将阀盖拧出，接着将阀芯拿出；在阀座部分，将调节螺母从阀座上拧下，接着将阀套从阀座上拧下；将小螺母从调节螺母上拧出后，顶针自动从调节螺母中脱出。

2.减压阀、顺序阀拆装

拆卸步骤：先将 4 个六角螺母用工具分别拧下，使阀体与阀座分离；从阀体中拿出弹簧，使用工具将阀盖拧出，接着将阀芯拿出；在阀座部分，将调节螺母从阀座上拧下，接着将阀套从阀座上拧下;将小螺母从调节螺母上拧出后,顶针自动从调节螺母中脱出。

3.注意事项

(1)拆卸下来的零件,要做到不落地、不划伤、不锈蚀;

(2)在需要敲打某一零件时,请用铜棒,切忌用铁棒或钢棒;

(3)安装前要给元件去毛刺,用煤油清洗后并晾干,切忌用棉纱擦干;

(4)安装完毕,检查现场有无漏装元件。

二、溢流阀、电磁换向阀性能实验

1.溢流阀、电磁换向阀实验原理图连接

按照溢流阀、电磁换向阀实验原理图(图 3-44)连接实验回路。

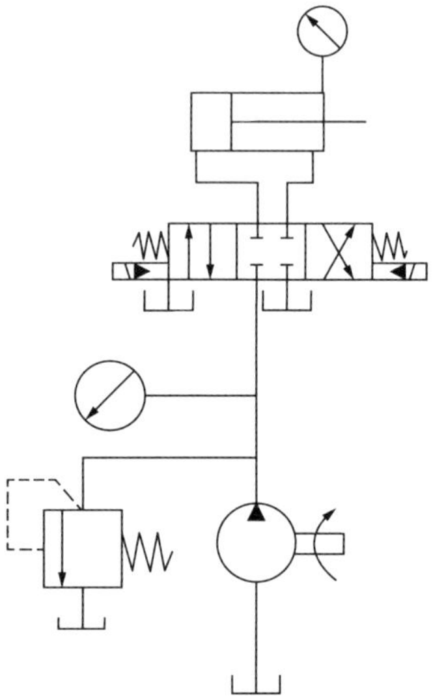

图 3-44　溢流阀、电磁换向阀性能观察实验原理

2.溢流阀、电磁换向阀特性观察

(1)按下“电源”按钮启动电机,然后按下“供压”按钮系统开始供压。

(2)电磁换向阀左侧通电,观察压力表读数及液压缸的运动规律,当活塞杆运动到终点时,再观察压力表的读数,比较二者的区别,找出原因。

(3)电磁换向阀右侧通电,观察压力表读数及液压缸的运动规律,当活塞杆运动到终点时,再观察压力表的读数,比较二者的区别,找出原因。

(4)观察实验过程中溢流阀、电磁换向阀内油液流动的规律,分析原因。

(5)按下“供压”按钮系统停止供压,然后按下“电源”按钮关闭电机。

(6)观察实验过程中溢流阀、电磁换向阀内油液的流动规律,分析原因。

三、压力控制回路安装调试及故障排除

1.任务实施目的

(1)加深理解卸荷回路的组成及工作原理。

(2)加深理解平衡回路的组成及工作原理。

2.任务实施要求

(1)拟订卸荷回路、平衡回路实验方案(包括液压系统原理图)。

(2)确定控制方式。

(3)写出实验操作步骤。

3.任务实施步骤

(1)按照液压回路原理图的要求,取出所要用的液压元件。

(2)将液压组件安装在试验台面板的合理位置,固定牢靠。

(3)通过快速接头和液压软管按回路要求连接管路，要求连接可靠。

(4)对照实验回路原理图，检查连接是否正确。

(5)确认无误后，进入下一步。进行液压回路调试。先松开溢流阀，启动油泵，让泵空转1～2 min，慢慢调节溢流阀，使泵的出口压力调至适当值(YYG-b-20 型液压教学实验台，压力调至 2 MPa)。调节节流阀、平衡阀至适当开度。

(6)根据每个回路的原理，进行逐项实验。实验完毕后，清理试验台，将各元器件放入原来的位置。

任务三　流量控制阀及流量控制回路

【任务描述】

掌握流量控制阀的典型结构、工作原理和性能特点，掌握流量控制回路的特点及主要类型，培养安装、连接和调试流量控制回路的实践能力。

【知识准备】

一、流量控制阀

流量控制阀是通过改变可变节流口面积大小，从而控制通过阀的流量，达到调节执行元件(缸或马达)运动速度的阀类元件。常用的流量控制阀有节流阀、调速阀等。

(一)节流阀

1.节流阀的结构与原理

图 3-45 所示为一种典型的节流阀。油液从进油口 P_1 进入，经阀芯上的三角槽节流口，从出油口 P_2 流出。转动手柄可使推杆推动阀芯做轴向移动，从而改变节流口的通流面积，调节节流阀流量的大小。节流阀结构简单，制造容易，体积小，但负载和温度的变化对流量的稳定性影响较大，因此只适用于负载和温度变化不大，或速度稳定性要求较低的液压系统。

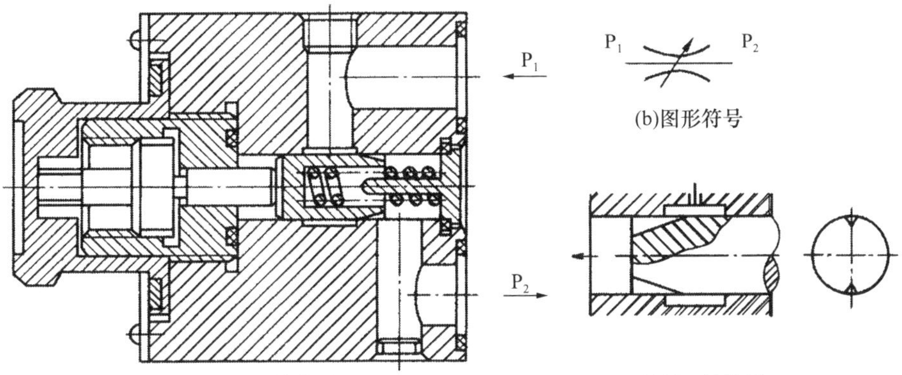

(a)结构图　　(c)阀口结构图

图 3-45　节流阀

节流阀在液压系统中主要与定量泵、溢流阀和执行元件组成节流调速系统，调节其开口，便可调节执行元件运动速度的大小；也可用于试验系统中用作加载，起负载阻力作用；在液流压力容易发生突变的地方安装节流阀，起压力缓冲作用。

2.节流阀的压力特性

图 3-46(a)所示的液压系统未安装节流阀，若推动活塞前进所需最低工作压力为 1 MPa，则当活塞前进时，压力表指示的压力为 1 MPa；在液压传动系统中装了节流阀控制活塞前进速度，如图 3-46(b)所示，当活塞前进时，节流阀与溢流阀并联于液压泵的出口，节流阀入口压力会上升到溢流阀所调定的压力，使溢流阀打开，一部分油液经溢流阀流入油箱，构成恒压油源，使泵出口的压力恒定。液压泵输出流量不变，是流经节流阀进入液压缸的流量和流经溢流阀的流量之和。由此可见，通过调节节流阀的液阻，来改变进入液压缸的流量，从而调节液压缸的运动速度，多余的油液经溢流阀流回油箱；但若在回路中仅有节流阀而没有与之并联的溢流阀，如图 3-46(c)所示，则节流阀就起不到调节流量的作用。液压泵输出的液压油全部经节流阀进入液压缸。改变节流阀节流口大小，只是改变液流流经节流阀的压力降。节流口小，流速快；节流口大，流速慢，而总的流量是不变的，因此液压缸速度不变。所以，节流元件用来调节流量是有条件的，即要求一个接收节流元件压力信号的环节(与之并联的溢流阀或恒压变量泵)，通过这一环节来补偿节流元件的流量变化。

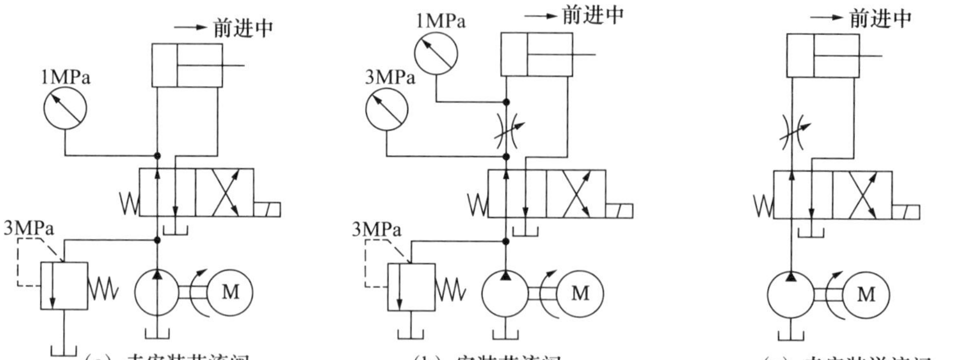

(a) 未安装节流阀　　(b) 安装节流阀　　(c) 未安装溢流阀

图 3-46　节流阀的压力特性

3.节流阀的特性

(1)流量特性。节流阀的流量特性决定于节流口的结构形式。但无论节流口采用何种形式，一般情况下，节流阀的流量特性可用 $q=CA\Delta p^m$(其中 C 为流量系数，A 为节流口开口面积，Δp 为压差，m 为节流指数)来描述。在一定压差下，改变节流口面积就可调节通过阀口的流量。

(2)流量的稳定性。

①压差 Δp 对流量稳定性的影响。在使用中，当阀口前后压差变化时，使流量不稳定。节流指数 m 越大，Δp 的变化对流量的影响越大，因此阀口制成薄壁孔($m=0.5$)比制成细长孔($m=1$)的好。

②温度对流量稳定性的影响。油温的变化引起油液黏度的变化，从而对流量发生影响。黏度变化对细长孔流量的影响较大，薄壁小孔的流量不受黏度影响。

③孔口形状对流量稳定性的影响。能维持最小稳定流量是流量阀的一个重要性能，该值越小，表示阀的稳定性越好。实践证明，最小稳定流量与节流口截面形状有关，圆形节流口最好，而方形和三角形次之。但方形和三角形节流口便于连续而均匀地调节其开口量，所以在流量控制阀上应用较多。

4.节流阀的性能要求

(1)有较大的流量调节范围,调节时,流量变化均匀,调节性能好。

(2)不易堵塞,特别是小流量时不易堵塞。

(3)节流阀前后压差发生变化时,通过阀的流量变化要小。

(4)通过阀的流量受温度的影响要小。

(5)内泄漏小,即节流阀全关闭时,进油腔压力调节至公称压力时,从阀芯和阀体配合间隙处由进油腔泄漏到出油腔的流量要小。

(6)正向压力损失要小,正向压力损失是指节流阀全开,流过公称流量时进油腔与出油腔之间的油液压力差值,一般不超过 0.4 MPa。

(二)调速阀

图 3-47 所示为调速阀。液压泵出口(即调速阀进口)压力 p_1 由溢流阀调定,基本上保持恒定。调速阀出口处的压力由负载 F 决定。当 F 增加时,调速阀进、出口压差 p_1-p_2 将减小。如在系统中装的是普通节流阀,则由于压差的变化,影响通过节流阀的流量,从而使活塞运动速度不能保持恒定。

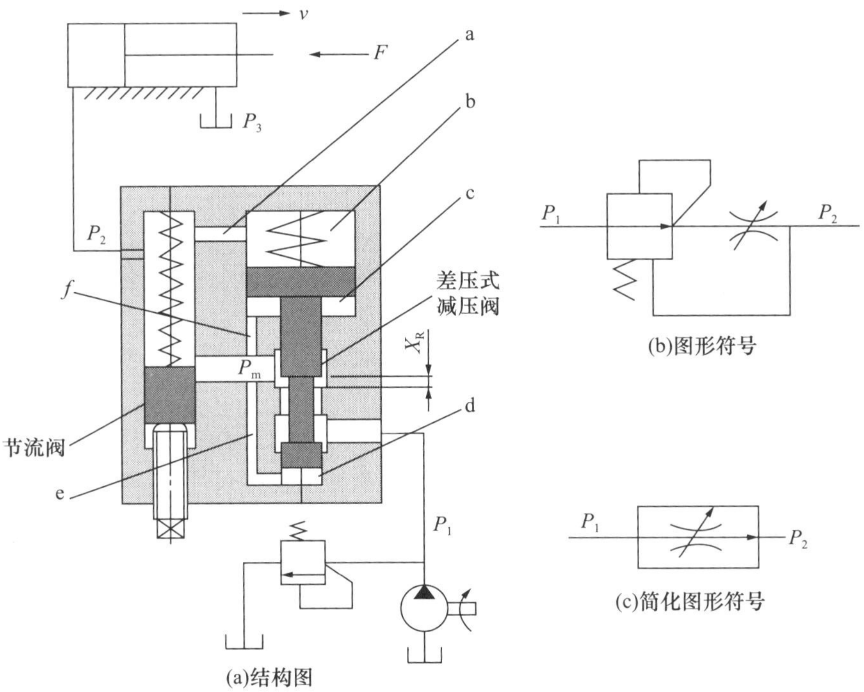

图 3-47　调速阀

调速阀是在节流阀的前面串联了一个定差式减压阀,使油液先经减压阀产生一次压力变化,将压力变到与 p_2 匹配。利用减压阀阀芯的自动调节作用,使节流阀前后压差 $\Delta p=p_m-p_2$ 基本保持不变。

减压阀阀芯上端的油腔 b 通过孔槽 a 和节流阀后的油腔相通,压力为 p_2,而其肩部腔 c 和下端油腔 d,通过孔槽 f 和 e 与节流阀前的油腔相通,压力为 p_m。活塞负载 F 增加时,p_2 升高,于是作用在减压阀阀芯上端的液压力增加,阀芯下移,减压阀的开口加大,压降减小,因而

使 p_m 也升高,结果使节流阀前后的压差 p_m-p_2 保持不变。反之亦然。这样就使通过调速阀的流量恒定不变,活塞运动的速度稳定,不受负载变化的影响。

调速阀与节流阀的特性比较如图 3-48 所示。从图中可看出,节流阀的流量随压差的变化较大,而调速阀在进、出口压差 Δp 大于一定值(Δp_{min})后,流量基本保持不变。这是因为在压差很小时,减压阀阀芯在弹簧力作用下处于最下端位置,阀口全开,减压阀不起减压作用。

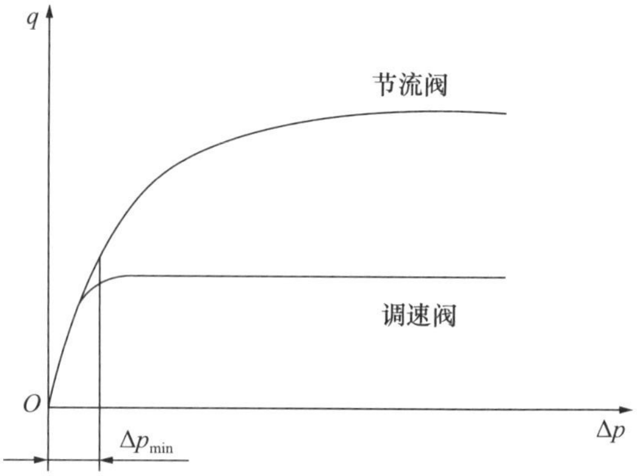

图 3-48 调速阀和节流阀的流量特性

对于速度稳定性要求较高的液压系统,需要用温度补偿调速阀。这种阀中有热膨胀系数大的聚氯乙烯塑料推杆,当温度升高时其受热伸长使阀口关小,以补偿因油变稀流量变大造成流量增加,维持其流量基本不变。

二、流量控制阀的选用原则及使用

(一)流量控制阀选用原则

根据液压控制节流阀调速系统的工作要求选取合适类型的流量控制阀,在此前提下,可以参考如下的流量控制阀选用原则:

(1)流量控制阀的压力等级要与系统要求相符。

(2)根据系统执行机构所需的最大流量来选择流量控制阀的公称流量,流量控制阀的公称流量要比负载所需的最大流量略大一些,以使阀在大流量区间有一定的调节裕量;同时也要考虑阀的最小稳定流量范围能满足系统执行机构低速控制要求。

(3)流量控制阀的流量控制精度、重复精度及动态性能等要满足液压系统工作精度的要求。

(4)如果系统要求流量控制阀对温度变化不敏感,可采用具有温度补偿功能的流量阀。

(5)考虑流量控制阀的安装空间大小、阀的质量及油口连接尺寸,要符合系统设计要求。

(二)流量控制阀的使用注意事项

在使用流量控制阀时要注意以下事项:

(1)要以通过阀的实际流量(不是按泵的流量),作为选择阀的主要参数之一。若通过阀的实际流量确定小了,将导致阀的规格(容量)选得偏小,使阀的局部压力损失过大,引起油温过高等弊端,严重时会造成系统不能正常工作。

(2)流量控制阀的使用压力、流量,不要超过其额定值。如流量控制阀的使用压力、流量超过其额定值,就易产生液压卡紧和液动力,对流量控制阀工作品质产生不良影响。

(3)节流阀、调速阀的最小稳定流量应符合要求。节流阀和调速阀的最小稳定流量关系着执行元件的最低工作速度是否能实现。要保证调速阀对流量(即对执行元件的速度)的控制精度。调速阀需要有一定的压差,普通调速阀其压差不应小于 0.5 MPa;高精度调速阀,其压差高达 1 MPa。另外,环境温度变化较大时,应选用带温度补偿的调速阀。

(4)普通调速阀启动时存在流量跳跃现象。这种流量跳跃现象,会影响执行元件速度的平稳性。为此，应采取相应的措施。

(5)溢流节流阀只能接在执行机构的进油路上。溢流节流阀中的节流阀进、出口的压差与作用在溢流节流阀阀芯上的弹簧力平衡。该弹簧是个软弹簧。若将溢流节流阀用于执行机构的回油路上，其出口必然通油箱，即溢流节流阀的弹簧腔通油箱，此时假若负载减小，溢流节流阀的进口压力就要增加，该压力很容易克服弹簧力，使进入溢流节流阀的油主要经溢流节流阀中的溢流阀口流回油箱，而不能再由节流阀来控制。

(三)节流阀和调速阀常见故障及排除方法

1.节流阀使用易出现的问题及排除方法

节流阀使用中的主要问题是流量调节失灵、流量不稳定和泄漏量增大。

(1)流量调节失灵。主要原因是阀芯径向卡住，这时应进行清洗，排出脏物。

(2)流量不稳定。节流阀和单向节流阀当节流口调节好并锁紧后，有时会出现流量不稳定现象，尤其在小流量时更易发生。这主要是由锁紧装置松动、节流口部分堵塞、油温升高、负载变化等引起的。这时应采用拧紧锁紧装置，油液过滤，加强油温控制，尽可能使负载变化小或不变化等措施。

(3)泄漏量增大。主要是密封面磨损过大造成的，应更换阀芯。

(4)阀芯反力过大。行程节流阀和单向行程节流阀的阀芯反力过大，这主要是阀芯径向卡住和泄油口堵住，此时，行程节流阀和单向行程节流阀的泄油口一定要单独接回油箱。

2.调速阀使用时易出现的问题及排除方法

(1)流量调节失灵。调节节流部分时，出油腔流量不发生变化的主要原因是阀芯径向卡住和节流部分发生故障等。减压阀芯或节流阀芯在全关闭位置时，径向卡住会调节节流口开度而使流出油腔的流量不发生变化。当节流调节部分发生故障时，会使调节螺杆不能轴向移动，使出油腔流量也不发生变化。发生阀芯卡住或节流调节部分故障时，应进行清洗和修复。

(2)流量不稳定。调速阀当节流口调整好锁紧后，有时会出现流量不稳定现象，特别在最小稳定流量时极易发生，其主要原因是锁紧装置松动，节流口部分堵塞，油温升高，进、出油腔最小压差过低和进、出油腔接反。油流反向通过调速阀时，减压阀对节流阀不起压力补偿作用，使调速阀变成节流阀。当进、出油腔油液压力发生变化时，流经的流量就会发生变化，从而引起流量不稳定。因此在使用时要注意进、出油腔的位置不能接反。

(3)内泄漏量增大。调速阀节流口关闭时，是靠间隙密封的，因此不可避免有一定的泄漏量。当密封面磨损过大时，会引起内泄漏量增加，使流量不稳定，特别是影响到最小稳定流量。

3.节流阀和调速阀常见故障

节流阀和调速阀常见故障：一是节流调节失灵或调节范围小；二是由综合因素影响节流阀或调速阀的工作性能，导致运动速度不稳定。产生这些故障的原因及排除方法见表3-4。

表3-4 节流阀、调速阀常见故障及排除方法

现象	原因	方法
作用失灵或调节范围不大	阀芯与孔的间隙过大，造成泄漏，使调节不起作用	更换或修复磨损零件
	节流口阻塞或阀芯卡住	清洗或更换
	节流阀结构不良	选用节流特性好的节流阀
	密封件损坏	更换密封件

续表3-4

现象	原因	方法
运动速度不稳定	油口杂质堆积或黏附在节流口边上，使通流面积减小	清洗元件，更换液压油
	节流阀性能差，由于振动使节流口变化	增加节流锁紧装置
	节流阀内部或外部泄漏	检查零件精度或配合间隙，修正或更换超差零件
	负载变化	更换调速阀
	油温升高，使油的黏度降低，速度逐步增高	在油温稳定后调节节流阀或增加散热装置
	混入空气	系统排气
	阻力装置阻塞	清洗元件

三、速度控制回路及故障处理

速度控制回路是研究液压系统的速度调节和变换问题。常用的速度控制回路有调速回路、快速回路、速度转换回路等。下面分别对上述三种回路进行介绍。

(一)调速回路

调速回路是用来调节执行元件的工作速度。由 $v=q/A$ 和 $n_M=q/V_M$ 可知，液压缸的工作速度 v 是由输入流量 q 和缸的有效面积 A 决定的，液压马达的转速 n_M 是由输入流量 q 和马达的排量 V_M 决定的。因此，控制进入液压缸或液压马达的流量 q 或改变液压马达的排量 V_M 即可实现对执行元件速度的调节。调速回路主要有以下三种方式：

(1)节流调速回路：由定量泵供油，用流量阀调节进入或流出执行机构的流量来实现调速。

(2)容积调速回路：用调节变量泵或变量马达的排量来调速。

(3)容积节流调速回路：用限压式变量泵供油，由流量阀调节进入执行机构的流量，并使变量泵的流量与调节阀的调节流量相适应来实现调速。此外，还可采用几个定量泵并联，按不同速度需要，启动一个泵或几个泵供油实现分级调速。

1.节流调速回路

节流调速回路是通过调节流量阀的通流截面积大小来改变进入执行机构的流量，从而实现运动速度的调节。按流量控制阀在液压系统中的位置不同可分为进油、回油和旁路三种节流调速回路。

1)进油节流调速回路

进油节流调速回路是将节流阀装在执行机构的进油路上，起调速作用，如图 3-49(a)所示。液压泵的供油压力是由溢流阀调定的，调节节流阀开口面积，便能控制进入液压缸的流量，即可以调节液压缸的运动速度，泵多余的油液经溢流阀流回油箱。这种回路活塞往返运动均为进油节流调速回路，也可以用单向节流阀串联在换向阀和液压缸进油腔之间，实现单向进油节流调速。

图 3-49(b)所示为进油节流调速回路的速度-负载特性曲线。它反映了回路中执行元件的

速度 v 随负载 F 变化而变化的规律：曲线越陡，则说明速度受负载的影响越大，即速度刚性越差；曲线越平缓，则说明速度受负载的影响越小，即速度刚性越好。因此，从速度-负载特性曲线可知：

（1）当节流阀通流面积生 A_T 不变时，活塞的运动速度 v 随负载 F 增加而降低，因此这种调速的速度-负载特性曲线较软，即速度刚性较差。

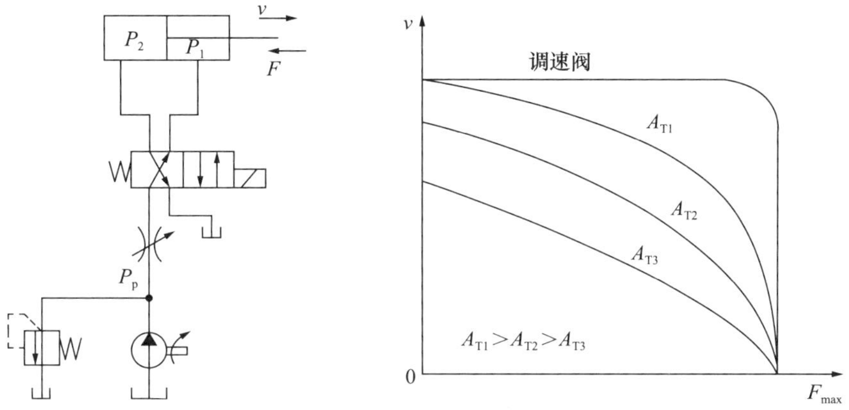

（a）调速回路　　（b）速度-负载特性曲线

图 3-49　进油节流调速回路

（2）当节流阀通流面积 A_T 一定时，重载区域曲线比轻载区域曲线陡，速度刚性越差。

（3）当负载不变时，速度刚性随节流阀通流面积的增大而降低，即高速时速度刚性低。

（4）在液压泵的供油压力 p_p 已调定的情况下，液压缸的最大承载能力 $F_{max}=p_pA$ 是恒定不变的（液压缸活塞有效面积不变），是恒推力（恒转矩）调速。

进油节流调速回路适用于轻载、低速、负载变化不大和对速度稳定性要求不高的小功率液压系统且要求系统负载为正值（负载的运动方向与活塞的运动方向相反）。

2）回油节流调速回路

回油节流调速回路是将节流阀装在执行机构的回油路上，起调速作用。图 3-50 所示为节流阀串联在液压缸的回油路上，活塞的往复运动也属于回油节流调速。它是用节流阀调节液压缸的回油流量，也就控制了进入液压缸的流量，因此同进油节流调速回路一样可达到调速的目的。

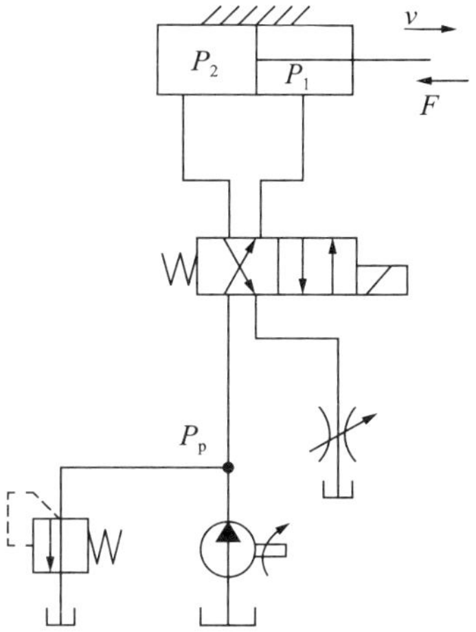

图 3-50　回油节流调速回路

回油节流调速回路的速度-负载特性曲线与进油节流调速回路的完全相同。但是回油节流调速回路也存在不同之处：由于液压缸的回油腔存在背压，因而能够承受一定的负值负载，故其运动平稳性较好；经过节流阀的发热后的油液直接流回油箱冷却，对液压缸泄漏影响较小；在停车后，液压缸回油腔中的油液会由于泄漏而形成空隙，重新启动时由于进油路上没有节流阀控制流量，会使活塞产生前冲。

3）旁路节流调速回路

图 3-51（a）所示为节流阀设置在与执行元件并联的支路上，用它来调节从支路流回油箱的

流量，以间接控制进入液压缸的流量，从而达到调速的目的。回路中溢流阀的阀口常闭，起安全保护作用，因此液压泵的供油压力是随负载而变化。

图 3-51(b)所示为旁路节流调速回路的速度-负载特性曲线，由图可知该回路的特点：

(1)增大节流阀的通流面积，活塞运动速度变小；当节流阀的通流面积不变时，负载增加，活塞的运动速度下降很快。

(2)在负载一定时，节流阀的通流面积越小(活塞运动越快)其速度刚性越高，能承受的最大负载就越大。

(3)液压泵的供油压力随负载的变化而变化，回路中只有节流损失而无溢流损失，因此这种回路的效率较高。

(4)因液压缸的回油腔无背压力，所以其运动平稳性较差，不能承受负值负载。

使用节流阀的节流调速回路，其速度刚性都比较低，在变负载下的运动平稳性也都较差，这主要是由于负载变化引起的节流阀前后压力差变化所产生的后果。如果用调速阀来代替节流阀，由图 3-49(b)和图 3-51(b)中可知，采用调速阀后速度-负载特性曲线非常平缓，即提高了节流调速回路的速度刚性和运动平稳性，但会增大功率损失，降低回路效率。

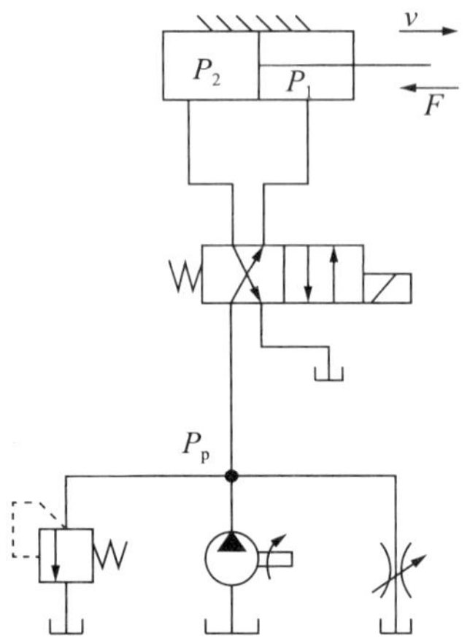

(a)调速回路

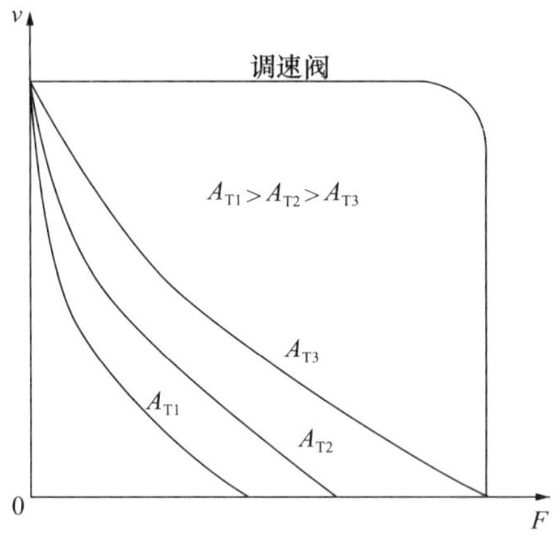

(b)速度-负载特性曲线

图 3-51　旁路节流调速回路

2.容积调速回路

容积调速回路是通过改变液压泵或液压马达的排量来实现调速的。这种调速回路因无溢流和节流损失，故功率损失小，系统效率高，常用于大功率的液压系统。

根据液压泵和液压马达组合方式不同，容积调速回路有变量泵和定量执行元件(或液压缸)容积调速回路、定量泵和变量马达容积调速回路、变量泵和变量马达容积调速回路三种。

1)变量泵和定量执行元件容积调速回路

图 3-52(a)所示为变量泵和液压缸组成的开式容积调速回路。改变液压泵 1 的排量就能调节液压缸活塞的运动速度，2 为安全阀。图 3-52(b)所示为变量泵和定量马达组成的闭式容积调速回路。定量马达 5 的输出转速是通过改变变量泵 3 的排量来实现的，4 为安全阀，辅助泵 1 是用来向闭式油路补油，其供油压力由溢流阀 6 来调定。

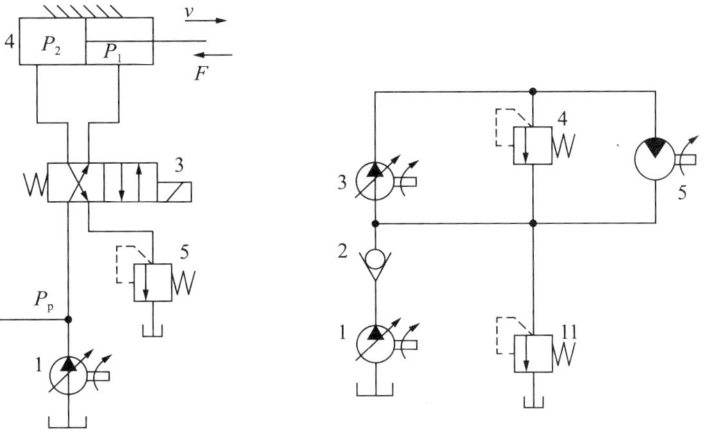

(a)开式容积调速回路 (b)闭式容积调速回路

图 3-52 变量泵和定量执行元件容积调速回路

(a)1-液压泵;2-安全阀;3-电磁阀;4-液压缸;5-溢流阀

(b)1-辅助泵;2-单向阀;3-变量泵;4-安全阀;5-定量马达;6-溢流阀

变量泵和定量执行元件容积回路的特性如下:

(1)若不计压力和流量损失,液压缸活塞的运动速度 $v=q/A$,液压马达的转速性 $n_M=q/V_M$,由于液压缸的有效面积 A 和液压马达的排量 V_M 为定值,因此调节变量泵的排量,即改变了变量泵的流量 q 便可以调节液压缸活塞的运动速度或液压马达的转速,且调速范围较大。

(2)若不计压力和流量损失,液压马达的输出转矩 $T_M=p_PV_M/2\pi$,液压缸的推力 $F=p_PA$,其中 V_M 和 A 为定值,p_P 为变量泵的压力,由溢流阀调定,液压马达(或液压缸)输出的最大转矩(或推力)不变,故这种调速属恒转矩(或恒推力)调速。

(3)若不计压力和流量损失,液压马达(或液压缸)的输出功率等于液压泵的输入功率,即 $P_M=P_P=p_PV_pn_p=p_PV_Mn_M$。其中,压力 p_P、液压马达的排量 V_M 为常数,因此液压马达的输出功率随转速 n_M 呈线性变化。

2)定量泵和变量马达容积调速回路

如图 3-53 所示,定量泵的输出流量不变,调节变量马达的排量 V_M,即可以改变液压马达的转速。4 为安全阀,1 为辅助泵,其供油压力由低压溢流阀 6 调定。

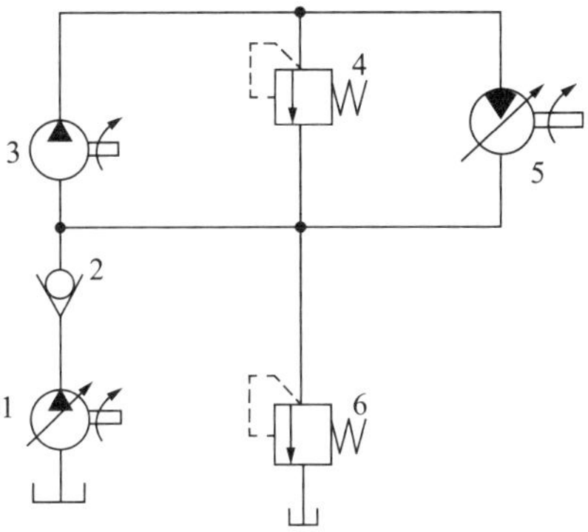

图 3-53 定量泵和变量马达容积调速回路

1-变量泵;2-单向阀;3-定量泵;4-安全阀;5-单向变量马达;6-溢流阀

该回路的特性如下:

(1)根据 $n_M=q_P/V_M$ 可知液压马达的输出转速 n_M 与排量 V_M 成反比,但 V_M 过小,液压马达的输出转矩将减小,甚至不能带动负载,故这种调速回路的调速范围较小。

(2)由液压马达的转矩公式 $T_M=p_pV_M/2\pi$ 可知,若 V_M 减小,n_M 上升,则 T_M 下降。

(3)定量泵的输出流量 q_P 是不变的,泵的压力由安全阀 4 调定。若不计压力和流量损失,则液压马达输出的最大功率 $P_M=P_P=q_pp_p$ 是不变的。故这种调速是恒功率调速。

3)变量泵和变量马达容积调速回路

如图 3-54 所示,双向变量泵 3 可以正反向供油,双向变量马达 10 便能正反向旋转,单向阀 4 和 5 用于实现双向补油,溢流阀 2 的调定压力应略高于溢流阀 9 的调定压力,以保证液控换向阀 8 动作,回路中的部分热油经溢流阀 9 排回油箱,此时的补油泵 1 向回路输送冷却油液,这种调速回路是上述两种调速回路的组合,即调节变量泵 3 和变量马达 10 的排量均可改变液压马达的转速,所以其工作特性也是上述两种调速回路的综合,其理想情况下的特性曲线如图 3-55 所示。

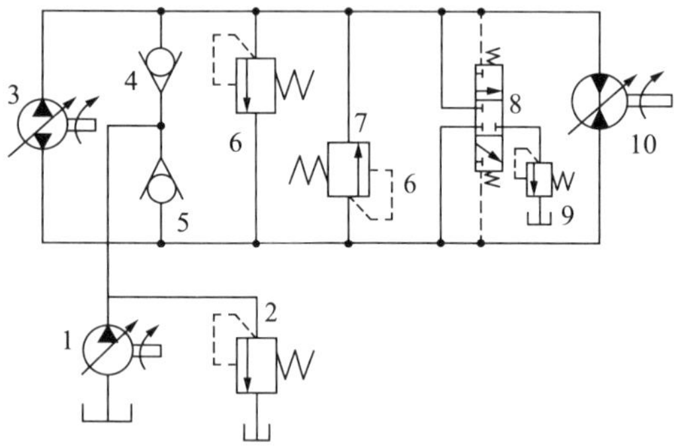

图 3-54 变量泵和变量马达容积调速回路

1-补油泵;2、6、7、9-溢流阀;3-双向变量泵;4、5-单向阀;8-液控换向阀;10-双向变量马达

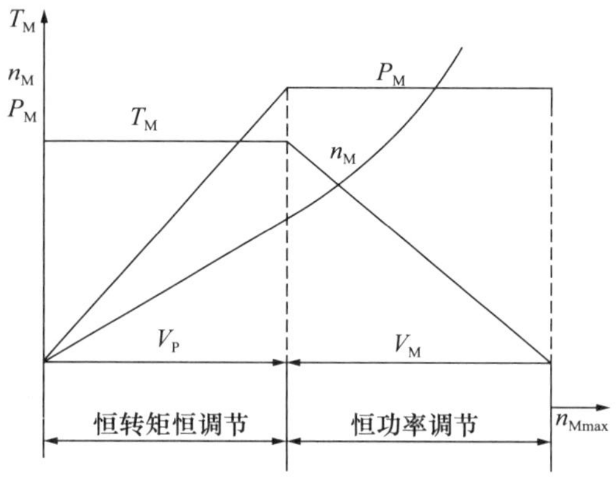

图 3-55 变量泵和变量马达容积调速回路工作特性曲线

这种回路在低速段将马达的排量固定在最大值上,由小到大调节泵的排量来调速,其最大输出转矩不变;在高速段将泵的排量固定在最大值上,由大到小调节液压马达的排量来调速,其最大输出功率不变。回路总的调速范围等于液压泵的调速范围与液压马达的调速范围的乘积,所以它适用于机床主运动等大功率的液压系统。

3.容积节流调速回路

容积节流调速回路采用变量泵供油,用流量阀控制进入液压缸的流量,以调节液压缸活塞的运动速度,并可使液压泵的供油量自动地与液压缸所需要的流量相适应,这种调速回路没有流量损失,回路效率较高,速度刚性比容积调速回路好。

图 3-56 所示为限压式变量泵和调速阀组成的容积节流调速回路。调速阀装在进油路上(也可装在回油路上),调节调速阀便可以改变进入液压缸的流量,而限压式变量泵的输出流量 q_P 与通过调速阀进入液压缸的流量 q_1 相适应。例如,当减小调速阀的通流截面积 A 时,在关小调速阀阀口的瞬间,泵的输出流量还来不及改变,于是出现了 $q_P>q_1$,导致泵的出口压力 p_P 增大,其反馈作用使变量泵的输出流量 q_P 自动减小到与调速阀的流量 q_1 相一致。反之,将调速阀的通流面积增大时,将出现 $q_P<q_1$,迫使泵的出口压力降低,其输出流量将自动增大到 $q_P\approx q_1$ 为止。

图 3-57 所示为限压式变量泵和调速阀联合调速的特性曲线。图中曲线 1 为限压式变量泵的压力和流量特性曲线。曲线 2 为调速阀在某一开口的压力和流量特性曲线,其左段为水平线,说明当调速阀的开口一定时,液压缸的负载变化引起液压缸的工作压力 p_1 变化,但通过调速阀进入液压缸的流量 q_1 为定值。该水平线的延长线与曲线 1 的交点 b 即为液压泵出口的工作点,也是调速阀来工作前的工作点,该点的工作压力为 p_p。曲线 2 上 a 点对应的压

力为液压缸的压力 p_1。若液压缸长时间在轻载下工作，缸的工作压力 p_1 小，调速阀两端的压力差 Δp 大($\Delta p=p_p-p_1$)，调速阀的功率损失大，效率低。一般保持调速阀正常工作所需的压差 $\Delta p_T=0.5$ MPa，如果限压式变量泵的限压螺钉调整得合理，在不计管路损失的情况下，可使调速阀保持最小稳定压差值，此时，不仅能使活塞的运动速度不随负载而变化，而且通过调速阀的功率损失(图中阴影部分的面积)为最小，这种情况说明变量泵的限压值调节最为合理。显然，当液压缸的负载最大时，使 $\Delta p=\Delta p_{min}$ 是泵特性曲线调整的最佳状态。如果 p_p 调得过低，这时调速回路中的流量阀将不能正常工作，输出流量随液压缸压力增加而下降，使活塞运动速度不稳定。如果在调节泵的限压螺钉时，使 Δp 过大，则功率损失增大，油液容易发热。

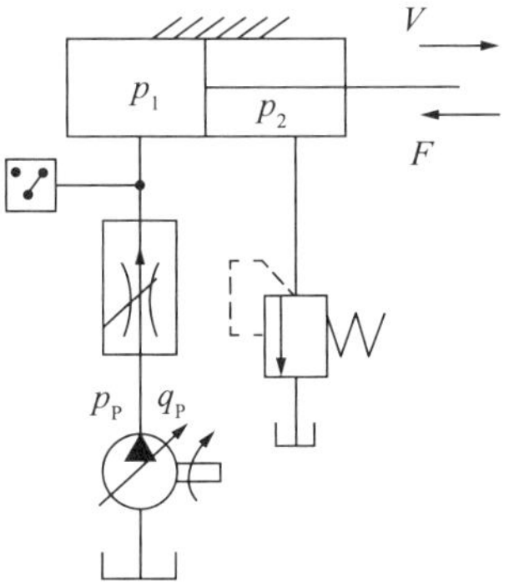

图 3-56　限压式变量泵和调速阀容积节流调速回路

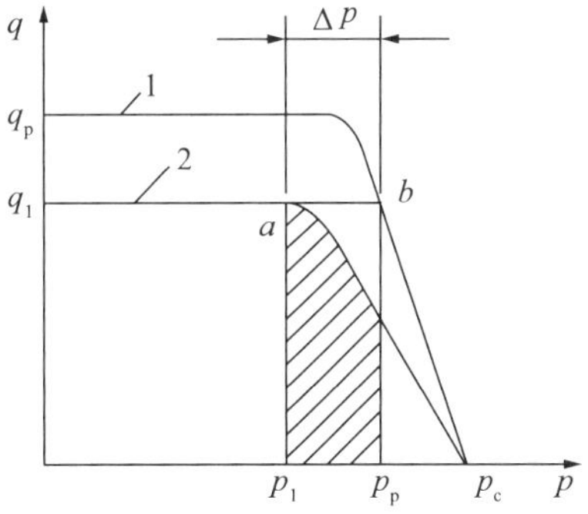

图 3-57　限压式变量泵和调速阀联合调速的特性曲线

1-限压式变量泵的压力-流量特性曲线；

2-调速阀在某一开口的压力-流量特性曲线

(二)快速运动回路

快速运动回路是使执行元件在空载时获得所需的高速运动，以提高系统的工作效率，常用的快速运动回路有以下几种。

1.差动连接快速运动回路

如图 3-58 所示，该回路是单杆液压缸通过二位三通电磁换向阀 4 形成差动连接。当只有电磁铁 1YA 得电时，换向阀 4 左位工作，压力油将同时进入液压缸的左右两腔，由于活塞左端受力面积大，液压缸形成差动连接使活塞右移，实现快速运动；这时，当电磁铁 3YA 得电时，换向阀 4 右位进入工作，差动连接则被切断，压力油只能进入液压缸的左腔，液压缸右腔经调速阀 5 回油，实现快速运动完成工作进给；当电磁铁 2YA、3YA 同时得电时，压力油经阀 3、阀 5、阀 4 进入液压缸右腔，缸左腔回油，活塞快速退回。

2.双泵供油的快速运动回路

如图 3-59 所示，该回路是为双泵供油的快速运动回路。液压泵 1 为高压小流量泵，其流量应略大于最大工作进给速度所需的流量，其流量与液压泵 2 流量之和应等于液压系统快速运动所需的流量，其工作压力由溢流阀 5 调定。液压泵 2 为低压大流量泵(两泵的流量也可相等)，其工作压力应低于液控顺序阀 3 的调定压力。

空载时，液压系统的压力低于液控顺序阀 3 的调定压力，阀 3 关闭，泵 2 输出的油液经单向阀 4 与泵 1 输出的油液汇集在一起进入液压缸，从而实现快速运动。当系统工作进给承受负载时，系统的压力升高至大于阀 3 的调定压力，阀 3 打开，单向阀 4 关闭，泵 2 的油液经阀 3 流 回油箱，泵 2 处于卸荷状态。此时系统仅由小泵 1 供油；实现快速进给，其工作压力由阀 5 调节。

这种快速回路功率利用合理，效率较高，缺点是回路较复杂，成本较高。常用于快、慢速差值较大的组合机床、注塑机等设备的液压系统中。

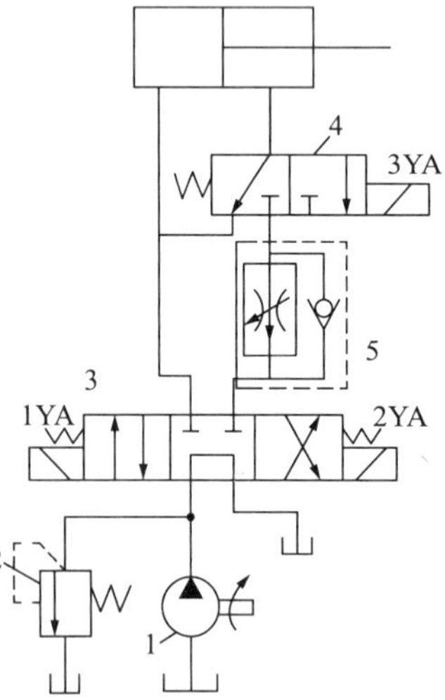

图 3-58 差动连接快速运动回路

1-定量泵；2-溢流阀；3-三位四通换向阀；4-二位三通电磁换向阀；5-单向调速阀

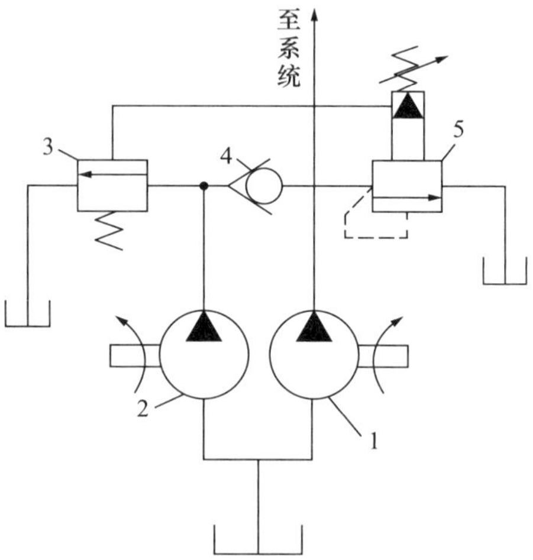

图 3-59 双泵供油的快速运动回路

1-高压小流量泵；2-低压大流量泵；3-顺序阀；4-单向阀；5-溢流阀

3.采用蓄能器的快速运动回路

对于间歇运转的液压机械，当执行元件间歇或低速运动时，泵向蓄能器充油。而在工作循环中，当某一工作阶段执行元件需要快速运动时，蓄能器作为泵的辅助动力源，可与泵同时向系统提供压力油。

如图 3-60 所示，将换向阀移到阀右位时，蓄能器所储存的液压油即可释放出来加到液压缸，活塞快速前进。例如，活塞在做加压等操作时，液压泵即可对蓄能器充压（蓄油）。当换向阀移到阀左位时，蓄能器液压油和泵排出的液压油同时送到液压缸的活塞杆端，活塞快速回行。这样，系统中可选用流量较小的油泵及功率较小的电动机，可节约能源并降低油温。

4.采用增速缸的快速回路

如图 3-61 所示，该回路中的增速缸是由活塞缸和柱塞缸复合而成。当电磁铁 1YA 通电，换向阀左位工作，液压泵输出的压力油经柱塞孔进入 3 腔，使活塞快进，增速缸 1 腔内产生局部真空，便通过液控单向阀 5 从油箱 6 中补油。活塞快进结束时，使电磁铁 3YA 通电，阀 4 右位工作，压力油便同时进入增速缸 1 腔和 3 腔，此时因活塞有效工作面积增大，便可获得大的推力、低速运动，以实现工作进给。当电磁铁 2YA 通电时，压力油进入 2 腔，同时打开液控单向阀 5，活塞快退。这种回路功率利用较合理，但结构较为复杂，常用于液压机液压系统。

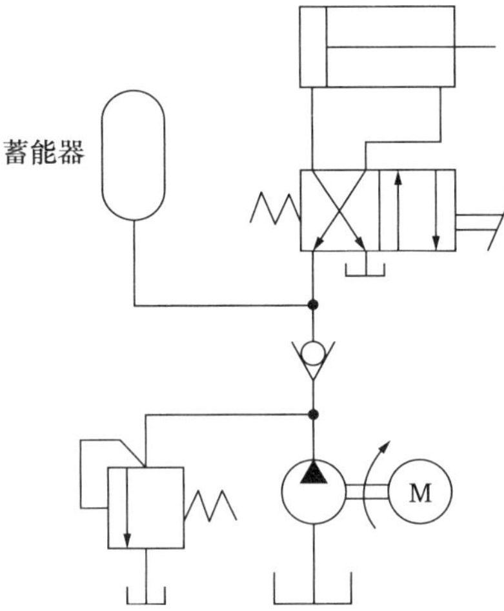

图 3-60　采用蓄能器的快速运动回路

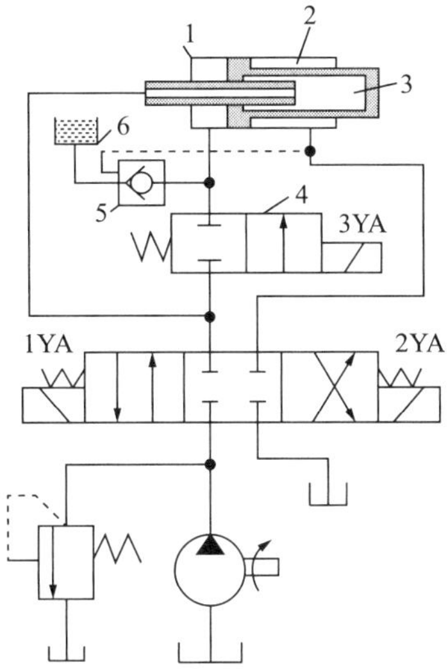

图 3-61　采用增速缸的快速回路

1、2、3-增速缸腔体；4-二位二通换向阀；5-液控单向阀；6-高位油箱

(三)速度转换回路

设备工作部件在实现自动工作循环过程中，需要进行速度的转换。例如，由快速转换成慢速的工作，或两种慢速的转换等。这种实现速度转换的回路，应能保证速度转换的平稳、可靠，不出现前冲的现象。

1.快慢速转换回路

(1)用电磁换向阀的快慢速转换回路。如图 3-62 所示，该回路是利用二位二通电磁换向阀与调速阀并联实现快速转慢速的回路。当图中电磁铁 1YA 和 3YA 同时通电时，压力油经阀 4 进入液压缸左腔，缸右腔回油，工作部件实现快进；当运动部件上的挡块碰到行程开关使 3YA 电磁铁断电时，阀 4 油路断开，调速阀 5 进入油路。压力油经调速阀 5 进入液压缸左腔，缸的右腔回油，工作部件以阀 5 调节的速度实现工作进给。这种速度转换回路，速度换接快，行程调节比较灵活，电磁阀可安装在液压站的阀板上，也便于实现自动控制，应用很广泛。其缺点是平稳性较差。

(2)用行程阀的快慢速转换回路。如图 3-63 所示，该回路是用单向行程阀的快慢速转换回路。当电磁铁 1YA 通电时，压力油进入液压缸左腔，缸右腔经行程阀 5 回油，工作部件实现快速运动。当工作部件上的挡块压下行程阀时，其回路被切断，缸右腔油液只能经过调速阀流回油箱，从而转变为慢速运动。

在这种回路中，行程阀的阀口是逐渐关闭(或开启)的，速度的换接比较平稳，比采用电器元件更可靠，其缺点是行程阀必须安装在运动部件附近，有时管路接得很长，压力损失较大。因此多用于大批量生产的专机液压系统中。

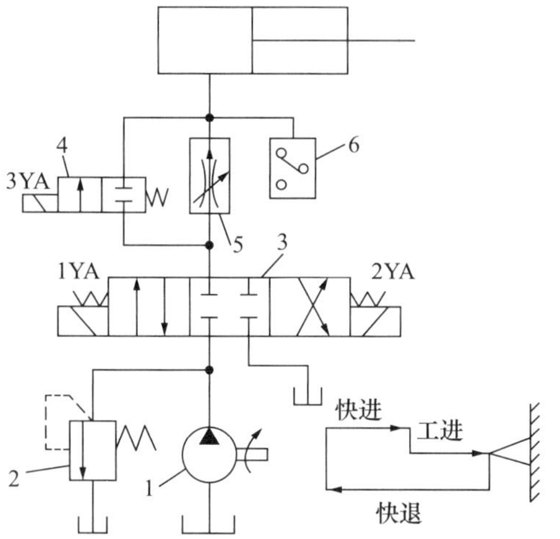

图 3-62　用电磁换向阀的快慢速转换回路

1-定量泵；2-溢流阀；3-三位四通换向阀；4-二位二通换向阀；5-调速阀；6-压力继电器

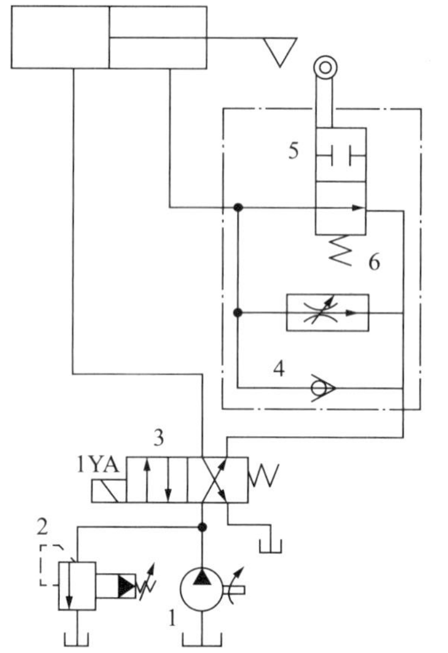

图 3-63　用行程阀的快慢速转换回路

1-定量泵；2-先导式溢流阀；3-二位四通电磁换向阀；4-单向阀；5-行程阀；6-调速阀

2.两种慢速转换回路

(1)调速阀串联的慢速转换回路。如图 3-64 所示，该回路是由调速阀 3 和 4 串联组成的慢速转换回路。当电磁铁 1YA 通电时，压力油经调速阀 3 和二位二通电磁换向阀 5 左位进入液压缸左腔，缸右腔回油，运动部件得到由阀 3 调节的第一种慢速运动。当电磁铁 1YA 和 3YA 同时通电时，压力油须经调速阀 3 和 4 进入缸的左腔，缸右腔回油，由于调速阀 4 的开口比调速阀 3 的开口小，因而运动部件得到由阀 4 调节的第二种更慢的运动速度，实现了两种慢速的转换。

在这种回路中，调速阀 4 的开口必须比调速阀 3 的开口小，否则调速阀 4 将不起作用。该种回路常用于组合机床中实现二次进给的油路中。

(2)调速阀并联的慢速转换回路。如图 3-65(a)所示，该回路是调速阀 4 和 5 并联组成的慢速转换回路。当电磁铁 IYA 通电时，压力油经调速阀 4 进入液压缸左腔，缸右腔回油，工作部件得到由阀 4 调节的第一种慢速运动，这时阀 5 不起作用；当电磁铁 1YA 和 3YA 同时通电时，压力油须经调速阀 5 进入缸的左腔，缸右腔回油。工作部件得到由阀 5 调节的第二种慢速运动，这时阀 4 不起作用。

这种回路当一个调速阀工作时，另一个调速阀的油路被封死，其减压阀口全开。当电磁换向阀换位其出油口与油路接通的瞬时，压力突然减小，减压阀口来不及关小，瞬时流量增加，会使工作部件出现前冲现象。

如果将二位三通换向阀换用二位五通换向阀，并按图 3-65(b)所示接法连接。当一个调速阀工作时，另一个调速阀仍有油液流过，且它的阀口前后保持一定的差值，其内部减压阀开口较小，换向阀换位使其接入油路工作时，出口压力不会减小，因而可克服工作部件的前冲现象，使速度换接平稳。但这种回路有一定的能量损失。

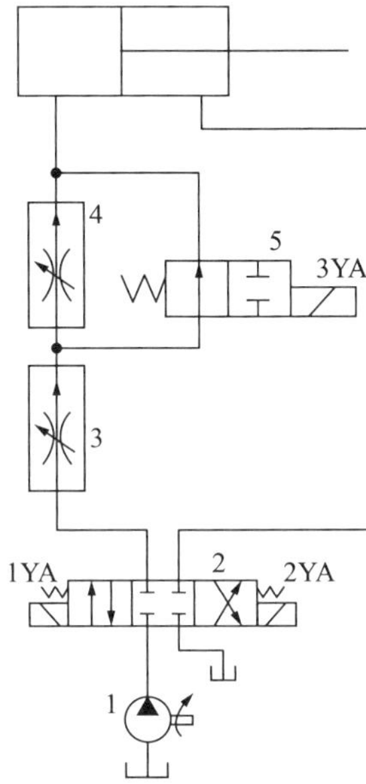

图 3-64　调速阀串联的慢速转换回路

1-单向定量泵；2-三位四通电磁换向阀；
3、4-调速阀；5-二位二通电磁换向阀

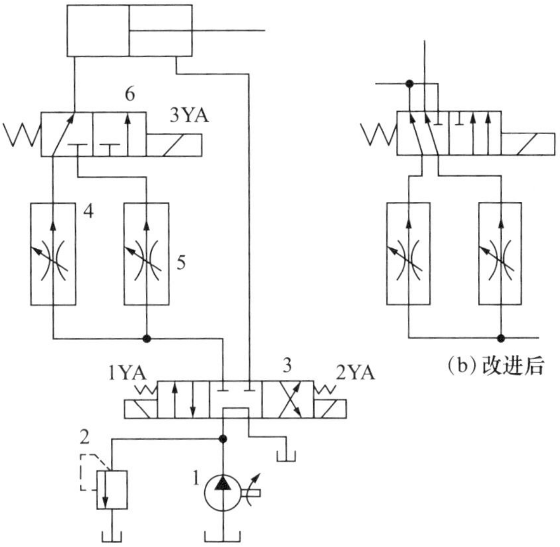

图 3-65　调速阀并联的慢速转换回路

1-定量泵；2-溢流阀；3、6-换向阀；4、5-调速阀

(四)速度控制回路常见故障分析

液压系统在工作过程中，除了必须满足主机对力或扭矩的需要之外，还要通过速度控制回路满足其对运动速度的要求。速度控制回路常见故障如下。

(1)载荷增加导致进给速度显著下降。其原因有：

①液压缸活塞或系统中某一或几个元件的泄漏随载荷压力增高而显著加大。

②调速阀中的减压阀卡死于打开位置，则在负载增加时通过节流阀的流量下降。

③液压系统中油温升高，油液黏度下降，导致泄漏增加。

(2)执行机构(液压缸、液压马达)无低速进给。其原因有：

①调速阀中定差减压阀的弹簧过软，使节流阀前后压差低于 0.2～0.35 MPa，导致通过调速阀的小流量不稳定。

②调速阀中减压阀卡死，造成节流阀前后压差随外负载而变。常见的是由于小进给时负载较小，导致最小进给量增大。

③节流阀的节流口堵塞，导致无小流量或进入小流量的油液不稳定。

(3)执行机构(液压缸、液压马达)出现爬行。其原因有：

①系统中进入空气。

②节流阀的阀口堵塞，系统泄漏不稳定，调速阀中减压阀不灵活，造成流量不稳定而引起爬行。

③由于油缸与执行机构连接不同心、活塞杆密封压得过紧、活塞弯曲变形等原因，导致液压缸工作行程时摩擦阻力变化较大而引起爬行。

④在回油节流调速系统中，液压缸背压不足，外负载变化时，导致液压缸速度变化。

⑤液压泵流量脉动大，溢流阀振动造成系统压力脉动大，使液压缸输入压力油波动而引起爬行。

【任务实施】

速度控制回路安装调试及故障排除

1.任务实施目的

(1)加深理解调速回路的组成及工作原理。

(2)加深理解快速运动回路的组成及工作原理。

(3)加深理解速度换接回路的组成及工作原理。

2.任务实施要求

(1)拟订液压回路实验方案(包括液压系统原理图)。

(2)确定控制方式。

(3)写出实验操作步骤。

3.任务实施步骤

(1)接照液压油路原理图的要求，取出所需要的液压元件。

(2)将液压组件安装在试验台面板的合理位置，固定牢靠。

(3)通过快速接头和液压软管按回路要求连接管路，要求连接可靠。

(4)对照实验回路原理图，检查连接是否正确。

(5)确认无误后，进入下一步。进行液压回路调试。先松开溢流阀，启动油泵，让泵空转1～2 min，慢慢调节溢流阀，使泵的出口压力调至适当值。调节节流阀或调速阀至适当开度。

(6)根据每个回路的原理解说，进行逐项实验进行实验分析，并完成实验报告。实验完毕后，清理实验台，将各元器件放入原来的位置。

任务四　多缸工作控制回路

【任务描述】

在液压系统中，一个油源往往要驱动多个液压缸或液压马达工作。系统工作时，要求这些执行元件或顺序动作，或同步动作，或互锁，或防止互相干扰，因而需要实现这些要求的各种多缸工作控制回路。液压多缸工作控制回路是液压系统中用一个液压泵向多个液压缸输送压力油，使各液压缸完成预定功能的控制回路。其包括顺序动作回路、同步回路、互锁回路和快慢速互不干扰回路。熟悉多缸工作控制回路的工作及调试。

【知识准备】

一、顺序动作回路安装调试及故障排除

顺序动作回路的功用是使多缸液压系统中的各液压缸按规定的顺序动作。它可分为行程控制回路和压力控制回路两大类。

1.行程控制的顺序动作回路

如图 3-66(a)所示，该回路是用行程阀 2 及电磁阀 1 控制 A、B 两液压缸实现①、②、③、④工作顺序的回路，在图示状态下 A、B 两液压缸活塞均处于右端位置。当电磁阀 1 通电时，压力油进入 B 缸右腔，B 缸左腔回油，其活塞左移实现动作①；当 B 缸工作部件上的挡块压下行程阀 2 后，压力油进入 A 缸右腔，A 缸左腔回油，其活塞左移实现动作②。当电磁阀 1 断电时，压力油先进入 B 缸左腔，B 缸右腔回油，其活塞右移，实现动作③；当 B 缸运动部件上的挡块离开行程阀使其恢复下位工作时，压力油经行程阀进入 A 缸的左腔，A 缸右腔回油，其活塞右移实现动作④。

这种回路工作可靠，动作顺序的换接平稳，但改变工作顺序困难，且管路长，压力损失大，不易安装。其主要用于专用机械的液压系统。

如图 3-66(b)所示，该回路是用行程开关控制电磁换向阀 4 的通电顺序来实现 A、B 两液压缸按①、②、③、④顺序动作的回路。在图示状态下，电磁阀 3、4 均不通电，两液压缸的活塞均处于右端位置。当电磁阀 3 通电时，压力油进入 A 缸的右腔，其左腔回油，活塞左移实现动作①。当 A 缸工作部件上的挡块碰到行程开关 S_1 时，S_1 发出信号使电磁阀 4 通电换为左位工作。这时压力油进入 B 缸右腔，缸左腔回油，活塞左移实现动作②。当 B 缸工作部件上的挡块碰到行程开关 S_2 时，S_2 发出信号使电磁阀 3 断电换为右位工作。这时压力油进入 A 缸左腔，其右腔回油，活塞右移实现动作③。当 A 缸工作部件上的挡块碰到行程开关 S_3 时，S_3 发出信号使电磁阀 4 断电换为右位工作。这时压力油进入 B 缸左腔，缸右腔回油，活塞右移实现动作④。当 B 缸工作部件上的挡块碰到行程开关 S_4 时，S_4 发出信号使电磁阀 3 通电，开始下一个工作循环。

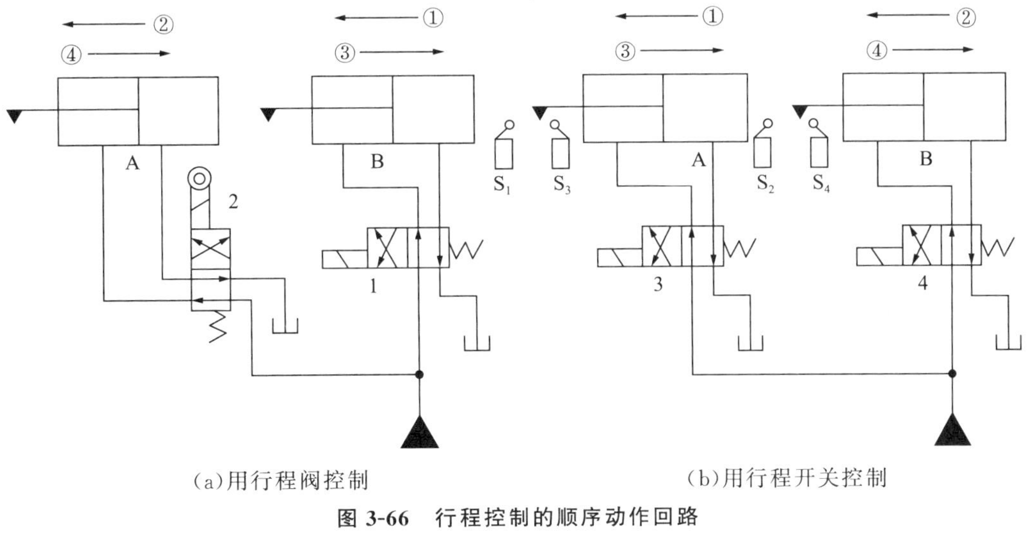

(a)用行程阀控制　　(b)用行程开关控制

图 3-66　行程控制的顺序动作回路

这种回路的优点是控制灵活方便，其动作顺序更换容易，液压系统简单，易实现自动控制。但顺序转换时有冲击声，位置精度与工作部件的速度和质量有关；而可靠性则由电器元件的质量决定。

2.压力控制的顺序动作回路

如图 3-67 所示，该回路为用普通单向顺序阀 2、3 与电磁换向阀 1 配合动作，使 A、B 两液

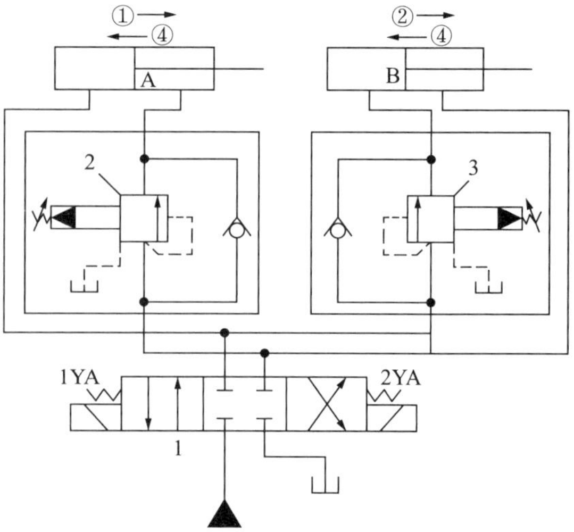

图 3-67 压力控制的顺序动作回路

压缸实现①、②、③、④顺序动作回路。图示位置，换向阀 1 处于中位停止状态，A、B 两液压缸的活塞均处于左端位置。当电磁铁 1YA 通电，阀 1 左位工作时，压力油先进入 A 缸左腔，其右腔经阀 2 中单向阀回油，其活塞右移实现动作①。当 A 缸活塞行至终点停止时，系统压力升高。当压力升高到阀 3 中顺序阀的调定压力时，顺序阀开启，压力油进入 B 缸左腔，B 缸右腔回油，活塞右移实现动作②。当电磁铁 2YA 通电，阀 1 右位工作时，压力油先进入 B 缸右腔，B 缸左腔经阀 3 中的单向阀回油，其活塞左移实现动作③。当 B 缸活塞左移至终点停止时，系统压力升高。当压力升高到阀 2 中顺序阀的调定压力时，顺序阀开启，压力油进入 A 缸右腔，A 缸左腔回油，活塞左移实现动作④。当 A 缸活塞左移至终点时，可用行程开关控制电磁换向阀 1 断电换为中位停止，也可再使 1YA 电磁铁通电开始下一个工作循环。

这种回路工作可靠，可以按照要求调整液压缸的动作顺序。顺序阀的调整压力应比先动作液压缸的最高工作压力高(中压系统应为 0.8 MPa 左右)，以免在系统压力波动较大时产生误动作。

二、同步回路安装调试及故障排除

使两个或多个液压缸在运动中保持相同速度或相同位移的回路，称为同步回路。例如，龙门刨床的横梁、轧钢机的液压系统均需同步运动回路。

1.用调速阀控制的同步回路

如图 3-68 所示，该回路为用两个单向调速阀控制并联液压缸的同步回路。图中两个调速阀可分别调节进入两个并联液压缸下腔的流量，使两液压缸向上伸出的速度相等。这种回路可用于两液压缸有效工作面积相等时，也可以用于两缸有效面积不相等时。其结构简单，使用方便，且可以调速。其缺点是受油温变化和调速阀性能差异的影响，不易保证位置同步，速度的同步精度也较低，一般为 5%～7%，用于同步精度要求不高的液压系统。

2.带补偿装置的串联液压缸同步回路

如图 3-69 所示，该回路中的两个液压缸 A、B 串联，B 缸下腔的有效工作面积等于 A 缸上腔的有效工作面积。若无泄漏，两缸可同步下行。但有泄漏及制造误差，因此同步误差较大。采用液控单向阀 3、电磁换向阀 2 和 4 组成的补偿装置可使两缸每一次下行终点的位置同步误差得到补偿。

其补偿的原理是：当换向阀 1 右位工作时，压力油进入 B 缸上腔，B 缸下腔油液流入 A 缸上腔，A 缸下腔回油，这时两活塞同步下行。若 A 缸活塞先到达终点，它就触动行程开关 S_1 使电磁阀 4 通电换为上位工作。这时压力油经阀 4 将液控单向阀 3 打开，同时继续进入 B 缸上腔，B 缸下腔的油液可经单向阀 3 及电磁换向阀 2 流回油箱，使 B 缸活塞能继续下行到终点位置。若B缸活塞先到达终点，它就触动行程开关S_2，使电磁阀2通电换为右位工作。这时压力油可经阀2、阀3继续进入A缸上腔，使A缸活塞继续下行到终点位置。

这种回路适用于终点位置同步精度要求较高的小负载液压系统。

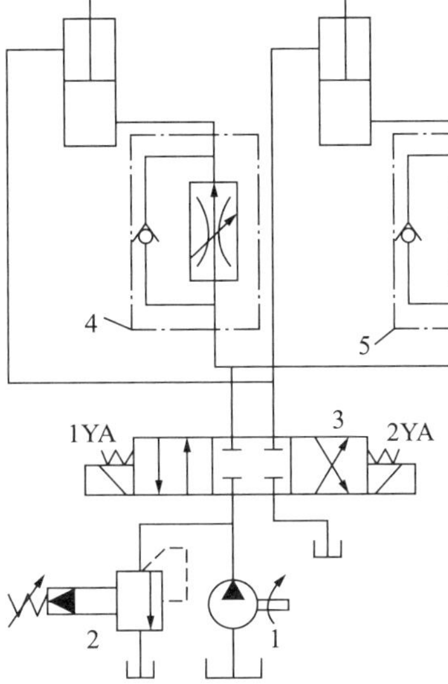

图 3-68　调速阀控制并联液压缸的同步回路

1-泵；2-溢流阀；3-换向阀；4、5-单向调速阀

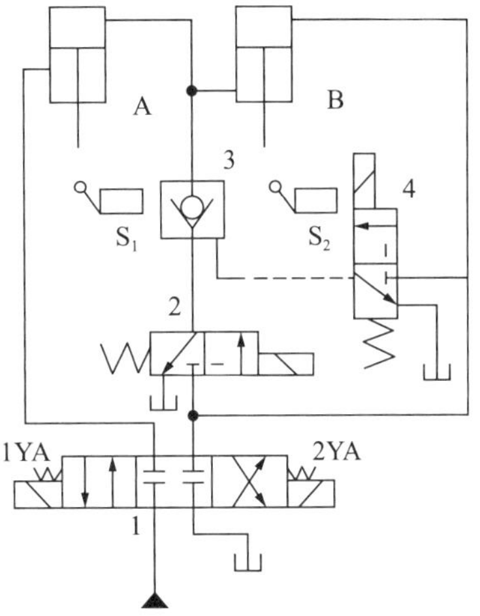

图 3-69　带补偿装置的串联液压缸同步回路

1、2、4-换向阀；3-液控单向阀

3.机械连接实现同步的回路

图3-70所示为机械连接实现同步回路。取两支（或若干支）液压缸运用机械装置（如齿轮或刚性梁）将其活塞杆连接在一起，使它们的运动相互受牵制，即可不必在液压系统中采取任何措施而达到同步。此种同步方法简单、工作可靠，但不宜使用在两缸距离过大或两缸负载差别过大的场合。

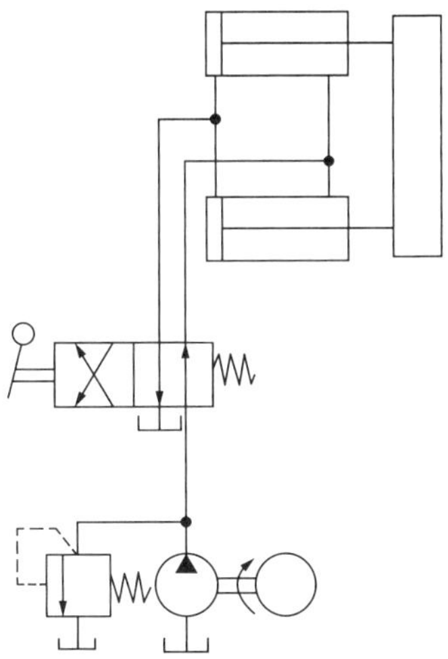

图 3-70　机械连接实现同步回路

三、互锁回路安装调试及故障排除

在多缸工作的液压系统中，有时要求在一个液压缸运动时不允许另一个液压缸有任何运动，因此常采用液压缸互锁回路。

如图3-71所示，该回路为双缸并联互锁回路。当三位六通电磁换向阀3处于中位，液压缸B停止工作时，二位二通液动换向阀1右端的控制油路（虚线）经阀3中位与油箱连通，因此其左位接入系统。这时压力油可经阀1、阀2进入A缸使其工作。当阀3左位或右位工作时，压力油可进入B缸使其工作。这时压力油还进入了阀1右端使其右位接入系统，因而切断了A缸的进油路，使A缸不能工作，从而实现了两缸运动的互锁。

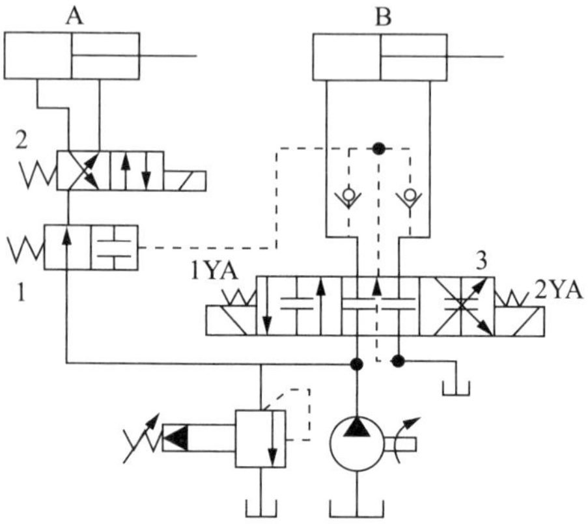

图 3-71　双缸并联互锁回路

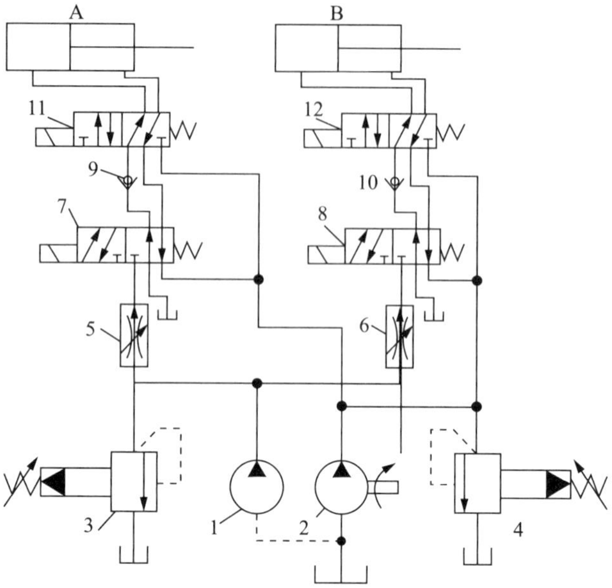

图 3-72　采用双泵分别供油的快慢速互不干扰回路

四、多缸快慢速互不干扰回路安装调试及故障排除

在一泵多缸的液压系统中，往往会出现由于一个液压缸转为快速运动的瞬时，吸入相当大的流量而造成系统压力的下降，影响其他液压缸工作的平稳性。因此，在速度平稳性要求较高的多缸系统中，常采用快慢速互不干扰回路。

如图 3-72 所示，该回路为采用双泵分别供油的快慢速互不干扰回路。液压缸 A、B 均需完成“快进→工进→快退”自动工作循环，且要求工进速度平稳。该油路的特点是：两缸的“快进”和“快退”均由低压大流量泵 2 供油，两缸的工进均由高压小流量泵 1 供油。快速和慢速的供油渠道不同，因而避免了互相的干扰。

图示位置电磁换向阀 7、8、11、12 均不通电，液压缸 A、B 活塞均处于左端位置。当阀 11、阀 12 通电左位工作时，泵 2 供油，压力油经阀 7、阀 11 与 A 缸两腔相通，使 A 缸活塞差动快进；同时泵 2 的压力油经阀 8、阀 12 与 B 缸两腔相连，使 B 缸活塞差动快进。当阀 7、阀 8 通电左位工作时，阀 11、阀 12 断电换为右位时，液压泵 2 的油路被封闭不能进入液压缸 A、B。泵 1 供油，压力油经调速阀 5、换向阀 7 左位、单向阀 9、换向阀 11 右位进入 A 缸左腔，A 缸右腔经阀 11 右位，阀 7 左位回油，A 缸活塞实现工进，同时泵 1 压力油经调速阀 6、换向阀 8 左位、单向阀 10、换向阀 12 右位进入 B 缸左腔，B 缸右腔经阀 12 右位、阀 8 左位回油，B 缸活塞实现工进。这时若 A 缸工进完毕，使阀 7、阀 11 均通电换为左位，则 A 缸换为泵 2 供油快退。其油路为：泵 2 经阀 11 左位进入 A 缸右腔，A 缸左腔经阀 11 左位、阀 7 左位回油。这时由于 A 缸不由泵 1 供油，因而不会影响 B 缸工进速度的平稳性。当 B 缸工进结束，阀 8、阀 12 均通电换为左位，也由泵 2 供油实现快退。由于快退时为空载，对速度平稳性要求不高，故 B 缸转为快退时，对 A 缸快退无太大影响。

两缸工进时的工作压力由泵 1 出口处的溢流阀 3 确定，压力较高；两缸快速时的工作压力由泵 2 出口处的溢流阀 4 限定,压力较低。

【任务实施】

顺序阀控制两个液压缸的单行程顺序回路

1.实施步骤

(1)在实验台上按图 3-73 搭接顺序动作实验回路,将电磁铁插头按标示插入实验台扩展模板输出区对应的插座。

(2)实验时,当电磁铁断电时,油缸Ⅰ右行实现动作①,当油缸Ⅰ工作负载大于顺序阀的设定压力值时,顺序阀打开,油缸Ⅱ右行实现动作②;当电磁铁通电时,油缸Ⅱ左行实现动作③,当油缸Ⅱ工作负载大于单向阀的弹簧压力值时,单向阀打开,油缸Ⅰ左行实现动作④。分析液压缸动作顺序,说明顺序阀工作原理。

2.注意事项

(1)液压泵开启前,先卸掉载荷。

(2)实验过程中压力控制在 1 MPa 以内。

(3)实验完毕后,压力归零。

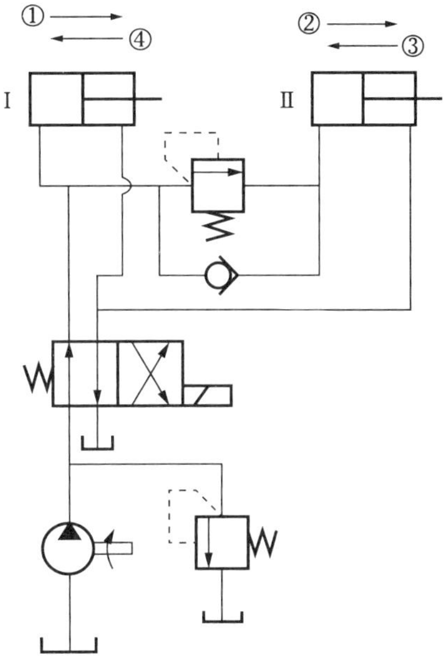

图 3-73　顺序动作回路

【知识拓展】

一、叠加阀

叠加式液压阀简称叠加阀,它是在板式阀集成化基础上发展起来的新型液压元件,是液压系统集成化的一种方式,由叠加阀组成的叠加阀系统如图 3-74 所示。叠加阀系统最下面一般为底板,其上有进、回油口及执行元件的接口。一个叠加阀组一般控制一个执行元件。如系统中有几个执行元件需要集中控制,可将几个叠加阀组竖立并排安装在多连底板块上。

1.叠加阀的优缺点

1)叠加阀的优点

(1)标准化、通用化、集成化程度高,设计、加工、装配周期短。

(2)用叠加阀组成的液压系统结构紧凑、体积小、质量轻及外形美观。

(3)叠加阀可以集中配置在液压站上,也可以分散装配在设备上;配置形式灵活,系统变化时,元件重新组合叠装方便、迅速。

(4)因不用油管连接,压力损失小,泄漏少,振动小,噪声小,动作平稳,使用安全可靠,维修方便。

2)叠加阀的缺点

(1)回路的形式较少,通径较小。

(2)品种规格尚不能满足较复杂和大功率液压系统的需要。

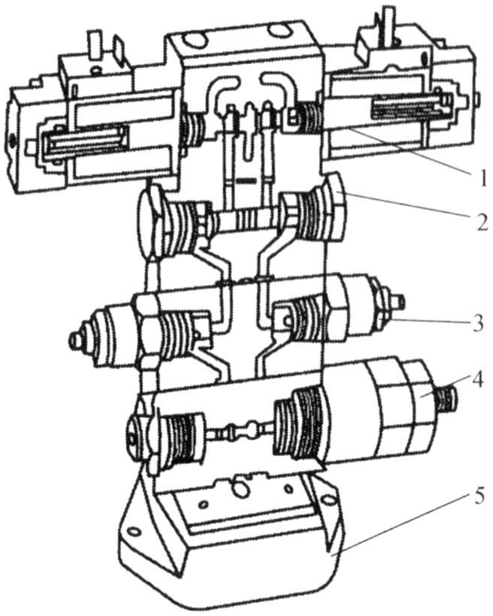

(a)结构图

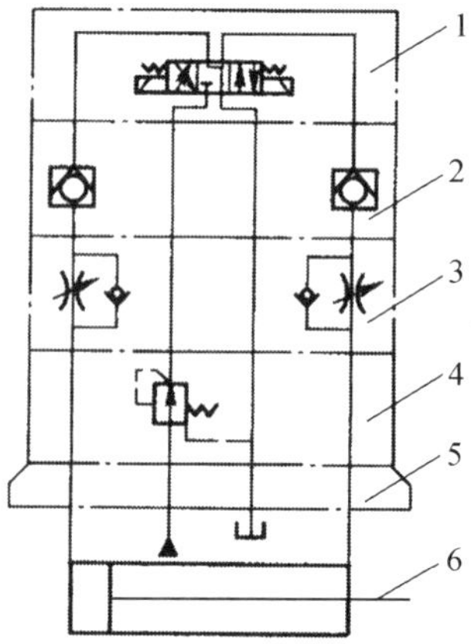

(b)图形符号

图 3-74 叠加阀组成的系统

1-电磁换向阀；2-液控单向阀；3-单向节流阀；4-减压阀；5-底板；6-液压缸

目前，我国已生产 ϕ6 mm、ϕ10 mm、ϕ16 mm、ϕ20 mm、ϕ32 mm 五个通径系列的叠加阀，其连接尺寸符合 ISO 4401 国际标准，最高工作压力为 20 MPa，已广泛应用于冶金、机床、工程机械等领域。

2.叠加式溢流阀

先导型叠加式溢流阀由主阀和先导阀两部分组成，如图 3-75 所示。主阀芯 6 为单向阀二级同心结构，先导阀为锥阀式结构。图 3-75(a)所示为 Y_1-F10D-P/T 型溢流阀的结构原理图，其中 Y 表示溢流阀，F 表示压力等级($p=20$ MPa)，10 表示为 ϕ10 mm 通径系列，D 表示叠加阀，P/T 表示该元件进油口为 P、出油口为 T。

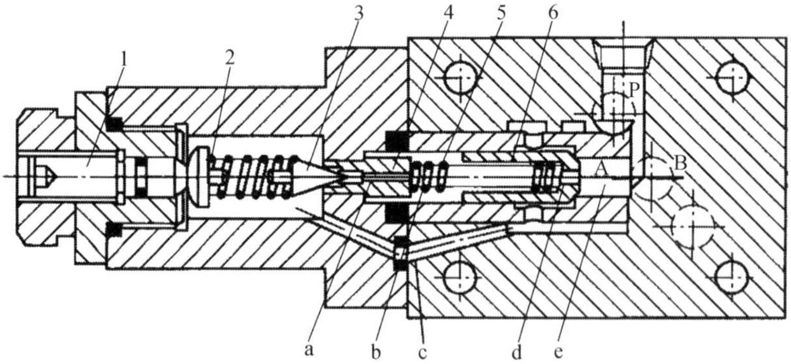

(a)结构图

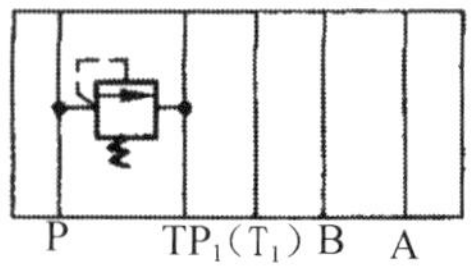

(b)图形符号

图 3-75 叠加式溢流阀

1-推杆；2、5-弹簧；3-锥阀；4-阀座；6-主阀芯

叠加式溢流阀的工作原理与一般的先导式溢流阀相同。它利用主阀芯两端的压力差来移动主阀芯，以改变阀口的开度。油腔 e 和进油口 P 相通，孔 c 和回油口图中无相通，压力油作

用于主阀芯 6 的右端，同时经阻尼孔 d 流入阀芯左端，并经小孔 a 作用于锥阀 3 上。当系统压力低于溢流阀的调定压力时，锥阀 3 关闭，阻尼孔 d 没有液流流过，主阀芯两端液压力相等，主阀芯 6 在弹簧 5 作用下处于关闭位置。当系统压力升高并达到溢流阀的调定值时，锥阀 3 在液压力作用下压缩先导阀弹簧 2 并使阀口打开，于是 b 腔的油液经锥阀阀口和孔 c 流入 T 口。当油液通过主阀芯上的阻尼孔 d 时产生压力降，使主阀芯两端产生压力差，在这个压力差的作用下，主阀芯克服弹簧力和摩擦力向左移动，使阀口打开，溢流阀便实现在一定压力下溢流。调节弹簧 2 的预压缩量便可改变该叠加式溢流阀的调整压力。

3.叠加式调速阀

图 3-76(a)所示为 QA－F6/10D－BU 型单向调速阀的结构原理图。其中，QA 表示流量阀，F 表示压力等级为 20 MPa，6/10 表示该阀阀芯通径为 ϕ6 mm，而其接口尺寸属于 ϕ10 mm 系列的叠加式调速阀，B 表示该阀适用于液压缸 B 腔回路上，U 表示调速节流阀为出口节流。其工作原理与一般调速阀基本相同。当压力为 p 的油液经 B 口进入阀体后，经小孔 f 流至单向阀 1 左侧的弹簧腔，液压力使锥阀式单向阀关闭，压力油经另一孔道进入减压阀 5(分离式阀芯)，油液经控制口后，压力降为 p_1。压力 p_1 的油液经阀芯中心孔 a 流入阀芯左侧弹簧腔，同时作用于大阀芯左侧的环形面积上。当油液经节流阀 3 的阀口流入 e 腔并经出油口 B′引出的同时，油液又经油槽 d 进入腔 c，再经孔道 b 进入减压阀大阀芯右侧的弹簧腔。这时通过节流阀的油液压力为 p，减压阀阀芯上受到 p_1、p_2 的压力和弹簧弹力的作用而处于平衡，从而保证了节流阀两端压力差(p_1-p_2)为常数，也就保证了通过节流阀的流量基本不变。

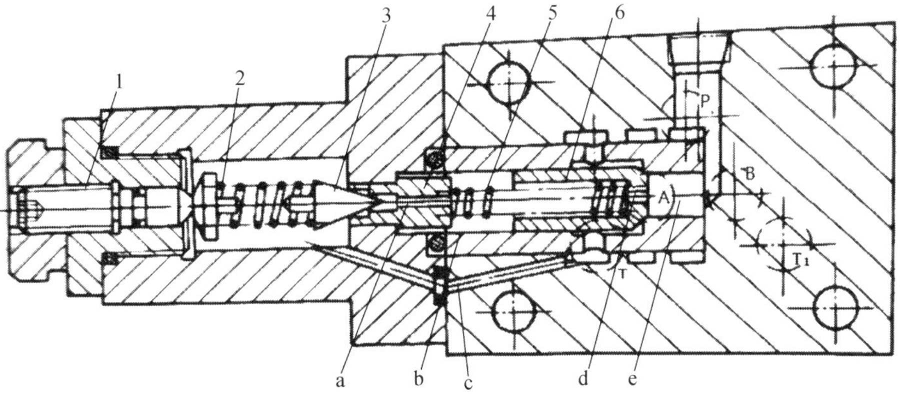

图 3-76　叠加式调速阀

二、插装阀

插装阀的主流产品是二通插装阀，它是在 20 世纪 70 年代初根据各类控制阀阀口在功能上都可视作固定的或可调的或可控液阻的原理，发展起来的一类覆盖压力、流量、方向以及比例控制等的新型控制阀类。它的基本构件为标准化、通用化、模块化程度很高的插装式阀芯、阀套、插装孔和适应各种控制功能的盖板组件，具有通流能力大、密封性好、自动化程度高等特点，已发展成为高压大流量领域的主导控制阀品种。三通插装阀由于结构的通用化、模块化程度远不及二通插装阀，因此，未能得到广泛应用。螺纹式插装阀原先多为工程机械用阀，且往往作为主要阀件（如多路阀）的附件形式出现。近 10 年来在二通插装阀技术的影响下，逐步在小流量范畴内发展成独立体系。

1.二通插装阀技术特征

(1)二通插装阀的单个控制组件都可以按照液阻理论，做成一个单独受控的阻力。这种结构被称为单个控制阻力。

(2)这些"单个控制阻力"由主级和先导级组成，根据先导控制信号独立地进行控制。这些控制信号可以是开关式的，也可以是位置调节、流量调节和压力调节等连续信号。

(3)根据对每一个排油腔的控制主要是对它的进油和回油的阻力控制的基本准则，因此原则上可以对一个排油腔分别设置一个输入阻力和一个输出阻力。按照这种原理工作的控制回路被称为单个控制阻力回路。

正是由于这些技术特征，使液压系统的设计发生了很大的变化。二通插装控制技术具有以下优点：

(1)通过组合插件与阀盖，可构成方向、流量以及压力等多种控制功能。

(2)流动阻尼小，通流能力大，特别适用于大流量的场合。插装阀的最大通径可达 200～250 mm，通过的流量可达 10 000/min。

(3)由于绝大部分是锥阀式结构，内部泄漏非常小，无卡死现象。

(4)动作速度快。因为它靠锥面密封和切断油路，阀芯稍一抬起，油路马上接通。阀芯的行程较小，质量较滑阀轻，因此阀芯动作灵敏，特别适合于高速开启的场合。

(5)抗污染能力强，工作可靠。

(6)结构简单，易于实现元件和系统的"三化"，并简化系统。

2.插装阀的结构和工作原理

1)插装阀的工作原理

插装阀的结构及图形符号如图 3-77 所示。它由控制盖板、插装单元（由阀套、弹簧、阀芯及密封件组成）、插装块体和先导控制阀（如先导阀为二位三通电磁换向阀，如图 3-78 所示）组成。由于这种阀的插装单元在回路中主要起通、断作用，故又称二通插装阀。二通插装阀的工作原理相当于一个液控单向阀。图中 A 和 B 为主油路仅有的两个工作油口，K 为控制油口（与先导阀相接）。当 K 口无液压力作用时，阀芯受到的向上的液压力大于弹簧力，阀芯开启，A 与 B 相通，至于液流的方向，视 A、B 口的压力大小而定。反之，当 K 口有液压力作用时，且 K 口的油液压力大于 A 口和 B 口的油液压力，才能保证 A 口与 B 口之间关闭。

2)插装阀的类型及结构

插装阀与各种先导阀组合，便可组成插装方向阀、插装压力阀和插装流量阀。

(1)插装方向阀。插装阀组成各种方向控制阀如图 3-79 所示。在图 3-79(a)中，当 $p_A > p_B$ 时，阀芯关闭，A 与 B 不通；而当 $p_B > p_A$ 时，阀芯开启，油液从 B 流向 A。在图 3-79(b)中，当

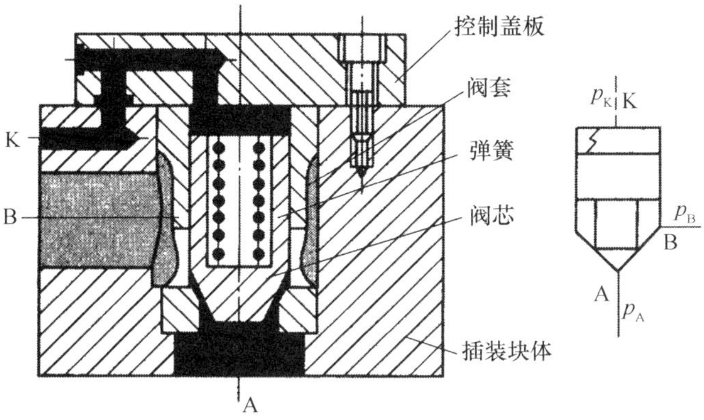

(a)结构　　(b)图形符号

图 3-77 插装阀

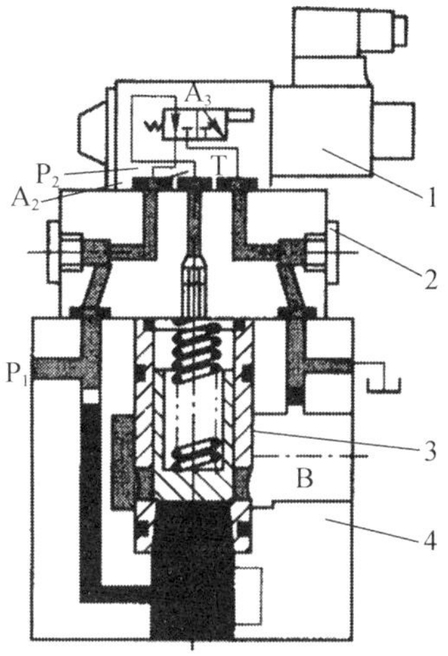

图 3-78 先导式插装阀

1-先导控制阀;2-控制盖板;
3-逻辑单元(主阀);4-阀块体

二位三通电磁阀断电时,阀芯开启,A 与 B 接通;电磁阀通电时,阀芯关闭,A 与 B 不通。在图 3-79(c)中,当二位四通电磁阀断电时,A 与 T 接通;电磁阀通电时,A 与 P 接通。在图 3-79(d)中,电磁阀断电时,P 与 B 接通,A 与 T 接通;电磁阀通电时,P 与 A 接通,B 与 T 接通。

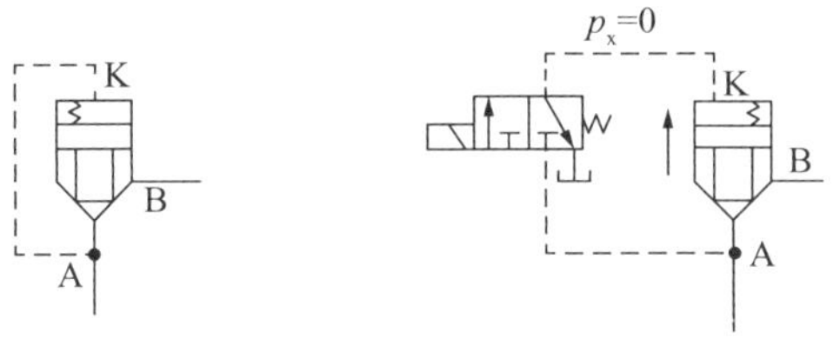

(a)单向阀　　(b)二位二通阀

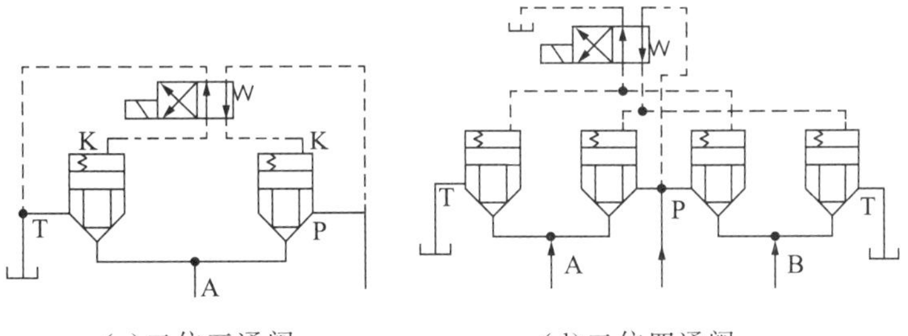

(c)二位三通阀　　(d)二位四通阀

图 3-79 插装方向阀

(2)插装压力阀。插装阀组成压力控制阀如图 3-80 所示。在图 3-80(a)中,如 B 接油箱,则插装阀用作溢流阀,其原理与先导式溢流阀相同;如 B 接负载时,则插装阀起顺序阀作用。图 3-80(b)所示为电磁溢流阀,当二位二通电磁阀通电时起卸荷作用。

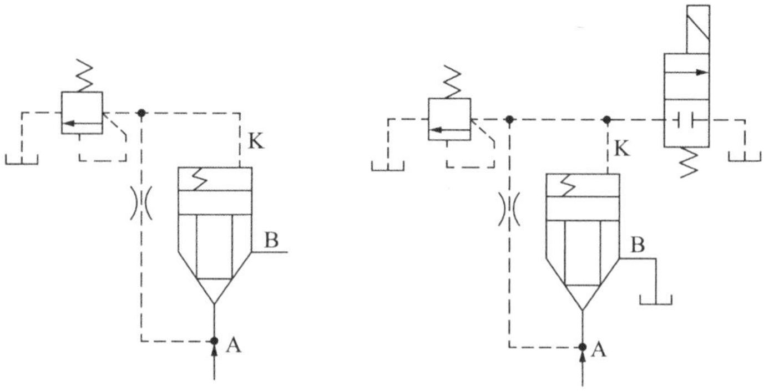

(a)溢流阀　　(b)电磁溢流阀

图 3-80　插装压力阀

(3)插装流量阀。插装流量阀的结构及图形符号如图 3-81 所示。在插装阀的控制盖板上有阀芯限位器,用来调节阀芯开度,从而起到流量控制阀的作用。若在插装流量阀前串联一个定差减压阀,则可组成二通插装调速阀。

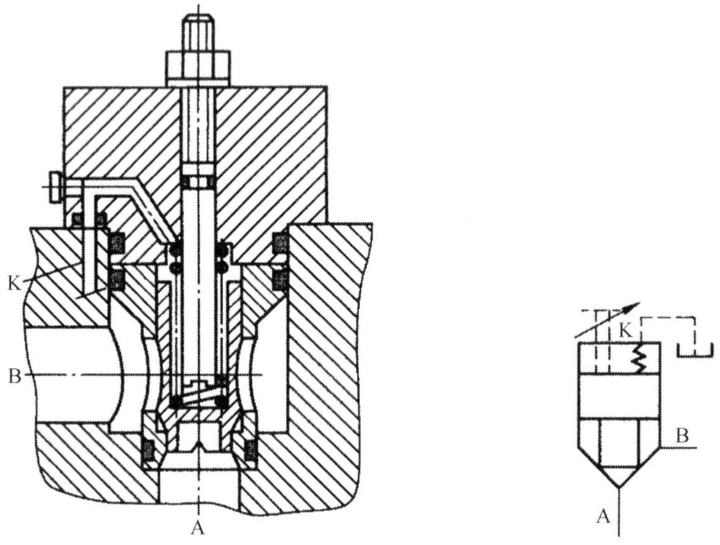

(a)结构图　　(b)图形符号

图 3-81　插装流量阀

三、比例阀

电液比例阀简称比例阀,它是一种输出量与输入量成比例的液压阀。它可以按给定的输入信号连续成比例地控制液流的压力、流量和方向,实现连续控制。

按用途的不同,比例阀可分为比例压力阀(如比例溢流阀、比例减压阀、比例顺序阀)、比例流量阀(如比例节流阀、比例调速阀)和比例方向阀(如比例方向节流阀、比例方向调速阀)。

1.比例阀的特点

(1)能实现自动控制、远程控制和程序控制。

(2)能把电的快速、灵活等优点与液压传动功率大等特点结合起来。

(3)能连续地、按比例地控制执行元件的力、速度和方向,并能防止压力或速度变化及换向时的冲击现象。

(4)简化了系统,减少了元件的使用量。

(5)制造简便,价格比伺服阀低廉,但比普通液压阀高。由于在输入信号与比例阀之间需设置直流比例放大器,相应增加了投资费用。

(6)使用条件、保养和维护与普通液压阀相同,抗污染性能好。

(7)具有优良的静态性能和适当的动态性能,动态性能虽比伺服阀低,但已经可以满足一般工业控制的要求。

(8)效率比伺服阀高。

(9)主要用于开环系统,也可组成闭环系统。

2.比例压力阀

比例压力阀按用途不同,有比例溢流阀、比例减压阀和比例顺序阀之分。按结构特点不同,则有直动型比例压力阀和先导型比例压力阀之别。

先导型比例压力阀包括主阀和先导阀两部分。其主阀部分与普通压力阀相同,而其先导阀本身就是直动型比例压力阀,它是以电-机械转换器(比例电磁铁、伺服电机或步进电机)代替普通直动型压力阀上的手动机构而成。

1)直动型比例压力阀

图 3-82 所示为直动锥阀式比例压力阀。比例电磁阀 1 通电后产生吸力经推杆 2 和传力弹簧 3 作用在锥阀上,当锥阀底面的液压力大于电磁吸力时锥阀被顶开而溢流。连续地改变控制电流的大小,即可连续地按比例地控制锥阀的开启压力。直动型比例压力阀可作为比例先导压力阀用,也可作远程调压阀用。

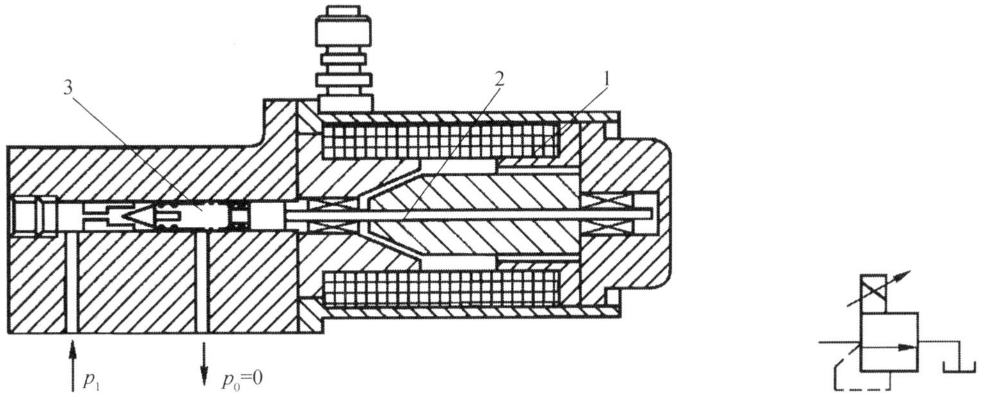

(a)结构图　　(b)图形符号

图 3-82　直动锥阀式比例压力阀

1-比例电磁阀;2-推杆;3-传力弹簧

2)先导锥阀式比例溢流阀

图 3-83 所示为比例溢流阀,其下部为与普通溢流阀相同的主阀,上部则为比例先导压力阀,该阀还附有一个手动调整的先导阀 9,用以限制比例溢流阀的最高压力。以避免因电子仪器发生故障使得控制电流过大,压力超过系统允许最大压力的可能性。如将比例先导压力阀的回油及先导阀 9 的回油都与主阀回油分开,则图示比例溢流阀可作比例顺序阀使用。

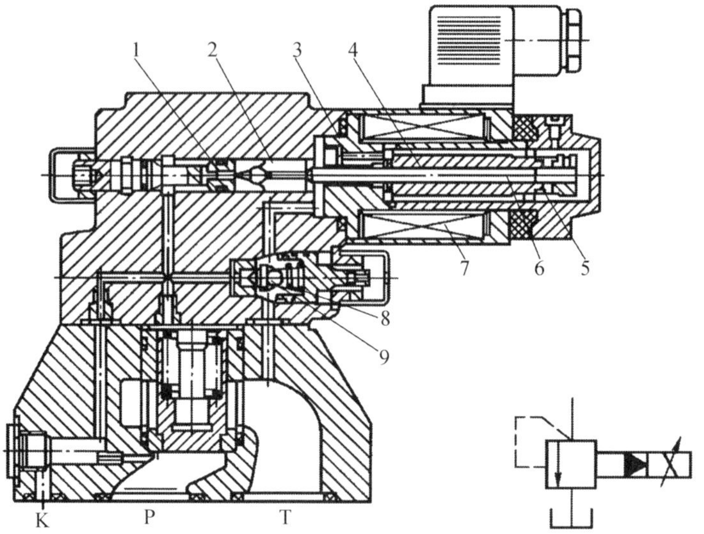

(a)结构图 (b)图形符号

图 3-83 先导锥阀式比例溢流阀

1-阀座;2-先导锥阀;3-轭铁;4-衔铁;5、8-弹簧;6-推杆;7-线圈;9-先导阀

3)先导喷嘴挡板式比例减压阀

如图 3-84 所示,动铁式力马达推杆 3 的端部起挡板作用,挡板的位移(即力马达的衔铁位移)与输入的控制电流成比例从而改变喷嘴挡板之间的可变液阻,控制了喷嘴前的先导压力。此力马达的结构特点是:衔铁采用左、右两片铍青铜弹簧片悬挂的形式,衔铁可以与导套不接触,从而消除了衔铁组件运动时的摩擦力。所以在工作时不必在力马达的控制线圈中加入颤振信号电流,也能达到很小的滞环值。

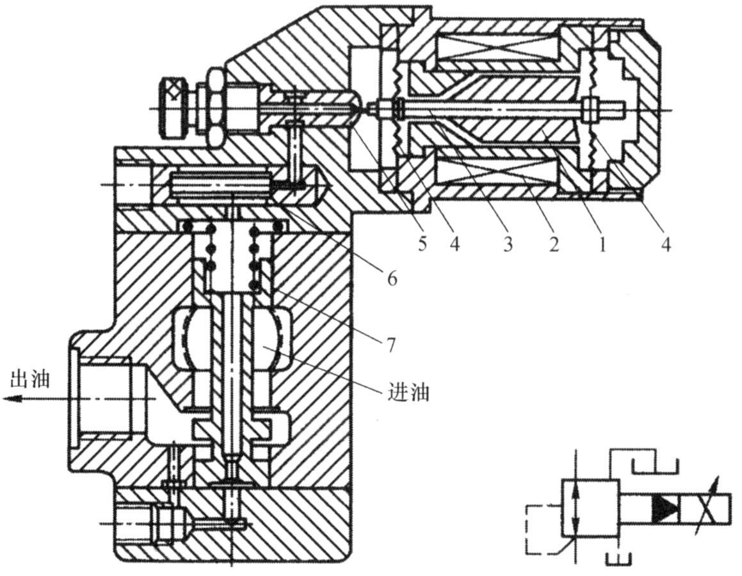

(a)结构图 (b)图形符号

图 3-84 先导喷嘴挡板式比例减压阀

1-衔铁;2-线圈;3-推杆(挡板);4-铍青铜片;5-喷嘴;6-精过滤器;7-主阀

3.比例流量阀

比例流量阀分比例节流阀和比例调速阀两大类。

1)比例节流阀

在普通节流阀的基础上,利用电-机械比例转换器对节流阀口进行控制,即成为比例节流阀。对移动式节流阀而言,利用比例电磁铁来推动;对旋转式节流阀而言,采用伺服电机经减速后来驱动。

2)比例调速阀

图 3-85 所示为比例调速阀。比例电磁铁 1 的输出力作用在节流阀阀芯 2 上,与弹簧力、液动力、摩擦力相平衡,对一定的控制电流,对应一定的节流开度。通过改变输入电流的大小,即可改变通过调速阀的流量。

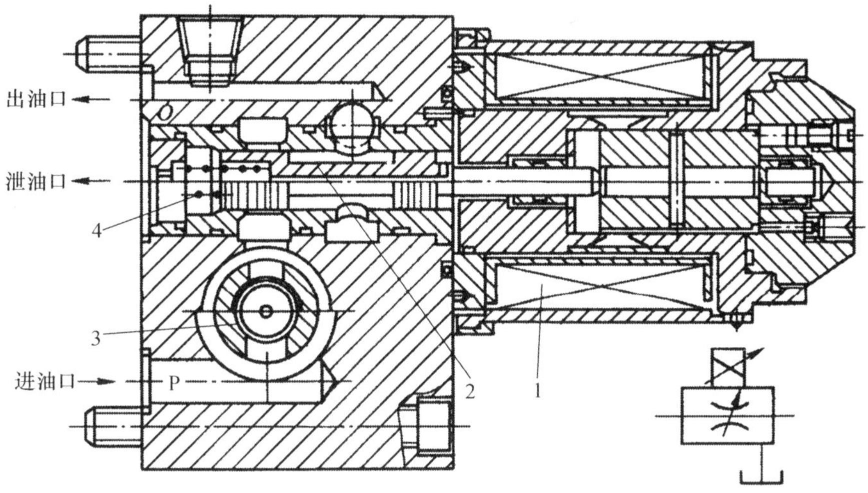

(a)结构图　　(b)图形符号

图 3-85　比例调速阀

1-比例电磁铁;2-节流阀阀芯;3-定差减压阀;4-弹簧

4.比例方向阀

比例方向阀主要用来改变液流方向,也可以控制流量的大小。下面将重点介绍两种比例方向节流阀。

1)直控型比例方向节流阀

以比例电磁铁(或步进电机等电-机械转换器)取代普通电磁换向阀中的电磁铁,即可构成直控型比例方向节流阀。当输入控制电流后,比例电磁铁的输出力与弹簧力平衡。滑阀开口量的大小与输的电信号成比例。当控制电流输入另一端的比例电磁铁时,即可实现液流换向;显然,比例方向节流阀既可改变液流方向,还可控制流量的大小。它相当于一个比例节流阀加换向阀。它可以有多种滑阀机能,既可以是三位阀,也可以是二位阀。

直控型比例方向节流阀只适用于通径为 10 mm 以下的小流量场合。

2)先导型比例方向节流阀

图 3-86 所示为先导型比例方向节流阀。它由先导阀(双向比例减压阀)和主阀(液动双向比例节流阀)两部分组成。

在先导阀中由两个比例电磁铁 4、8 分别控制双向比例减压阀阀芯 1 的位移。当比例电磁铁 4 得到电流信号 I_1，其电磁吸力 F_1 使阀芯 1 右移，于是供油压力（一次压力）p_s 经双向比例减压阀阀芯中部右台肩与阀体孔之间形成的减压口减压，在流道 2 得到控制压力（二次压力）p_c，p_c 经流道 3 反馈作用到下部主阀芯的右端面（阀芯 1 的左端面通回油压力 p_d），于是形成一个与电磁吸力 F_1 方向相反的液压力。当液压力与 F_1 相等时，阀芯 1 停止运动而处于某一平衡位置，控制压力 p_c 保持某一相应的稳定值。显然，控制压力 p_c 的大小与供油压力 p_s 无关，仅与比例电磁铁的电磁吸力成比例，即与电流 I_1 成比例。同理，当比例电磁铁 8 得到电流信号 I_2 时，阀芯 1 左移，得到与 I_2 成比例的控制压力 p_c'。

其主阀与普通液动换向阀相同。当先导阀输出的控制压力 p_c 经阻尼螺钉 6 构成的阻尼孔缓冲后，作用在主阀芯 5 的右端面时，液压力克服左端弹簧力使主阀芯 5 左移（左端弹簧腔通回油压力 p_d），连通油口 P、B 和 A、T。随着弹簧力与液压力平衡，主阀芯 5 停止运动而处于某一平衡位置。此时，各油口的节流开口长度取决于 p_c，即取决于输入电流 I_1 的大小。如果节流口前后压差不变，则比例方向节流阀的输出流量与其输入电流 I_1 成比例。当比例电磁铁 4 输入电流 I_1 时，主阀芯 5 右移，油路反向，接通 P、A 和 B、T。输出的流量与输入电流 I_2 成比例。

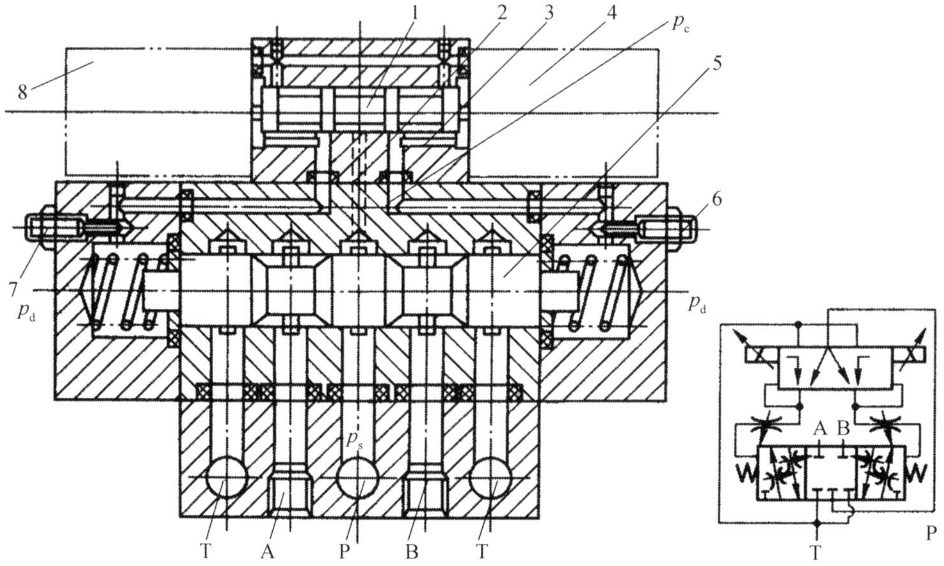

(a)结构图　　(b)图形符号

图 3-86　先导型比例方向节流阀

1-双向比例减压阀阀芯；2、3-流道；4、8-比例电磁铁；5-主阀芯；6、7-阻尼螺钉

综上所述，改变比例电磁铁 4、8 的输出电流，不仅可以改变比例方向节流阀的液流方向，而且可以控制各油口的输出流量。

5.电液比例阀的应用

1)压力控制

设有一液压系统，工作中需要三种压力，用普通液压阀组成的回路如图 3-87(a)所示。为了得到三级压力，压力控制部分需要一个三位四通换向阀和两个远程调压阀。

对于同样功能的回路，利用比例溢流阀可以实现多级压力控制，如图 3-87(b)所示。当以不同的信号电流输入时，即可获得多级压力控制，减少了阀的数量和简化了回路结构。若输入连续变化的信号时，则可实现连续、无级压力调节，可以避免压力冲击，因而对系统的性能也有改善。

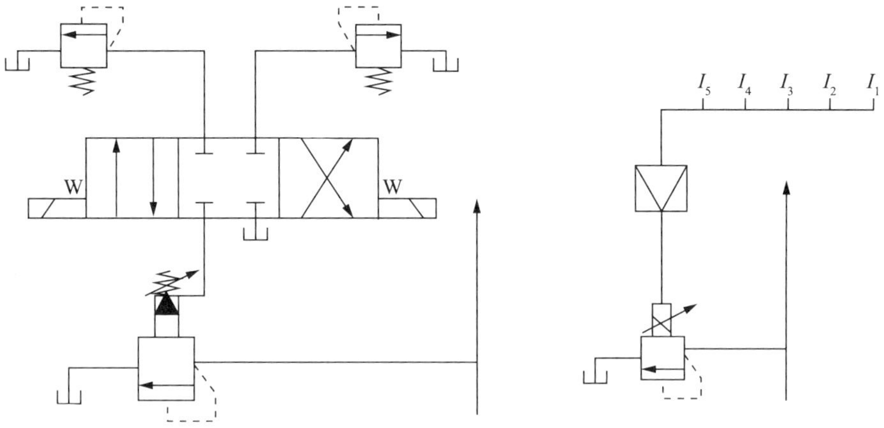

(a)普通阀　　(b)比例溢流阀

图 3-87　电液比例溢流阀之运用

2)流量控制

设有一回路，液压缸的速度需要三个速度段。用普通阀组成时，如图 3-88(a)所示。对于同样功能的回路，若采用比例节流阀，则可简化回路结构，减少阀的数量，且三个速度段从有级切换可变为成无级切换，如图 3-88(b)所示。

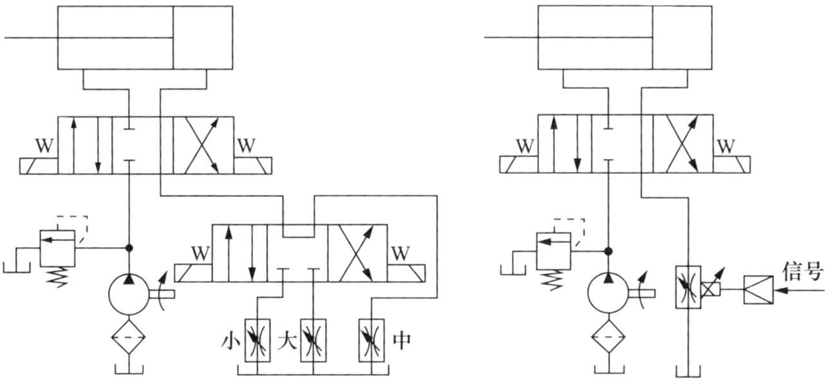

(a)普通阀　　(b)比例节流阀

图 3-88　电液比例节流阀之运用

上面所举的两个例子是比例阀用于开环控制的情况。比例阀还可用于闭环控制，此时，可将反馈信号加于电控制器，控制比例电磁铁，可进一步提高控制质量。

四、伺服阀

电液伺服阀是电液伺服系统中的放大转换元件，它把输入的小功率电流信号，转换并放大成液压功率（负载压力和负载流量）输出，实现执行元件的位移、速度、加速度及力控制。它是电液伺服系统的核心元件，其性能对整个系统的特性有很大影响。

1.电液伺服阀的组成

电液伺服阀通常由电气-机械转换装置、液压放大器和反馈(平衡)机构三部分组成。电气-机械转换装置用来将输入的电信号转换为转角或直线位移输出。输出转角的装置称为力矩马达,输出直线位移的装置称为力马达。

液压放大器接受小功率的电气-机械转换装置输入的转角或直线位移信号,对大功率的压力油进行调节和分配,实现控制功率的转换和放大。

反馈和平衡机构使电液伺服阀输出的流量或压力获得与输入电信号成比例的特性。

2.电液伺服阀的典型结构及工作原理

图 3-89 所示为喷嘴挡板式电液伺服阀的工作原理图。图中上半部分为电气-机械转换装置,即力矩马达,下半部分为前置级(喷嘴挡板)和主滑阀。当无电流信号输入时,力矩马达无力矩输出,与衔铁 5 固定在一起的挡板 9 处于中位,主滑阀阀芯也处于中(零)位。液压泵输出的油液以压力 p_s 进入主滑阀阀口,因阀芯两端台肩将阀口关闭,油液不能进入 A、B 口,但经节流孔 10 和 13 分别引到喷嘴 8 和 7,经喷射后,液流流回油箱。由于挡板处于中位,两喷嘴与挡板的间隙相等,因而油液流经喷嘴的液阻相等,则喷嘴前的压力 p_1 与 p_2 相等,主滑阀阀芯两端压力相等,阀芯处于中位。若线圈输入电流,控制线圈中将产生磁通,使衔铁上产生磁力矩。当磁力矩为顺时针方向时,衔铁连同挡板一起绕弹簧管中的支点顺时针偏转。图中左喷嘴 8 的间隙减小、右喷嘴 7 的间隙增大,即 p_1 压力增大,p_2 减小,主滑阀阀芯在两端压力差作用下向右运动,开启阀口,p_s 与 B 相通,A 与 T 相通。在主滑阀阀芯向右运动的同时,通过挡板下端的弹簧杆 11 反馈作用使挡板逆时针方向偏转,使左喷嘴 8 的间隙增大,右喷嘴 7 的间隙减小,于是压力 p_1 减小,p_2 增大。当主滑阀阀芯向右移到某一位置,由两端压力差(p_1-p_2)形成的液压力通过反馈弹簧杆作用在挡板上的力矩、喷嘴液流压力作用在挡板上的力矩以及弹簧管的反力矩之和与力矩马达产生的电磁力矩相等时,主滑阀阀芯受力平衡,稳定在一定的开口下工作。显然,改变输入电流大小,可成比例地调节电磁力矩,从而得到不同的主阀开口大小。若改变输入电流的方向,主滑阀阀芯反向位移,可实现液流的反射控制。图 3-89 所示电液伺服阀的主滑阀阀芯的最终工作位置是通过挡板弹性反力反馈作用达到平衡的,因此称之为力反馈式。除力反馈式以外,伺服阀还有位置反馈、负载流量反馈、负载压力流量反馈等。

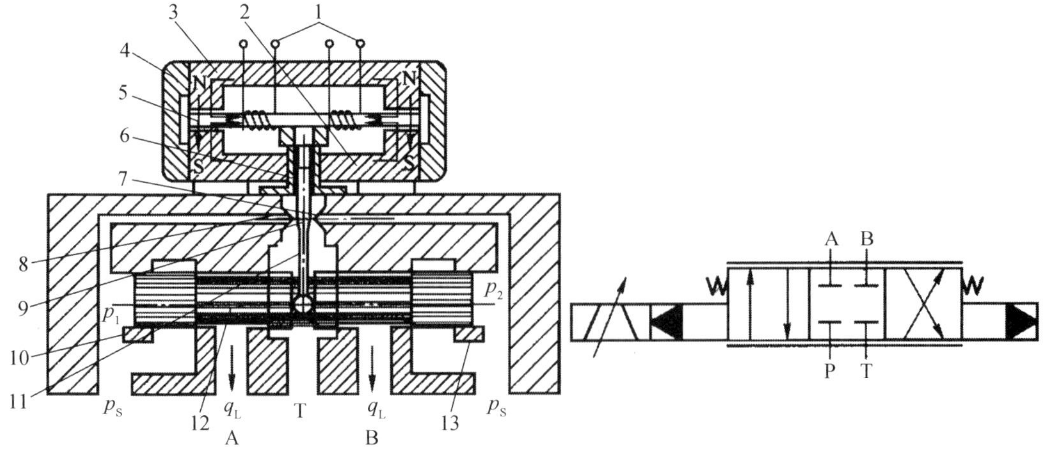

图 3-89　喷嘴挡板式电液伺服阀的工作原理

1-线圈;2、3-导磁体;4-永久磁铁;5-衔铁;6-弹簧管;7、8-喷嘴;9-挡板;10、13-固定节流孔;11-反馈弹簧杆;12-主滑阀

喷嘴挡板式电液伺服阀的特点是：衔铁挡板的转动惯量小，故伺服阀的响应速度快；挡板基本在零位附近工作，双喷嘴挡板阀的线性度和灵敏度较高。

3.电液伺服阀的选择和使用

电液伺服阀的选择和使用必须从静态特性、动态特性两方面来考虑。在静态方面，必须满足负载压力 p_L 和负载流量 q_L 的要求；在动态方面，既要动态品质好，又要能稳定工作，也就是说，一方面，动态响应速度应足够快，而不至于影响伺服系统的响应；另一方面，又必须抑制不必要的高频干扰信号。

从静、动态特性两方面考虑，在选择和使用电液伺服阀时，应遵循以下几个原则：

(1)对于额定电流 I_{cmax} 下的负载流量特性曲线必须包罗所有的工作点，并且使 $p_L<\frac{2}{3}p_s$ 以保证有足够的流量和功率输送到液压执行元件中去。这是估计伺服阀规格的基本因素。

(2)空载流量特性曲线的线性度要好，也就是空载流量特性曲线尽可能接近直线。要做到这一点，电液伺服阀的功率放大元件应选择矩形阀口的零开口滑阀式液压伺服阀。

(3)压力灵敏度要高，即压力增益应足够大，在压力特性曲线上表现为曲线应尽可能陡。要满足此要求，阀在关闭时的泄漏量应尽可能小。同类规格的伺服阀，其压力增益的差异在很大程度上反映了制造质量的差异，即阀芯凸肩与阀套配合密封状态的好坏。

(4)内泄漏量应足够小。一般要求最大泄漏量不超过额定流量的 10%，以防止不必要的功率损耗。内泄漏量不但是评价新阀质量好坏的指标，而且是评价旧阀在使用过程中磨损情况的指标。

(5)频宽(幅频宽和相频宽统称频宽)应适当，既满足伺服系统动态响应要求，又不致将高频干扰传到执行元件。

(6)液压油的过滤精度应足够高。油液的污染可能会使阀口的工作棱边产生腐蚀性磨损；也可能堆积在阀芯与阀套的间隙中，使阀芯被粘住，增大摩擦力；还可堵塞喷口、节流口等。一般推荐，进入电液伺服阀的油液至少需经过 8 μm 的过滤器过滤。

(7)为防止使用中主阀芯的液压卡紧，减小阀芯运动时的摩擦力，可设法使阀芯在工作中不停地高频小幅振动。最简单的办法是在输入主控制信号之外再加一个交变电流信号使阀的衔铁抖动，从而引导阀芯抖动。

五、其他回路

1.锁紧回路

锁紧回路的功用是使液压缸能在任意位置上停留，且停留后不会因外力作用而移动位置的回路。图 3-90 所示的即为使用液控单向阀(又称双向液压锁)的锁紧回路。当换向阀处于左位时，液压油经单向阀 1 进入液压缸左腔，同时液压油也进入单向阀 2 的控制油口 K，打开单向阀 2，使液压缸右腔的回油可经单向阀 2 及换向阀流回油箱，活塞向右运动。反之，活塞向左运动，到了需要停留的位置，只要使换向阀处于中位，因阀的中位

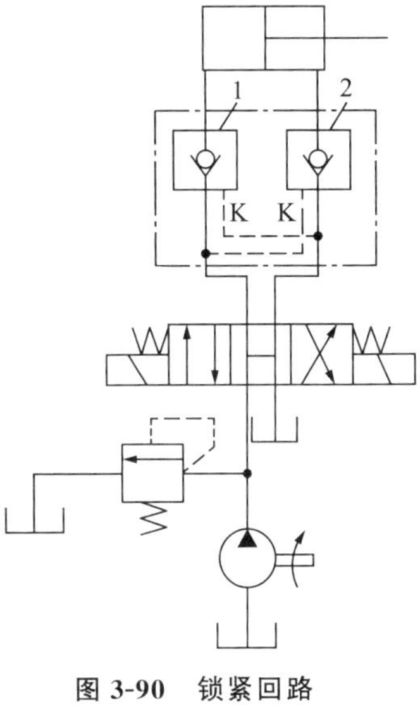

图 3-90　锁紧回路

1，2-单向阀

为 H 型机能(Y 型也行)。所以单向阀 1 和单向阀 2 均关闭,使活塞双向锁紧。在这个回路中,由于液控单向阀的阀座一般为锥阀式结构,因此密封性好,泄漏极少,锁紧的精度主要取决于液压缸的泄漏。这种回路被广泛用于工程机械、起重运输机械等有锁紧要求的场合。

2.节能回路

节能的目的是提高能量的利用率,因而节能回路的功用就是要用最小的输入能量来完成一定的输出。

1)负载串联节能回路

图 3-91 所示为两负载串联的节能回路。在该回路中,当各执行元件单独工作时,工作压力有各自的溢流阀调定。若同时工作,由于前一个回路的溢流阀受后一个回路的压力信号控制,泵转入叠加负载下工作,这时泵的流量只要满足流量大的那个执行元件即可。工作压力提高到接近泵的额定压力,提高了泵的运行效率。这种节能回路结构简单,且采用定量泵供油,因而比较经济。由于负载叠加的缘故,两个执行元件的负载不能太大。

2)二次调节节能回路

图 3-92 所示为二次调节(也称次级调节)节能回路。这种调节回路打破了常规的液压驱动,通过流量联系,即马达的输出转矩、输出转速、回转方向等性能参数决定于泵的能量供应、阀类的控制等状况,也就是通过直接或间接调节一次能量转换元件——液压泵,来实现变换和控制的常规,使一次和二次能量转换器件之间通过压力来联系,液压机从集中液压能源系统中获取运转需要的相应能量。其输出性能的改变,主要是通过二次元件的调节来实现。

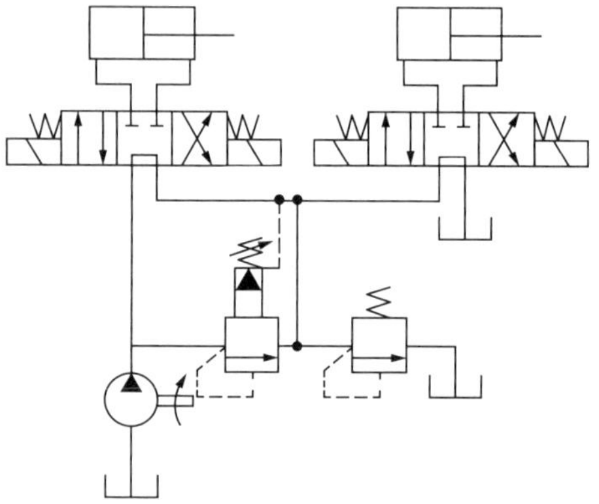

图 3-91 负载串联节能回路

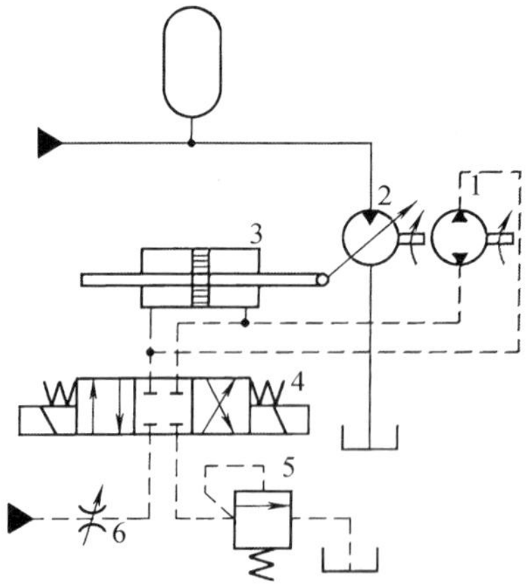

图 3-92 二次调节节能回路

1-计量泵;2-马达;3-液压缸;4-换向阀;5-背压阀;6-节流阀

如图 3-92 所示,带蓄能器的管路表示集中式液压源附有变量调节缸的变量液压马达 2 就是被驱动的二次能量转换元件与马达同轴安装的计量泵 1 和液压缸 3 并联构成闭路,以便向变量机构反馈转速信号。马达的旋转方向由换向阀 4 切换变量机构来实现,进口节流阀 6 和背压阀 5 配合,来实现马达速度的预选。当换向阀接通时,通过节流阀的油液同时进入计量泵和变量液压缸,当进入的流量与计量泵吸入和排出的流量不相适应时,这一流量差值使液压缸产生变量调节运动,直到节流阀设定的流量完全与计量泵需要相适应,变量动作才会停止,使马达保持在与节流阀调定流量相适应的转速下工作。

一旦有某种原因使液压马达转速产生偏离时,同轴驱动的计量泵就会感受到此速差,并转换成流量信号反馈至液压缸，使二次元件马达的排量增大或减小，直到使实际输出的转速恢复到正常值。如果把二次元件的摆角偏转到负方向，还可借助能源系统的阻抗起制动作用，外载动能或位能就可回馈到能源系统中去，并储存在蓄能器中。

二次调节节能回路是按照需要从能源系统中获取能量的原则进行工作的，动力源无需通过控制环节而直接作用在二次调节元件上，在不需输出转矩时，二次元件的变量摆角及所吸收的流量都会被自动地调节到近似于零的值，故能获得最大限度的节能效果。采用这种调节回路时，多个彼此并联的执行元件能够在同一供压的回路中互不相干地按自己需要的速度和转矩运行。

六、液压传动系统故障的诊断方法

1.感官诊断法

(1)观察液压传动系统的工作状态一般有六看：一看速度，即看执行机构运动速度有无变化；二看压力，即看液压传动系统各测压点压力有无波动现象；三看油液，即观察油液是否清洁、是否变质，油量是否满足要求，油的黏度是否合乎要求及表面有无泡沫等；四看泄漏，即看液压传动系统各接头处是否渗漏、滴漏和出现油垢现象；五看振动，即看活塞杆或工作台等运动部件运行时有无跳动、冲击等异常现象；六看产品，即从加工出来的产品判断运动机构的工作状态，观察系统压力和流量的稳定性。

(2)用听觉来判断液压传动系统的工作是否正常，一般有四听：一听噪声，即听液压泵和系统噪声是否过大，液压阀等元件是否有尖叫声；二听冲击声，即听执行部件换向时冲击声是否过大；三听泄漏声，即听油路板内部有无细微而连续不断的声音；四听敲打声，即听液压泵和管路中是否有敲打撞击声。

(3)用手摸运动部件的温升和工作状况，一般有四摸：一摸温升，即用手摸泵、油箱和阀体等温度是否过高；二摸振动，即用手摸运动部件和管子有无振动；三摸爬行，即当工作台慢速运行时，用手摸其有无爬行现象；四摸松紧度，即用手拧挡铁、微动开关等，感觉松紧程度。

(4)闻一闻油液是否有变质异味。

(5)查阅技术资料及有关故障分析与修理记录和维护保养记录等。

(6)询问设备操作者，了解设备的平时工作状况。一般有六问：一问液压传动系统工作是否正常；二问液压油最近的更换日期，滤网的清洗或更换情况等；三问事故出现前调压阀或调速阀是否调节过，有无不正常现象；四问事故出现之前液压件或密封件是否更换过；五问事故前后液压传动系统的工作差别；六问过去常出现哪类事故及排除经过，感官检测只是一个定性分析，必要时应对有关元件在实验台上做分析测试。

2.逻辑分析法

对于复杂的液压传动系统故障，常采用逻辑分析法，即根据故障产生的现象，采取逻辑分析与推理的方法。

采用逻辑分析法诊断液压传动系统故障通常有两个出发点：一是从主机出发，主机故障也就是指液压传动系统执行机构工作不正常；二是从系统本身故障出发，有时系统故障在短时间内并不影响主机，如油温变化、噪声增大等。

逻辑分析法只是定性分析，若将逻辑分析法与专用检测仪器的测试相结合，就可显著提高故障诊断的效率及准确性。

3.专用仪器检测法

专用仪器检测法即采用专门的液压传动系统故障检测仪器来诊断系统故障，该仪器能够对液压故障做定量的检测。国内外有许多专用的便携式液压传动系统故障检测仪，测量流量、压力和温度，并能测量泵和马达的转速等。

4.状态监测法

状态监测用的仪器种类很多，通常有压力传感器、流量传感器、速度传感器、位移传感器和油温监测仪等。把测试到的数据输入计算机系统，计算机根据输入的数据提供各种信息及技术参数，由此判别出某个液压元件和液压传动系统某个部位的工作状况，并可发出报警或自动停机等信号。所以状态监测技术可解决仅靠人的感觉器官无法解决的疑难故障的诊断，并为预知维修提供了信息。

状态监测法一般适用于下列几种液压设备：

(1)发生故障后对整个生产影响较大的液压设备和自动线。

(2)必须确保其安全性能的液压设备和控制系统。

(3)价格昂贵的精密、大型、稀有、关键的液压传动系统。

(4)故障停机修理费用过高或修理时间过长、损失过大的液压设备和液压控制系统。

七、液压传动系统常见故障的产生原因及排除方法

液压传动系统常见故障的产生原因及排除方法见表3-5至表3-10。

表3-5 液压传动系统无压力或压力低的原因及排除方法

产生原因		排除方法
液压泵	电动机转向错误	改变转向
	零件磨损，间隙过大，泄漏严重	修复或更换零件
	油箱液面太低，液压泵吸空	补加油液
	吸油管路密封不严，造成吸空	检查管路，拧紧接头，加强密封
	压油管路密封不严，造成泄漏	检查管路，拧紧接头，加强密封
溢流阀	弹簧变形或芯断	更换弹簧
	滑阀在开口位置卡住	修滑阀使其移动灵活
	锥阀或钢球与阀座密封不严	更换锥阀或钢球，配锥阀座
	阻尼孔堵塞	清洗阻尼孔
	远程控制口接回油箱	切断通油箱的油路
压力表损坏或失灵造成无压现象		更换压力表
液压阀卸荷		查明卸荷原因，采取相应措施
液压缸高低压腔相通		修配活塞，更换密封件
系统泄漏		加强密封，防止泄漏
油液黏度太低		提高油液黏度
温升过高，降低了油液黏度		查明发热原因，采取相应措施

表 3-6 运动部件换向有冲击或冲击大的原因及排除方法

	产生原因	排除方法
液压缸	运动速度过快,没有设置缓冲装置	设置缓冲装置
	缓冲装置中单向阀失灵	修理缓冲装置中单向阀
	缓冲柱塞的间隙太小或过大	按要求修理,配置缓冲柱塞
节流阀开口过大		调整节流阀开口
换向阀	换向阀的换向动作过快	控制换向速度
	液动阀的阻尼器调整不当	调整阻尼器的节流口
	液动阀的控制油流量过大	减小控制油的流量
压力阀	工作压力调整太高	调整压力阀,适当降低工作压力
	溢流阀发生故障,压力突然升高	排除溢流阀故障
	背压过低或没有设置背压阀	设置背压阀,适当提高背压力
垂直运动的液压缸没采取平衡措施		设置平衡阀
混入空气	系统密封不严,吸入空气	加强吸油管路密封
	停机时油液流空	防止元件油液流空
	液压泵吸空	补足油液,减小吸油阻力

表 3-7 运动部件爬行的原因及排除方法

产生原因		排除方法
系统负载刚度太低		改进回路设计
节流阀或调速阀流量不稳		选用流量稳定性好的流量阀
液压缸产生爬行	混入空气	排除空气
	运动密封件装配过紧	调整密封圈,使之松紧适当
	活塞杆与活塞不同轴	校正、修整或更换
	导向套与缸筒不同轴	修正调整
	活塞杆弯曲	校直活塞杆
	液压缸安装不良,中心线与导轨不平行	重新安装
	缸筒内径圆柱度超差	镗磨修复,重配活塞或增加密封件
	缸筒内孔锈蚀、毛刺	除去锈蚀、毛刺或重新镗磨
	活塞杆两端螺母拧得过紧,使其同轴度降低	拧松螺母,使活塞杆处于自然状态
	活塞杆刚性差	加大活塞杆直径
	液压缸运动件之间间隙过大	减小配合间隙
	导轨润滑不良	保持良好润滑

续表3-7

产生原因		排除方法
混入空气	油箱液面过低，吸油不畅	补加液压油
	过滤器堵塞	清洗过滤器
	吸、回油管相距太近	将吸、回油管远离
	回油管未插入油面以下	将回油管插入油面之下
	吸油管路密封不严，造成吸空	加强密封
	机械停止运动时，系统油液流空	设背压阀或单向阀，防止油液流空
油液污染	油污卡住液动机，增加摩擦阻力	清洗液动机，更换油液，加强过滤
	油污堵塞节流孔，引起流量变化	清洗液压阀，更换油液，加强过滤
油液黏度不适当		用指定黏度的液压油
导轨	托板楔铁或压板调整过紧	重新调整
	导轨精度不高，接触不良	按规定刮研导轨，保持良好接触
	润滑油不足或选用不当	改善润滑条件

表 3-8　液压传动系统发热、油温升高的原因及排除方法

产生原因	排除方法
液压系统设计不合理，压力损失过大，效率低	改进回路设计，采用变量泵或卸荷措施
工作压力过大	降低工作压力
泄漏严重，容积效率低	加强密封
管路太细而且弯曲，压力损失大	加大管径，缩短管路，使油流通畅
相对运动零件间的摩擦力过大	提高零件加工装配精度，减小运动摩擦力
油液黏度过大	选用黏度适当的液压油
油箱容积小，散热条件差	增大油箱容积，改善散热条件，设置冷却器
由外界热源引起升温	隔绝热源

表 3-9　液压传动系统产生泄漏的原因及排除方法

产生原因	排除方法
密封件损坏或装反	更换密封件，改正安装方向
管接头松动	拧紧管接头
单向阀阀芯磨损，阀座损坏	更换阀芯，配锥阀座
相对运动零件磨损，间隙过大	更换磨损的零件，减小配合间隙
某些铸件有气孔、砂眼等缺陷	更换铸件或维修缺陷
压力调整过高	降低工作压力
油液黏度太低	选用适当黏度的液压油
工作温度太高	降低工作温度或采取冷却措施

表 3-10　液压传动系统产生振动和噪声的原因及排除方法

产生原因	排除方法
液压泵本身或其进油管路密封不良或密封圈损坏、漏气	拧紧泵的连接螺栓及管路各管螺母或更换密封元件
泵内零件卡死或损坏	修复或更换
泵与电动机联轴器不同心或松动	重新安装紧固
电动机振动,轴承磨损严重	更换轴承
油箱油量不足或泵吸油管过滤器堵塞,使泵吸空引起噪声	将油量加至油标处或清洗过滤器
溢流阀阻尼孔被堵塞,阀座损坏或调压弹簧永久变形、损坏	可清洗、疏通阻尼孔,修复阀座或更换弹簧
电液换向阀动作失灵	修复该阀
液压缸缓冲装置失灵造成液压冲击	进行检修和调整

项目四
气压传动元件及基本回路

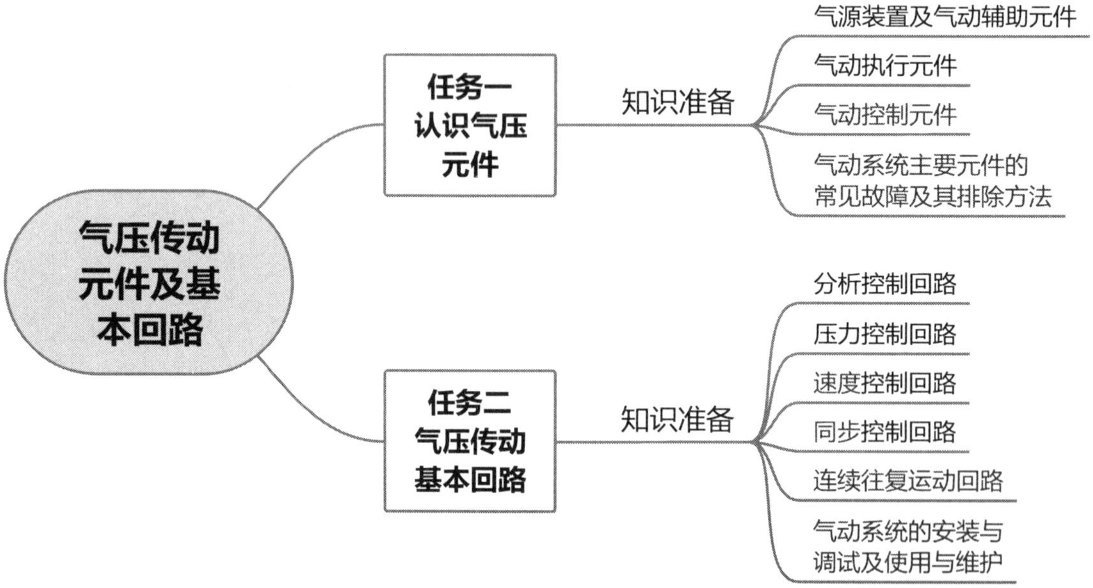

项目知识分布图

任务一　认识气压元件

【任务描述】

认识气动元件的实物,学会其使用方法。

【知识准备】

一、气源装置及气动辅助元件

(一)气源装置

气源装置包括压缩空气的产生、净化、储存和输送几个部分。气源装置提供洁净、干燥、具有足够的压力和流量的压缩空气。气动辅助元件是指保证气动系统正常工作中必不可少的辅助元件。

常见的气源系统如图 4-1 所示。当启动空气压缩机 1 后,空气经过压缩后提高压力,同时温度升高,高温、高压的气体离开空气压缩机后,先进入后冷却器 2 内冷却,并析出水分和油雾,再经过除油器 3 除去凝结的水和油后,存于储气罐 6 内。对气体清洁度要求不高的工业用气,可以从储气罐 6 中直接引出使用。若是用于气动装置,则还需经干燥器 7、8 和空气过滤器 10,对压缩空气进一步干燥和去除杂质后方可使用。

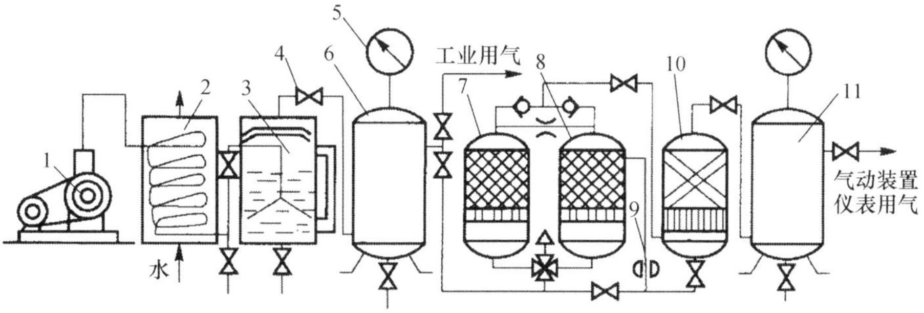

图 4-1　气源系统的组成

1-空气压缩机;2-后冷却器;3-除油器;4-阀门;5-压力表;6、11-储气罐;
7、8-干燥器;9-加热器;10-空气过滤器

1.空气压缩机

空气压缩机是气源装置的主体部分。它是把电动机输出的机械能转换成气体压力能的能量转换装置。

1)空气压缩机的分类

空气压缩机有多种分类方法,常见的有如下几种:

(1)空气压缩机按工作原理分为容积式和速度式两类。

容积式空气压缩机是通过压缩空气的方法,使单位体积内的气体分子密度增加,从而提高气体压力,一般有活塞式、螺杆式、膜片式和叶片式等。在气动系统中,一般多采用容积式空气压缩机。

速度式空气压缩机利用提高气体分子运动速度的方法，使气体分子具有的动能转化为气体的压力能，如离心式和轴流式空气压缩机。

(2)空气压缩机按输出压力大小可分为低压空气压缩机(0.2～1.0 MPa)、中压空气压缩机(1.0～10 MPa)、高压空气压缩机(10～100 MPa)和超高压空气压缩机(＞100 MPa)。

(3)空气压缩机按输出流量(排量)大小可分为小型空气压缩机(1～10 m^3/s)、中型空气压缩机(10～100 m^3/s)和大型空气压缩机(＞100 m^3/s)。

2)空气压缩机的工作原理

气压系统中最常用的空气压缩机为往复活塞式压缩机，其工作原理如图 4-2 所示。当活塞 5 向右运动时，由于左腔容积增加，压力下降，当压力低于大气压力时，吸气阀 3 打开，气体进入气缸 4 内，完成吸气过程。当活塞 5 向左运动时，吸气阀 3 关闭，缸内气体被压缩，压力升高，完成压缩过程。当缸内气体压力高于排气管内的压力时，打开排气阀 2，压缩空气被排入排气管道内，此过程为排气过程。自此完成一个工作循环。电动机带动曲柄 10 做回转运动，通过连杆 9、十字滑块 7、活塞杆 6 推动活塞 5 做往复运动，空气压缩机就连续输出高压气体。

活塞式空气压缩机具有效率高、压力范围广、适用性强等优点，在气动系统中被广泛应用。

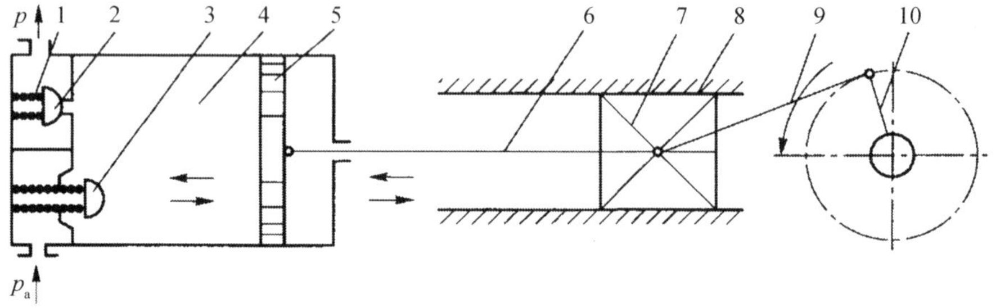

图 4-2　活塞式空气压缩机工作原理

1-弹簧；2-排气阀；3-吸气阀；4-气缸；5-活塞；6-活塞杆；7-十字滑块；8-滑道；9-连杆；10-曲柄

2.压缩空气的净化装置

由于空气压缩机排出的压缩空气的温度一般可达到 140～170 ℃，此时压缩空气中的水分和润滑油的一部分已被汽化，与含在空气中的灰尘形成水汽、油气和灰尘混合而成的杂质。这些杂质若被带进气动设备中，会引起管道堵塞和锈蚀，加速元件的磨损，缩短其使用寿命。水汽和油气还会使膜片、橡胶密封件老化，严重时还会引起燃烧和爆炸。因此，在高压气体进入气动系统之前，要经过除水、除油、除尘和干燥处理。

下面介绍几种常用的压缩空气的净化装置。

(1)后冷却器。后冷却器安装在空气压缩机出口处的管道上。它的作用是将高温压缩空气冷却到 40～50 ℃，使压缩空气中含有的油气和水汽达到饱和，并使其大部分凝结形成油滴和水滴，便于通过油水分离器后排出。

后冷却器一般采用水冷换热方式，其结构形式有蛇管式、套管式、列管式和散热片式等。图 4-3 所示为常用的蛇管式后冷却器，其主要由一根蛇管状空心盘管和一根盛装此盘管的圆筒组成。热压缩空气在浸没于冷水中的蛇形管中流动，冷却水在水套中流动，经管壁进行热交换，使压缩空气得到冷却。

(2)除油器。除油器安装在后冷却器后的管道上，它的作用是分离压缩空气中所含的大部分油分、水分和灰尘等杂质，使压缩空气得到初步净化。其结构形式有环形回转式、撞击和环形回转式、离心旋转式、水浴式及以上形式的组合使用等。

图 4-4 所示为常用的撞击和环形回转式除油器，压缩空气自入口进入除油器壳体后，气流先受隔板阻挡被撞击折回向下，继而又回升向上，产生环形回转。水滴、油滴和灰尘等杂质在离心力和惯性力作用下，从空气中分离析出并沉降在壳体底部，定期打开底部阀门排出。经初步净化的压缩空气从出口送往储气罐。

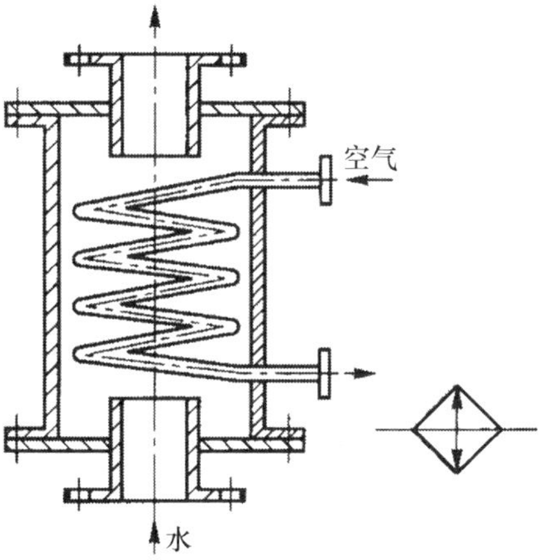

图 4-3　蛇管式后冷却器及其图形符号

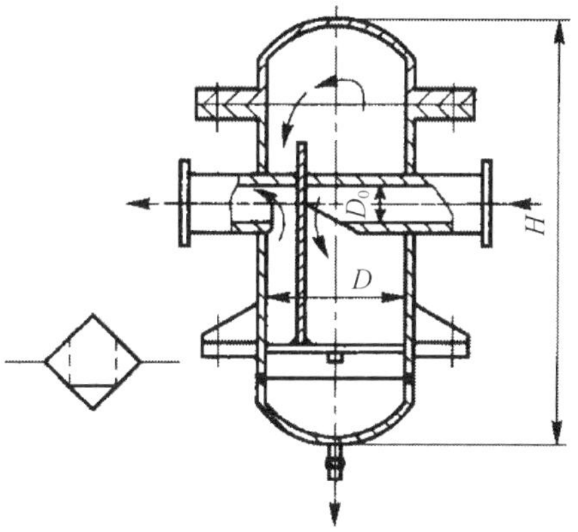

图 4-4　撞击和环形回转式除油器及其图形符号

(3)储气罐。储气罐的作用是消除压力波动，保证输出气流的稳定性；储存一定量的压缩空气，当空气压缩机发生意外事故时，如停机、突然停电等，储气罐中储存的压缩空气可作为应急使用；可进一步分离压缩空气中的水分和油分。

图 4-5 所示为常用的立式储气罐，进气口在下，出气口在上，并尽可能加大两口之间的距离，以利于进一步分离空气中的油、水等杂质。

目前，在气压传动中后冷却器、除油器和储气罐三者一体的结构形式已被采用，使压缩空气站的辅助设备大为简化。

(4)空气干燥器。空气干燥器的作用是吸收和排除压缩空气中的水分、油分和灰尘等杂质，对经过初步净化的压缩空气进一步干燥、过滤。

图 4-6 所示为一种常见的不加热再生式干燥器，它有两个填满吸附剂的容器 1、2，当空气从容器 1 的下部流到上部，空气中的水分被吸附剂吸收而得到干燥的空气，一部分干燥后的空气又从容器 2 的上部流到下部，把吸附在吸附剂中的水分带走并放入大气，即实现了不需要外加热源而使吸附剂再生。定期(5～10 min)的交换工作使吸附剂产生吸附和再生，这样可得到连续输出的干燥的压缩空气。

(5)过滤器。过滤器的作用是滤除压缩空气中的杂质，达到系统所要求的净化程度。图 4-7(a)所示为普通空气过滤器的结构，压缩空气从输入口进入后，被引入旋风叶子 1，旋风叶子上有许多成一定角度的缺口，迫使空气沿切线方向产生强烈旋转。这样夹杂在空气中的较大水滴、油滴和灰尘等杂质便获得较大的离心力，从空气中分离出来沉到水杯底部。然后，气体通过中间的滤芯 2，部分杂质又被滤掉，洁净的空气从输出口输出。图 4-7(b)所示为普通空气过滤器的图形符号。

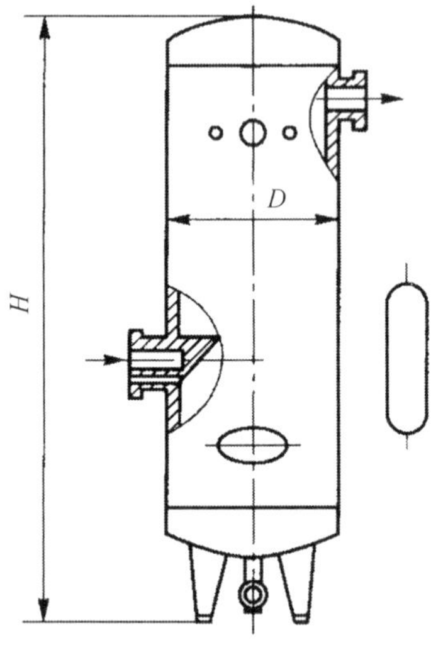

图 4-5　立式储气罐及其图形符号

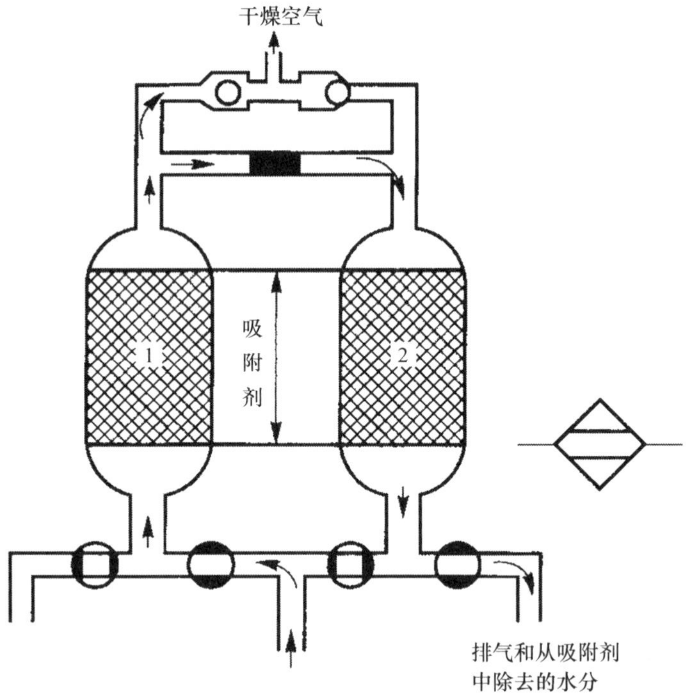

图 4-6　不加热再生式干燥器

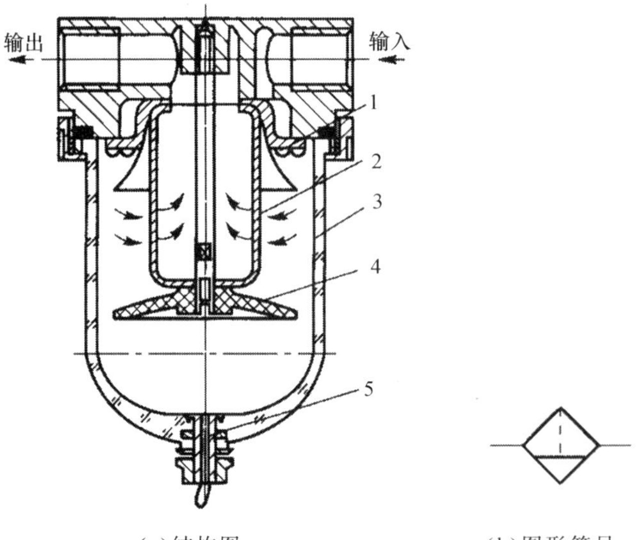

(a)结构图　　(b)图形符号

图 4-7　普通空气过滤器及其图形符号

1-旋风叶子;2-滤芯;3-存水杯;4-挡水板;5-排水阀

(二)气动辅助元件

1.油雾器

油雾器是气动系统中使用的一种特殊的注油装置,其作用是可使润滑油雾化,并随气流进入需要润滑的部件,以达到润滑气动元件的目的。用这种方法注油,具有润滑均匀、稳定、耗油量少和不需要大的贮油设备等特点。

图 4-8(a)所示为一次油雾器的结构,压缩空气从输入口 1 进入,经过小孔 3 到截止阀 2,截止阀的工作状态如图 4-8(c)所示,在压缩空气刚进入时,钢球 12 被压在阀座 5 上,但钢球与阀座密封不严,有点漏气,可使储油杯 6 上腔的压力逐渐升高,将截止阀 2 打开,使杯内油面受压,迫使储油杯内的油液经吸油管 10、单向阀 9 和节流阀 7 滴入透明的视油器 8 内,然后从吸油口被主气道中的气流引射出来,在气流的气动力和油黏性力对油滴的作用下,油滴雾化后随气流从输出口 4 流出。视油器上部节流阀 7 用来调节滴油量,滴油量为 0～200 滴/min,关闭节流阀即停止滴油喷雾。图 4-8(b)为一次油雾器的图形符号。

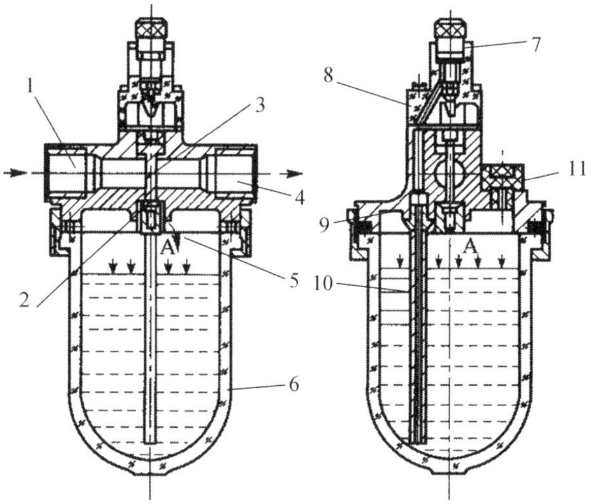

(a)结构图

(b)图形符号

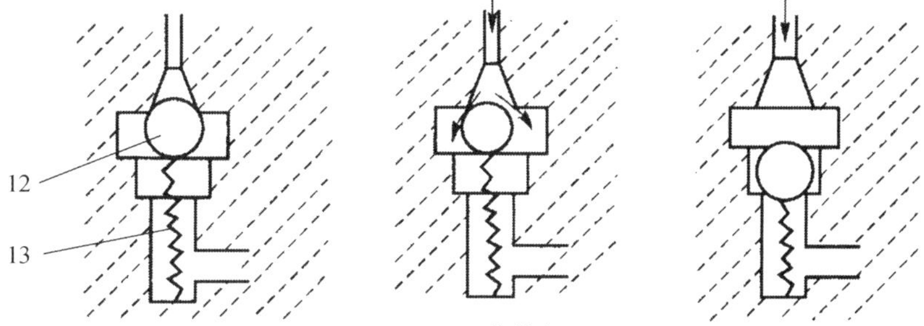

(c)工作状态

图 4-8　一次油雾器

1-输入口;2-截止阀;3-小孔;4-输出口;5-阀座;6-储油杯;7-节流阀;8-视油器;9-单向阀;10-吸油管;11-油塞;12-钢球;13-弹簧

2.消声器

气缸、气马达及气阀等排出气体的速度很快,气体体积急剧膨胀,引起气体振动,产生强烈的排气噪声,有时可达 100～120 dB,使工作环境恶化,危害人体健康,降低工作效率。

一般噪声高于 85 dB 时,就要设法降低。为此,通常在气动元件的排气口安装消声器。

常用的消声器有以下几种。

(1)吸收型消声器。吸收型消声器是依靠吸声材料来消声的,其结构如图 4-9 所示。消声罩大多由聚苯乙烯颗粒或铜珠烧结而成,气体通过消声罩排出,气流受到阻力,声波被吸收一部分转化为热能,从而降低了噪声。此类消声器用于消除中、高频噪声,可降噪约 20 dB,在气动系统中应用最广。

(2)膨胀干涉吸收型消声器。图 4-10 所示为膨胀干涉吸收型消声器，其结构很简单，相当于一段比排气孔口径大的管件。当气流通过时，让气流在其内部扩散、膨胀、碰壁撞击、反射、相互干涉而消声。其特点是排气阻力小，消声效果好，但结构不紧凑。主要用于消除中、低频噪声，尤其是低频噪声。气流由斜孔引入，在 A 室扩散、减速、碰壁撞击后反射到 B 室，气流束互相冲撞、干涉，进一步减速，再通过敷设在消声器内壁的吸声材料排向大气。此类消声器消声效果好，低频可消声约 20 dB，高频可消声约 45 dB。

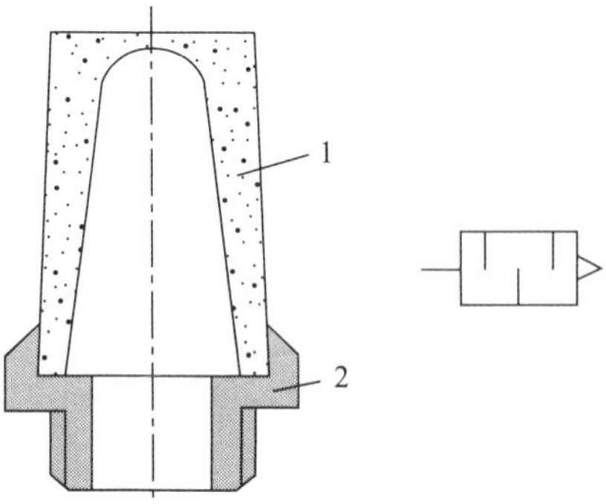

图 4-9　吸收型消声器及其图形符号

1-消声罩；2-连接螺钉

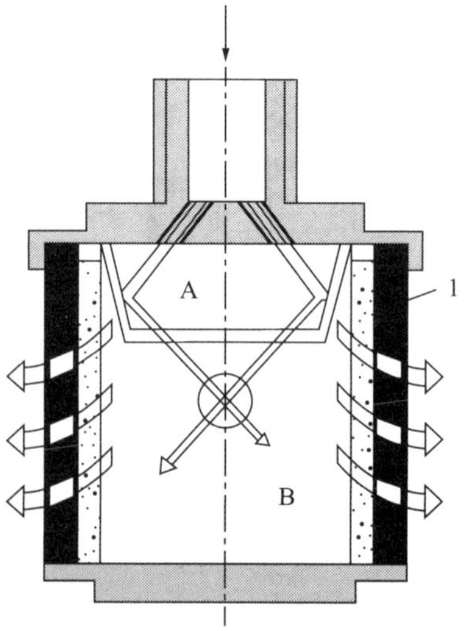

图 4-10　膨胀干涉吸收型消声器

1-吸声材料

二、气动执行元件

气动执行元件是把压缩空气的压力能转化为机械能的能量转换装置，包括气缸和气动马达。气缸用于驱动工作部件做往复直线运动，气动马达用于驱动工作部件做回转运动。

(一)气缸

1.气缸的分类

在气动自动化系统中，气缸由于具有相对较低的成本、容易安装、结构简单、耐用、各种缸径尺寸及行程可选等优点，因而是应用最广泛的一种执行元件。根据使用条件不同，气缸的结构、形状和功能也不一样。要完全确切地对气缸进行分类是比较困难的。气缸主要的分类方法如下：

(1)按压缩空气对活塞的作用力的方向分为单作用气缸和双作用气缸。

(2)按气缸的结构功能分为活塞式气缸、薄膜式气缸、柱塞式气缸、叶片式气缸和气-液阻尼气缸、冲击气缸、缓冲气缸等。

(3)按安装方式分为固定式气缸[气缸安装在机体上固定不动，见图 4-11(a)至图 4-11(d)]摆动式气缸[缸体围绕一个固定轴可做一定角度的摆动，见图 4-11(e)至图 4-11(g)]。

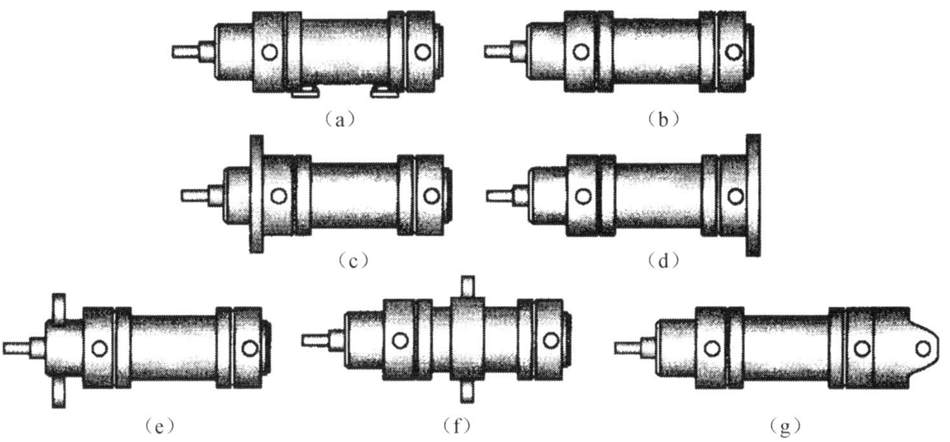

图 4-11　气缸的固定方式

2.气缸的工作原理和用途

1)普通气缸

普通气缸是指缸筒内只有一个活塞和一个活塞杆的气缸。

(1)双作用气缸。图 4-12 所示为普通型双作用气缸,双作用气缸一般由缸筒 1、前缸盖 3、后缸盖 2、活塞 8、活塞杆 4、密封件和紧固件等零件组成,缸筒 1 与前后缸盖之间由四根螺杆将其紧固锁定。缸内有与活塞杆相连的活塞,活塞上装有活塞密封圈。为防止漏气和外部灰尘的侵入,前缸盖上装有活塞杆、密封圈和防尘密封圈。这种双作用气缸被活塞分成两个腔室:有杆腔(简称头腔或前腔)和无杆腔(简称尾腔或后腔)。从无杆腔端的气口输入压缩空气时,若气压作用在活塞左端面上的力克服了运动摩擦力、负载等各种反作用力,则当活塞前进时,有杆腔内的空气经该端气口排出,使活塞杆伸出。同样,当有杆腔端气口输入压缩空气时,活塞杆缩回至初始位置。通过无杆腔和有杆腔交替进气和排气,活塞杆伸出和缩回,气缸实现往复直线运动。气缸缸盖上未设置缓冲装置的气缸称为无缓冲气缸,缸盖上设置缓冲装置的气缸称为缓冲气缸。图 4-12 所示的气缸为缓冲气缸,缓冲装置由缓冲节流阀 10、缓冲柱塞 9 和缓冲密封圈等组成。当气缸行程接近终端时,由于缓冲装置的作用,可以防止高速运动的活塞撞击缸盖的现象发生。

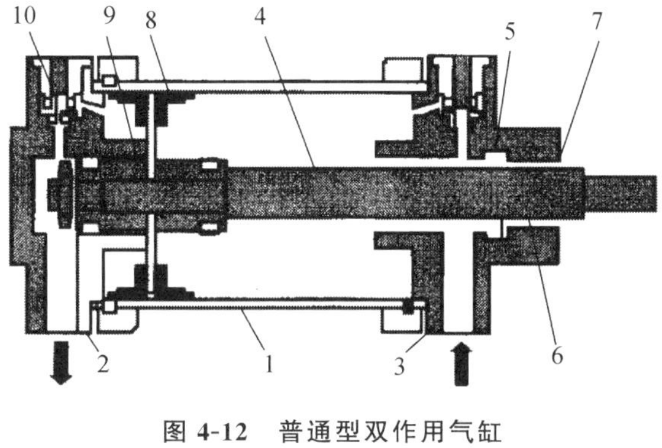

图 4-12　普通型双作用气缸

1-缸筒;2 后缸盖;3-前缸盖;4-活塞杆;5-防尘密封圈;6-导向套;7-密封圈;8-活塞;9-缓冲柱塞;10-缓冲节流阀

(2)单作用气缸。单作用气缸在缸盖一端气口输入压缩空气使活塞杆伸出(或缩回),而另一端靠弹簧力、自重或其他外力等使活塞杆恢复到初始位置。单作用气缸只在动作方向上需要压缩空气,故可节约一半压缩空气。主要用在夹紧、退料、阻挡、举起和进给等操作上。

根据复位弹簧位置将单作用气缸分为预缩型气缸和预伸型气缸。当弹簧装在有杆腔内时,由于弹簧的作用力而使气缸活塞杆初始位置处于缩回位置,我们将这种气缸称为预缩型单作用气缸;当弹簧装在无杆腔内时,气缸活塞杆初始位置为伸出位置,我们将这种气缸称为预伸型气缸。

图 4-13 所示为弹簧复位式单作用气缸。这种气缸在活塞杆侧装有复位弹簧,在前缸盖上开有呼吸用的气口。除此之外,其结构基本上和双作用气缸相同。图示单作用气缸的缸筒和前后缸盖之间采用滚压铆接方式固定。单作用气缸行程受内装回程弹簧自由长度的影响,其行程长度一般在 100 mm 以内。

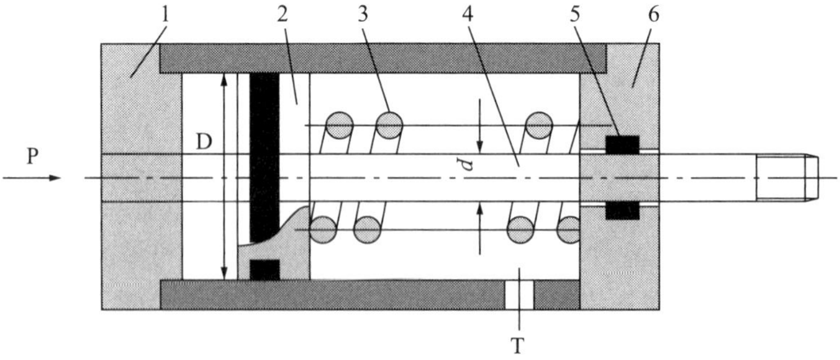

图 4-13　弹簧复位式单作用气缸

1、6-端盖;2-活塞;3-弹簧;4-活塞杆;5-密封圈

2)气-液阻尼缸

气-液阻尼缸是一种由气缸和液压缸构成的组合缸。它由气缸产生驱动力,利用液压缸的阻尼调节作用获得平稳运动。这种气缸常用于机床和切削加工的进给驱动装置,用于克服普通气缸在负载变化较大时容易产生的“爬行”或“自移”现象,可以满足驱动刀具进行切削加工的要求。

气-液阻尼缸按其结构不同,可分为串联式和并联式两种。

(1)串联式气-液阻尼缸。图 4-14 所示为串联式气-液阻尼缸,它由气缸和液压缸串联而成,两缸的活塞用同一根活塞杆带动,在液压缸进、出口之间装有单向阀节流阀。当气缸右腔进气时,气缸带动液压缸活塞向左运动,此时液压缸左腔排油,由于单向阀关闭,油液只能通过节流阀缓慢流入液压缸右腔,对运动起阻尼作用。调节节流阀的开口量,即可调节活塞的运动速度。活塞杆的输出力等于气缸的输出力和液压缸活塞上的阻力之差。当换向阀换向至气缸左腔进气时,液压缸右腔的油液可通过单向阀迅速流回液压缸左腔,活塞快速返回原位。

串联式气-液阻尼缸的缸体较长,加工和安装时对同轴度要求较高,并要注意气缸和液压缸之间的油与气的互窜。一般都将双活塞杆缸作为液压缸,这样可使液压缸两腔进、排油量相等,以减小高位油箱的容积。

(2)并联式气-液阻尼缸。图 4-15 所示为并联式气-液阻尼缸,它由气缸和液压缸并联而成,工作原理和作用与串联式气-液阻尼缸相同。并联式气-液阻尼缸的缸体短,结构紧凑,消除了两缸之间的窜气现象。但因为两缸不在同一轴线上,所以安装时对平行度要求较高。

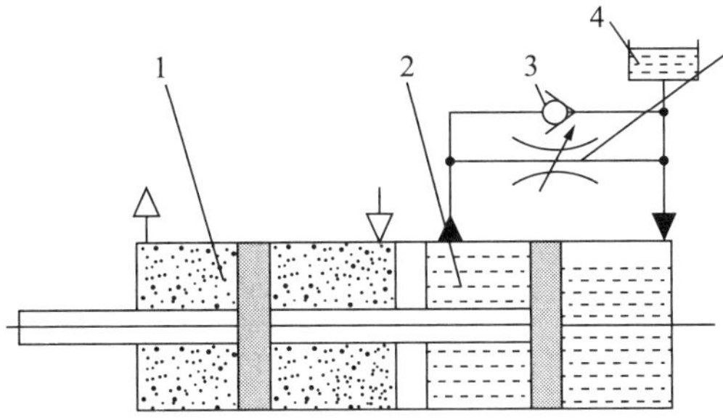

图 4-14　串联式气-液阻尼缸

1-气缸；2-液压缸；3-单向阀；4-油箱；5-节流阀

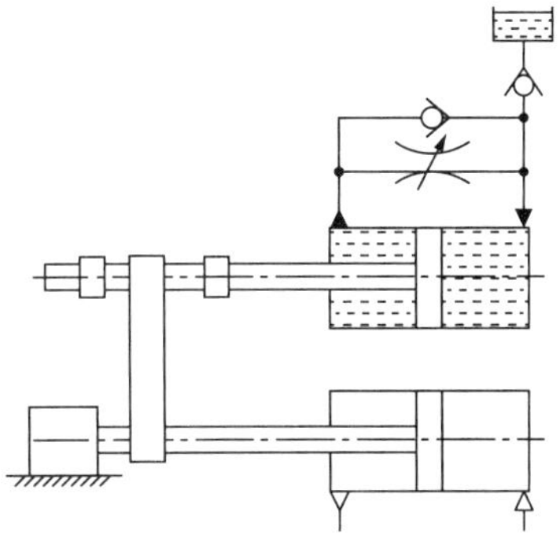

图 4-15　并联式气-液阻尼缸

3）薄膜式气缸

薄膜式气缸是一种利用膜片在压缩空气作用下变形来推动活塞杆做直线运动的气缸。其结构如图 4-16 所示，由缸体 1、膜片 2、膜盘 3 及活塞杆 4 等组成。其功能类似于活塞式气缸，有单作用式[图 4-16(a)]和双作用式[图 4-16(b)]两种。薄膜式气缸具有结构紧凑、成本低、维修方便、寿命长、效率高和密封性好等优点，但因膜片变形有限，行程较短，一般不超过 50 mm。常应用于各种自锁机构、夹具及化工生产过程的调节器上。

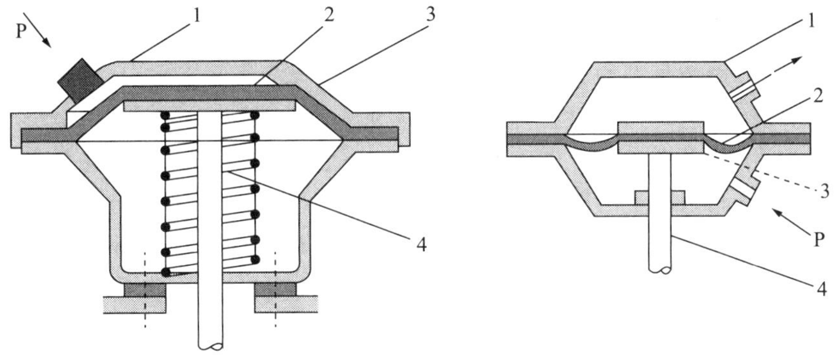

(a) 单作用式　　(b) 双作用式

图 4-16　薄膜式气缸

1-缸体；2-膜片；3-膜盘；4-活塞杆

4）冲击气缸

冲击气缸是一种较新型的气动执行元件。它是把压缩空气的压力能转换为活塞、活塞杆的高速运动，输出动能，产生较大的冲击力，打击工件做功的一种气缸。

冲击气缸与普通气缸相比较，结构上增加了一个具有一定容积的蓄能腔和喷嘴。冲击气缸工作原理如图 4-17 所示，其主要由缸体 1、中盖 2、端盖 4 和 7、活塞 6 及活塞杆等零件组成。中盖 2 与缸体 1 固接在一起，它与活塞把气缸分隔成蓄能腔、活塞腔与活塞杆腔三部分，中盖中心开有一个喷气口。

当压缩空气从 B 孔输入冲击气缸活塞杆腔时，蓄能腔经 A 孔排气，活塞上移，由顶部密封垫封住中盖上的喷气口，活塞腔则经排气塞 5 的小孔与大气相通。当压缩空气从 A 口输入蓄能腔时，活塞杆腔经 B 孔排气，蓄能腔内压力逐渐上升，由于喷气口的面积只有活塞断面积的 1/9，即使下腔开始泄压，仍有一定的向上推力，此时蓄能腔仍是封闭的，继续贮存能量。当蓄能腔内压力高于活塞下腔压力的 9 倍时，活塞开始下移，一旦离开喷气口，蓄能腔内的高压气体迅速充满活塞上腔，使活塞上端受压面积突然增加 9 倍，于是活塞在很大压差作用下迅速加速，在冲程达到 50～75 mm 时，获得最大的冲击速度和能量。

冲击气缸的结构简单、成本低、耗气功率小，且能产生相当大的冲击力，应用十分广泛。它可完成下料、冲孔、弯曲、打印、铆接、模锻、破碎等多种作业。为了有效地应用冲击气缸，应注意：正确地选择工具，并正确地固定；正确地确定冲击气缸的尺寸；选用适用的控制回路。

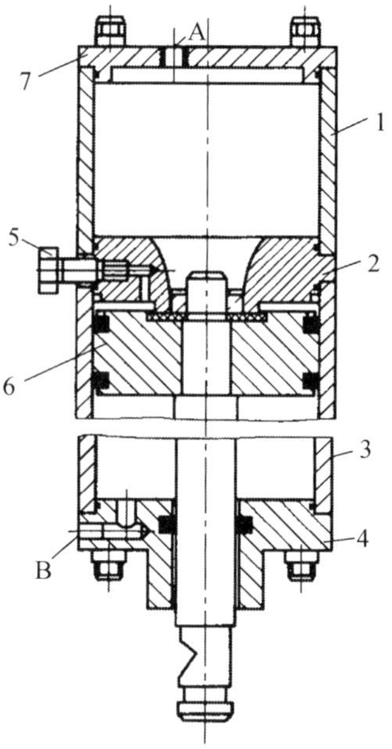

图 4-17 冲击气缸

1-缸体；2-中盖；3-头腔；4、7-端盖；5-排气塞；6-活塞

(二)气动马达

气动马达也称为风动马达，是指将压缩空气的压力能转换为旋转的机械能的装置，它的作用相当于电动机和液压马达，即输出转矩驱动机构做旋转运动。最常用的气动马达有叶片式、活塞式、薄膜式等三种。叶片式气动马达特点与活塞式气动马达的相比较而言，叶片式气动马达转速高，扭矩略小，活塞式气动马达转速略低，扭矩大。但是气动马达相对液压马达而言，转速还算是高的，扭矩是小的。

各种形式的气动马达，尽管结构不同，工作原理有区别，但大多数气动马达具有以下特点：

(1)工作安全，不受振动、高温、电磁辐射等影响，适用于恶劣的环境，在易燃、易爆、高温、振动、潮湿、粉尘等不利条件下均能正常工作。

(2)有过载保护作用，不会因过载而发生故障。过载时，马达只是降低或停止转速；当过载解除，立即可以重新正常运转，并不产生机件损坏等故障，可以长时间满载连续运转，温升较小。

(3)可以无级调速。只要控制进气阀或排气阀的开度，即控制压缩空气的流量，就能调节气动马达的输出功率和转速，便可达到调节转速和功率的目的。

(4)操纵方便，维护检修较容易。气动马达结构简单，体积小，质量轻，功率大，操作容易，维修方便。

(5)功率范围及转速范围均较宽。功率小至几百瓦，大至几万瓦，转速可从每分钟几转到数万转。

(6)具有较高的启动转矩，可以直接带负载启动，启动、停止均迅速。

(7)能够正转也能反转。大多数气动马达，只要简单地用操纵阀来改变气动马达进、排气方向，既能实现气动马达输出轴的正转和反转，也可以瞬时换向。在正反转转换时，冲击很小。气动马达换向工作的一个主要优点是它具有几乎在瞬时可升到全速的能力。叶片式气动马达可在 1.5 s 的时间内升至全速；活塞式气动马达可以在不到 1 s 的时间内升至全速。

(8)使用空气作为介质，无供应上的困难。用过的空气不需处理，排放到大气中，无污染。压缩空气可以集中供应，远距离输送。

气动马达具有以上诸多特点，故它可在潮湿、高温、高粉尘等恶劣的环境下工作。除被用于矿山机械中的凿岩、钻采、装载等设备中作动力外，在船舶、冶金、化工、造纸等行业也被广泛采用。

1.气动马达的工作原理

1)叶片式气动马达的工作原理

图 4-18 所示为叶片式气动马达的结构。它主要由转子 1、定子 2、叶片 3 及壳体组成。压缩空气从输入口 A 进入作用在工作腔两侧的叶片上。由于转子偏心安装,气压作用在两叶片上产生转矩差,使转子按逆时针方向旋转,做功后的气体从输出口 B 排出。若改变压缩空气输入方向,即可改变转子的转向。

2)活塞式气动马达的工作原理

活塞式气动马达相比于叶片式气压马达,其转速略低,扭矩大。活塞式气动马达主要由连杆、曲轴、活塞、气缸、机体、配气阀等组成。压缩空气通过配气阀依次向各气缸供气,从而膨胀做功,通过连杆推动曲轴旋转。

常用活塞式气动马达大多是径向连杆式的。图 4-19 所示为径向连杆活塞式气压马达工作原理。压缩空气由进气口(图中未画出)进入配气阀套 1 及配气阀 2,经配气阀 2 及配气阀套 1 上的孔进入气缸 3(图示进入气缸 Ⅰ 和 Ⅱ),推动活塞 4 及连杆组件 5 运动。活塞连杆带动曲轴 6 旋转。曲轴 6 旋转的同时,带动与曲轴固定在一起的配气阀 2 同步转动,使压缩空气随着配气阀 2 角度位置的改变进入不同的缸内(图示顺序为 Ⅰ、Ⅱ、Ⅲ、Ⅳ、Ⅴ),依次推动各个活塞运动,活塞及连杆带动曲轴连续运转。与此同时,与进气缸相对应的气缸分别处于排气状态。

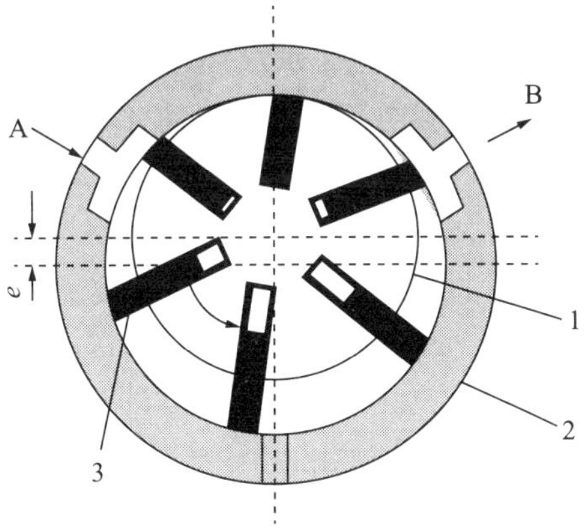

图 4-18　叶片式气动马达

1-转子;2-定子;3-叶片

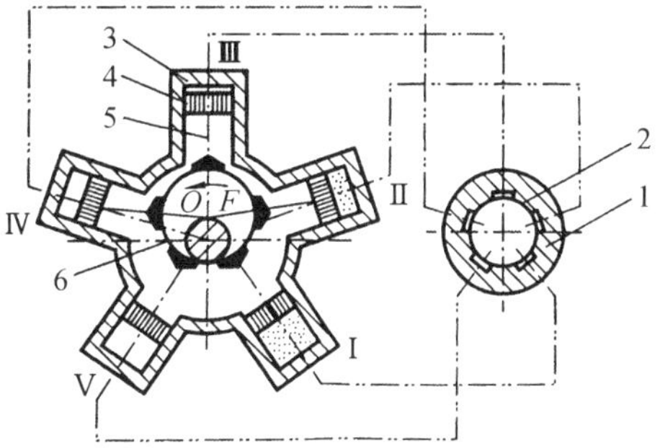

图 4-19　活塞式气动马达

1-配气阀套;2-配气阀;3-气缸;4-活塞;

5-连杆组件;6-曲轴

活塞式气动马达相对于电动机(或称马达)的主要区别如下:

(1)小体积能产生高功率。

(2)高适应性,温升较小,转速可随负载改变而改变,甚至超载停机而不会对气动马达产生任何损伤,因此选择时可考虑采用较低的安全系数。

(3)急启动,急停机,特别适合频繁启动的场合,而且换向非常容易。

(4)简单的无级调速,从零到最大,操作灵活。

(5)启动扭矩较大,能带载启动。

(6)结构简单,气动马达使用寿命特别长。

2.气动马达的应用

叶片式气动马达，一般在中小容量高速旋转的范围使用，其输出功率为 0.1～20 kW，转速为 500～25 000 r/min。叶片式气动马达低速时的特性不好，在转速 500 r/min 以下场合使用时，必须用减速机构。叶片式气动马达主要用于矿山机械和气动工具中，如风钻、风扳手、风砂轮等上均装有气动马达。

活塞式气动马达不受外部环境的影响，甚至在水中、多尘、潮湿、脏污等恶劣环境中。气动马达不产生火花、过热、爆炸、短路等危险因素，尤其适用于易燃易爆物质或高温的环境，如对溶剂、油漆、化学品的搅拌。目前，气动马达主要应用于矿山机械、专业性的机械制造业、油田、化工、造纸、炼钢、船舶、航空、工程机械等行业。随着气动传动的发展，气动马达的应用将更趋广泛。

三、气动控制元件

在气动系统中，控制元件是控制和调节压缩空气的压力、流量、流动方向和发送信号的重要元件，利用它们可以组成各种气动回路，使气动执行元件按设计要求正常工作。气动控制元件按功能和用途可分为压力控制阀、流量控制阀和方向控制阀三大类。此外，还有通过改变气流方向和通断实现各种逻辑功能的气动逻辑元件。

(一)压力控制阀

压力控制阀主要用来控制系统中气体的压力，满足各种压力要求或用以节能。压力控制阀可分为三类：一是起降压、稳压作用的减压阀、定值器；二是起限压安全保护作用的溢流阀；三是根据气路压力不同进行某种控制的顺序阀。

1.减压阀

气压传动中的减压阀与液压传动中的减压阀一样能起减压作用，但它更主要的作用是调压和稳压。按其调节压力方式的不同分为直动式和先导式两类。

1)直动式减压阀

图 4-20(a)所示为直动式带溢流阀的减压阀(简称直动式溢流减压阀)的结构。压力为 p_1 的压缩空气，由左端输入，经进气阀口 10 节流后，压力降为 p_2 输出。p_2 的大小可由调压弹簧 2、3 进行调节。顺时针旋转旋转手柄 1，高压弹簧 2、3 及膜片 5 使阀芯 8 下移，增大进气阀口 10 的开度，使 p_2 增大。若逆时针旋转旋转手柄 1，进气阀口 10 的开度减小，p_2 随之减小。

若 p_1 瞬时升高，p_2 将随之升高，使膜片气室 6 内压力升高，在膜片 5 上产生的推力相应增大，此推力破坏了原来力的平衡，使膜片 5 向上移动，有少部分气流经溢流孔 12、排气孔 11 排出。在膜片上移的同时，因复位弹簧 9 的作用，使阀芯 8 也向上移动，关小进气阀口 10，节流作用加大，使输出压力下降，直至达到新的平衡为止，输出压力基本又回到原来值。若输入压力瞬时下降，输出压力也下降，膜片 5 下移，阀芯 8 随之下移，进气阀口 10 开大，节流作用减小，使输出压力也基本回到原来值。逆时针旋转旋转手柄 1 使调压弹簧 2、3 放松，气体作用在膜片 5 上的推力大于调压弹簧的作用力，膜片向上弯曲，靠复位弹簧的作用关闭进气阀口 10。

再旋转旋转手柄 1，进气阀芯 8 的顶端与调座 4 将脱开，膜片气室 6 中的压缩空气便经溢流孔 12、排气孔 11 排出，使阀处于无输出状态。图 4-20(b)所示为直动式溢流减压阀及其图形符号。

总之，溢流减压阀是靠进气口的节流作用减压，靠膜片上力的平衡作用和溢流孔的溢流作用稳压；调节弹簧即可使输出压力在一定范围内改变。为防止以上溢流式减压阀排出少量气体对周围环境的污染，可采用不带溢流阀的减压阀(即普通减压阀)。

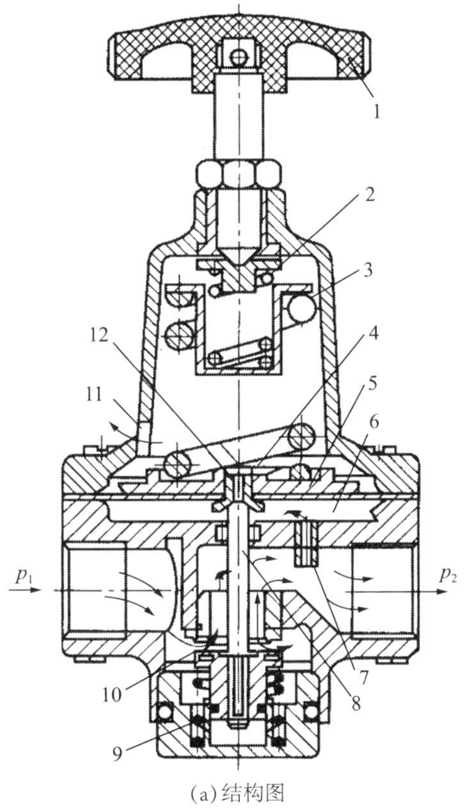

(a)结构图

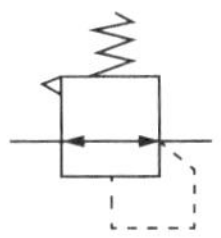

(b)图形符号

图 4-20　直动式溢流减压阀及其图形符号

1-旋转手柄；2、3-调压弹簧；4-调座；5-膜片；6-膜片气室；7-阻尼孔；8-阀芯；9-复位弹簧；10-进气阀口；11-排气孔；12-溢流孔

2)先导式减压阀

当减压阀的输出压力较高或通径较大时，用调压弹簧直接调压，则弹簧刚度必然过大，流量变化时，输出压力波动较大，阀的结构尺寸也将增大。为了克服这些缺点，可采用先导式减压阀。先导式减压阀的工作原理与直动式减压阀的基本相同。先导式减压阀所用的调压气体，是由小型的直动式减压阀供给的。若把小型直动式减压阀装在阀体内部，则称为内部先导式减压阀；若将小型直动式减压阀装在主阀体外部，则称为外部先导式减压阀。图 4-21(a)所示为内部先导式减压阀结构，它由先导阀和主阀两部分组成。当气流从左端流入阀体后，一部分经进气阀口 9 流向输出口，另一部分经固定节流孔 1 进入中间气室 5，经喷嘴 2、挡板 3、孔道反馈至下气室 6，再经阀芯 7 中心孔及排气孔 8 排至大气中。

把手柄旋到一定位置，使喷嘴 2 与挡板 3 的距离在工作范围内，减压阀就进入工作状态。中间气室 5 的压力随喷嘴 2 与挡板 3 间距离的减小而增大，于是推动阀芯 7 打开进气阀口 9，立即有气流流到出口，同时经孔道反馈到上气室 4，与调压弹簧相平衡。

若输入压力瞬时升高，输出压力也相应升高，通过孔口的气流使下气室 6 的压力也升高，破坏了膜片原有的平衡，使阀芯 7 上升，节流阀口减小，节流作用增强，输出压力下降，使膜片两端作用力重新平衡，输出压力恢复到原来的调定值。当输出压力瞬时下降时，经喷嘴挡板的放大也会引起中间气室 5 的压力明显地提高，而使得阀芯 7 下移，阀口开大，输出压力升高，并稳定到原数值上。图 4-21(b)所示为先导式减压阀的图形符号。

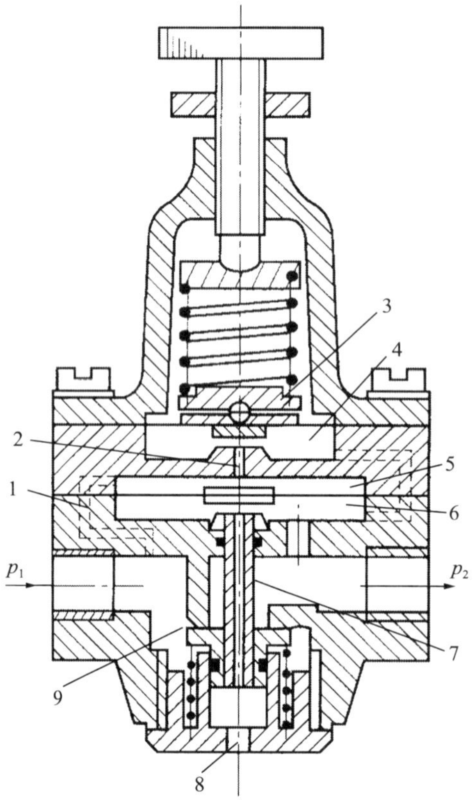

(a)结构图

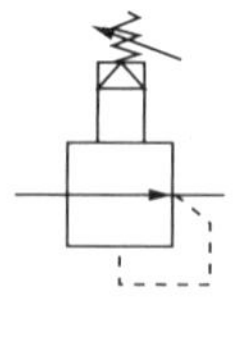
(b)图形符号

图 4-21　内部先导式减压阀

1-节流孔；2-喷嘴；3-挡板；4-上气室；5-中间气室；6-下气室；7-阀芯；8-排气孔；9-进气阀口

3)减压阀的基本性能

(1)调压范围：它是指减压阀输出压力 p_2 的可调范围，在此范围内要求达到规定的精度。调压范围主要与调压弹簧的刚度有关。

(2)压力特性：它是指流量 g 为定值时，因输入压力波动而引起输出压力波动的特性。输出压力波动越小，减压阀的特性越好。输出压力必须低于输入压力一定值才基本上不随输入压力变化而变化。

(3)流量特性：它是指输入压力一定时，输出压力随输出流量 g 的变化而变化的特性。当流量 g 发生变化时，输出压力的变化越小越好。一般输出压力越低，随输出流量的变化就越小。

2.顺序阀

顺序阀是依靠气路中压力的作用而控制执行元件按顺序动作的压力控制阀,其作用和工作原理与液压顺序阀基本相同。顺序阀常与单向阀并联组成单向顺序阀。

图 4-22 所示为单向顺序阀的工作原理。当压缩空气由 P 口进入阀左腔 4 后,作用在活塞 3 上的力小于调压弹簧 2 上的力时,阀处于关闭状态。而当作用于活塞 3 上的力大于调压弹簧 2 上的力时,活塞 3 被顶起,压缩空气经阀左腔 4 流入阀右腔 5 由 A 口流出,如图 4-22(a)所示,顺序阀开启,此时单向阀关闭。当切换气源时,如图 4-22(b)所示,阀左腔 4 压力迅速下降,顺序阀关闭,此时阀右腔 5 压力高于阀左腔 4 压力,在气体压力差作用下,打开单向阀 6,压缩空气由阀右腔 5 经单向阀 6 流入阀左腔 4 向外排出。图 4-22(c)为单向顺序阀的图形符号。图 4-23 所示为常用单向顺序阀的结构,通过旋转手轮调节弹簧预紧力即可改变顺序阀的开启压力。单向顺序阀常用于控制气缸自动顺序动作或不便于安装机控阀的场合。

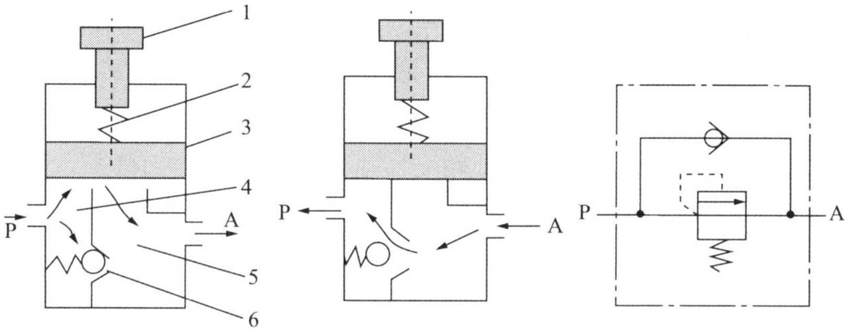

(a)工作原理　(b)切换气源　(c)图形符号

图 4-22　单向顺序阀的工作原理

1-旋转手柄;2-调压弹簧;3-活塞;4-阀左腔;5-阀右腔;6-单向阀

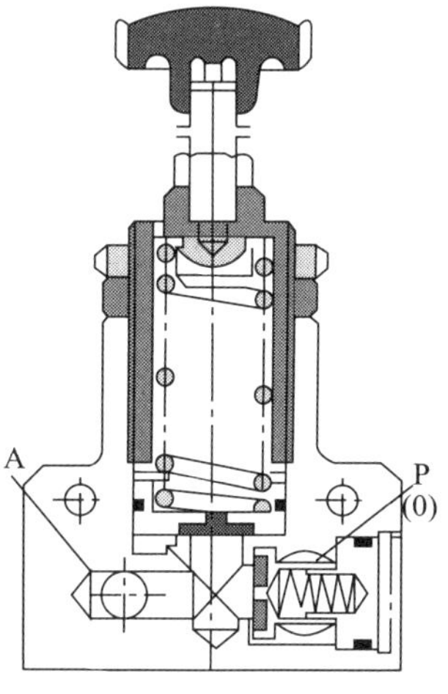

图 4-23　单向顺序阀的结构

3.溢流阀

溢流阀在系统中起安全保护作用,故又称安全阀。当系统压力超过规定值时,安全阀打开,将系统中的一部分气体排入大气,使系统压力不超过允许值,从而保证系统不因压力过高而发生事故。

溢流阀按控制方式分为直动式和先导式。

1)直动式溢流阀

图 4-24(a)所示为直动式溢流阀的结构。将阀 P 口与系统相连接,T 口通大气,当系统中空气压力升高,一旦大于溢流阀调定压力时,气体推开阀芯,从 T 口排至大气,使系统压力稳定在调定值,保证系统安全。当系统压力低于调定值时,在弹簧的作用下阀口关闭。开启压力的大小与调压弹簧的预紧力有关。图 4-24(b)所示为直动式溢流阀的图形符号。

2)先导式溢流阀

图 4-25(a)所示为先导式溢流阀的结构。先导式溢流阀的先导阀为减压阀,由先导阀减压后的空气从上部的 K 口进入阀内,并以它代替弹簧,实现对溢流阀开启压力的控制。

先导式溢流阀适用于管道通径较大及远距离控制的场合。图 4-25(b)所示为先导式溢流阀的图形符号。实际应用时,应根据实际需要选择溢流阀的类型,并根据最大排气量选择其通径。

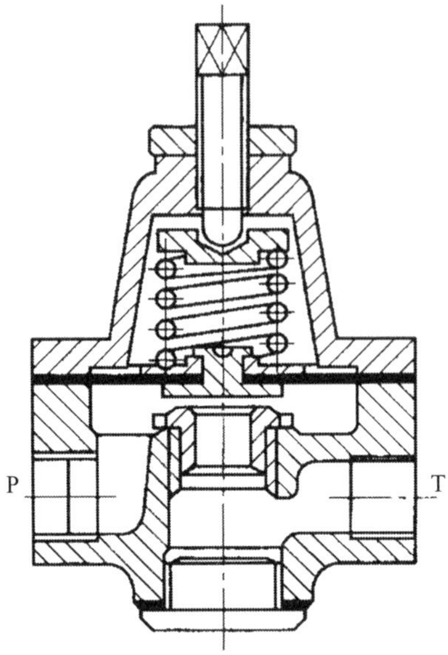

(a) 结构图

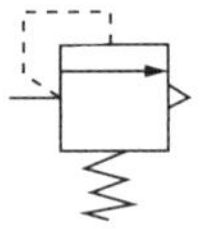

(b) 图形符号

图 4-24 直动式溢流阀

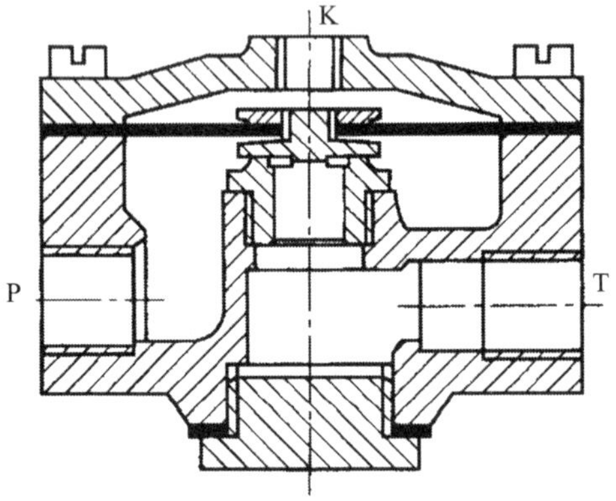

(a) 结构图

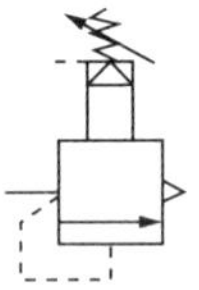

(b) 图形符号

图 4-25 先导式溢流阀

(二)流量控制阀

流量控制阀通过控制气体流量来控制气动执行元件的运动速度。而气体流量的控制是通过改变阀口的流通面积实现的。常用的流量控制阀有节流阀、单向节流阀、排气节流阀等。

1.节流阀

(1)节流阀。图 4-26(a)所示为圆柱斜切型阀芯的节流阀的结构。气流经 P 口输入,通过节流口的节流作用后经 A 口输出。节流口的流通面积与阀芯位移量之间有一定的函数关系,这个函数关系与阀芯节流部分的形状有关。常用的有针阀型、三角沟槽型和圆柱斜切型等,与液压节流阀阀芯节流部分的形状基本相同,这里不再重复。图 4-26(b)为节流阀的图形符号。

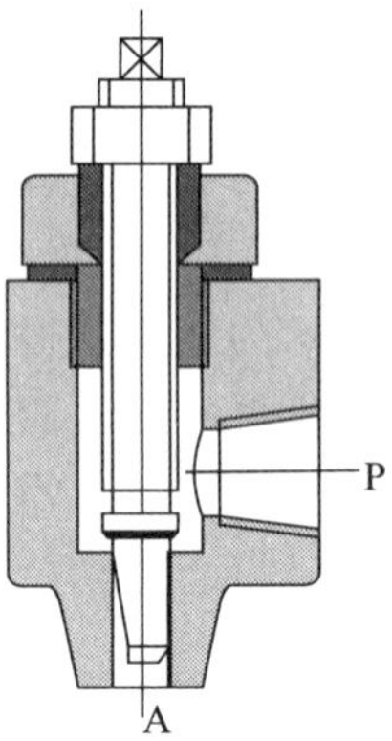

(a) 结构图

(b) 图形符号

图 4-26 节流阀

(2)单向节流阀。图 4-27(a)所示为单向节流阀的结构,它是单向阀和节流阀并联而成的组合控制阀。当气流由 P 口向 A 口流动时,经过节流阀节流;当反方向流动,即由 A 口向 P 口流动时,单向阀打开,不节流。单向节流阀常用于气缸的调速和延时回路中。图 4-27(b)为单向节流阀的图形符号。

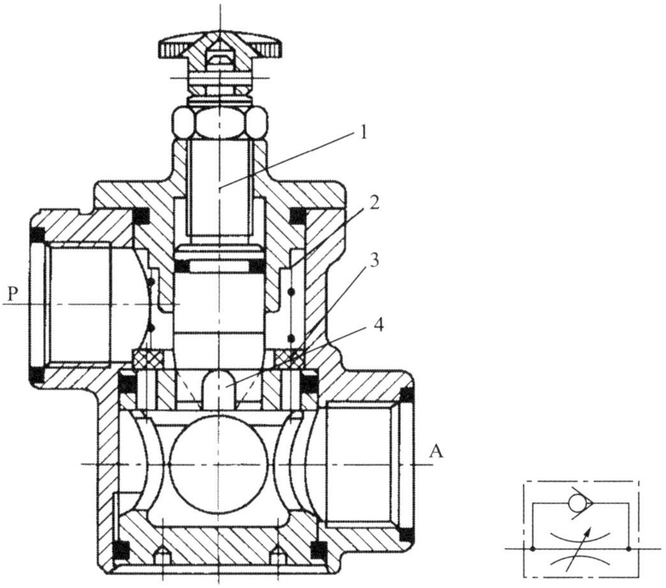

(a)结构图　　(b)图形符号

图 4-27　单向节流阀

1-调节杆;2-弹簧;3-单向阀;4-节流口

2.排气节流阀

排气节流阀和节流阀一样,也是靠调节流通面积来调节气体流量的。所不同的是,排气节流阀安装在系统的排气口处,不仅能够控制执行元件的运动速度,而且因其常带消声器件,具有减少排气噪声的作用。所以常称其为排气消声节流阀。

图 4-28(a)所示为排气节流阀的结构。调节旋钮 8,可改变阀芯 3 左端节流口(三角沟槽型)的开度,即改变由 A 口进来的排气量大小。排气节流阀常安装在换向阀和执行元件的排气门处,起单向节流阀的作用。由于其结构简单,安装方便,能简化回路,所以其应用日益广泛。图 4-28(b)为排气节流阀的图形符号。

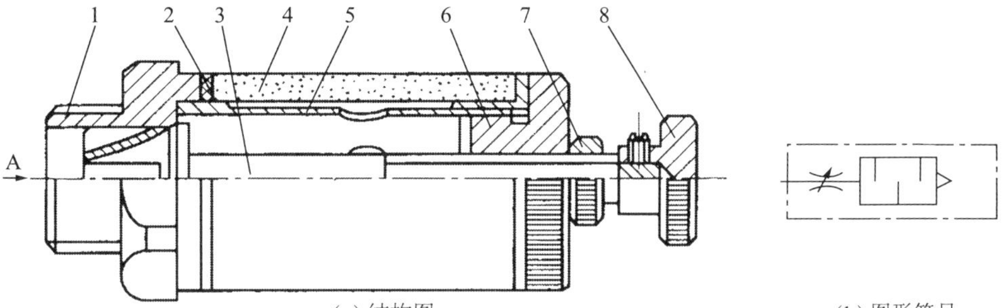

(a)结构图　　(b)图形符号

图 4-28　排气节流阀

1-阀座;2-垫圈;3-阀芯;4-消音套;5-阀套;6-锁紧法兰;7-锁紧螺母;8-旋钮

(三)方向控制阀

气动方向控制阀是用来控制压缩空气的流动方向和气流通断的,其分类方法与液压换向阀大致相同。按阀芯结构不同可分为滑阀式、截止式(又称提动式)、平面式(又称滑块式)、旋塞式和膜片式等,其中以滑阀式和截止式应用较多。按控制方式不同可分为电磁控制式、气压控制式、机械控制式、人力控制式和时间控制式等。按作用特点可分为单向型和换向型。按通路数和阀芯工作位置数可分为二位二通、二位三通、三位五通等。按阀的密封形式分为硬质密封和软质密封。其中,软质密封因制造容易、泄漏少、对介质污染不敏感等优点,在气动方向控制阀中被广泛采用。

1.单向阀

图 4-29(a)所示为单向阀的结构。单向阀是气流只能向一个方向流动而不能反向流动的方向控制阀,其工作原理与液压单向阀一样。压缩空气从 P 口进入,克服弹簧力和摩擦力使单向阀阀口开启,压缩空气从 P 口流至 A 口;当 P 口无压缩空气时,在弹簧力和 A 口余气压力作用下,阀口处于关闭状态,使从 A 口至 P 口气流不通。图 4-29(b)为单向阀的图形符号。

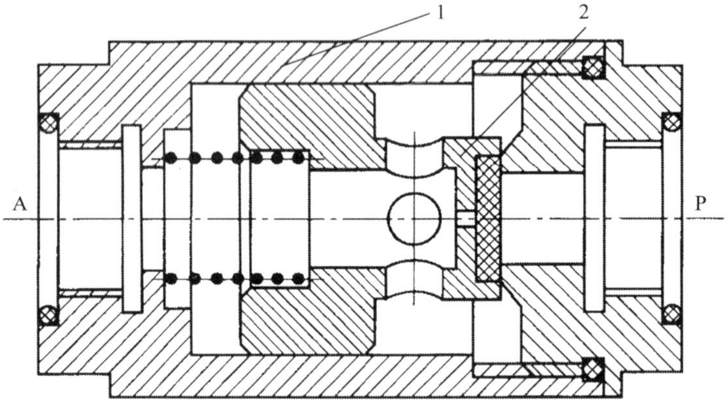

(a)结构图

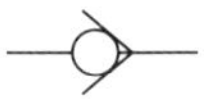

(b)图形符号

图 4-29 单向阀

1-阀体;2-阀芯

单向阀应用于不允许气流反向流动的场合,如空气压缩机向气罐充气时,在空气压缩机与气罐之间设置一个单向阀,当空气压缩机停止工作时,可防止气罐中的压缩空气回流到空气压缩机。

单向阀还常与节流阀、顺序阀等组合成单向节流阀、单向顺序阀等使用。

2.换向型方向控制阀

换向型方向控制阀(简称换向阀)是通过改变气流通道而使气体流动方向发生变化,从而达到改变气动执行元件运动方向的目的。它包括气压控制换向阀、电磁控制换向阀、机械控制换向阀、人力控制换向阀和时间控制换向阀等。

1)气压控制换向阀

气压控制换向阀是利用气体压力来使主阀芯运动,从而使气体改变流向的换向阀。按控制方式不同分为加压控制、卸压控制和差压控制三种。加压控制是指所加的控制信号压力是逐渐上升的,当气压增加到阀芯的动作压力时,主阀便换向;卸压控制是指所加的控制信号压力是逐渐减小的，当减小到某一压力值时，主阀换向；差压控制是指使主阀芯在两端压力差的作用下换向。气压控制换向阀按主阀结构不同，又可分为截止式和滑阀式两种主要形式。滑阀式气压控制换向阀的结构和工作原理与液动换向阀基本相同。在此主要介绍截止式换向阀。

图 4-30 所示为二位三通单气压控制截止式换向阀的工作原理。图 4-30(a)为 K 口没有控制信号时的状态。阀芯在弹簧与 P 腔气压作用下，使 P 口与 A 口断开，A 口与 T 口接通，阀处于排气状态。图 4-30(b)为 K 口有控制信号时，P 口与 A 口接通，A 口与 T 口断开，A 口进气。图 4-30(c)为二位三通单气压控制截止式换向阀的图形符号。

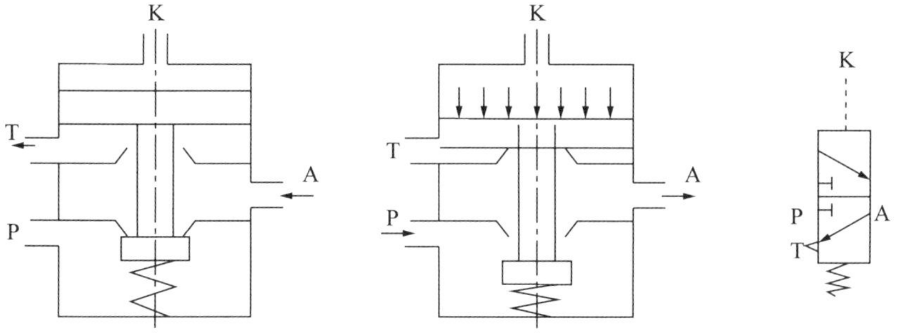

(a)K口没有控制信号　(b)K口有控制信号　(c)图形符号

图 4-30　二位三通单气压控制截止式换向阀的工作原理

2)电磁控制换向阀

气动电磁控制换向阀是利用电磁铁的作用来实现阀的切换以改变气流方向的控制阀。按控制方式的不同可分为直动式和先导式两种，其工作原理与液压控制阀中的电磁换向阀相同，只是工作介质不同而已。利用这种控制阀易于实现电、气联合控制，能实现远距离操作，故得到了广泛应用。

(1)直动式电磁换向阀。由电磁铁直接推动阀芯换向的气动换向阀称为直动式电磁换向阀。其分为单电控和双电控两种。图 4-31 所示为单电控直动式电磁换向阀的工作原理，它是二位三通电磁阀。

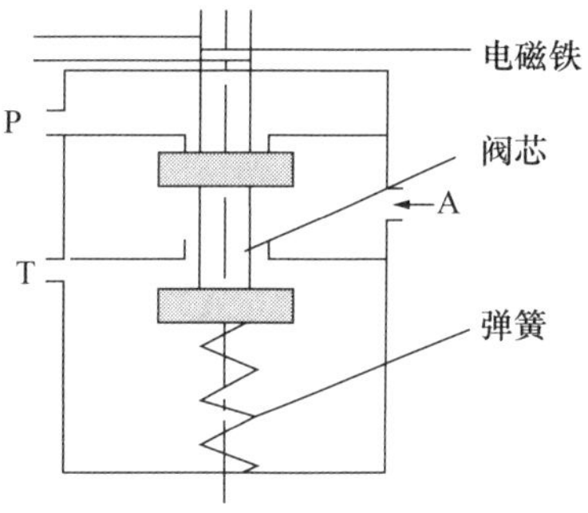

图 4-31　单电控直动式电磁换向阀的工作原理

图 4-32 所示为双电控直动式电磁换向阀的工作原理，它是二位五通电磁换向阀。如图 4-32(a)所示，电磁铁 1 通电，电磁铁 2 断电时，阀芯 3 被推到右位，A 口有输出，B 口排气；电磁铁 1 断电，阀芯位置不变，即具有记忆能力。如图 4-32(b)所示，电磁铁 2 通电，电磁铁 1 断电时，阀芯被推到左位，B 口有输出，A 口排气；若电磁铁 2 断电，空气通路不变。图 4-32(c)为双电控直动式电磁换向阀的图形符号。

(2)先导式电磁换向阀。先导式电磁换向阀由电磁阀和气控阀组合而成。该阀由电磁铁先控制气路，产生先导压力，再由先导压力去推动主阀阀芯，使其换向。适用于通径较大的场合。

先导式电磁换向阀按控制方式分为单电控和双电控两种。

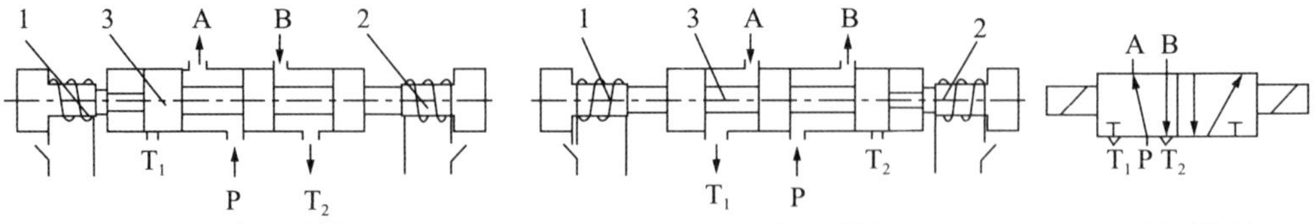

图 4-32　双电控直动式电磁换向阀的工作原理

1、2-电磁铁；3-阀芯

图 4-33 所示为单电控外部先导式电磁换向阀的工作原理。如图 4-33(a)所示，当电磁先导阀断电时，先导阀的 X、A_1 口断开，A_1、T_1 口接通，先导阀处于排气状态，此时，主阀阀芯在弹簧和 P 口气压作用下向右移动，将 P、A 口断开，A、T 口接通，即主阀处于排气状态。如图 4-33(b)所示，当电磁先导阀通电后，先导阀的 X、A_1 口接通，电磁先导阀处于进气状态，即主阀控制腔 A_1 进气。由于 A_1 腔内气体作用于阀芯上的力大于 P 口气体作用在阀芯上的力与弹簧力之和，所以将活塞推向左边，使 P、A 口接通，即主阀处于进气状态。图 4-33(c)所示为单电控外部先导式电磁换向阀的图形符号，图 4-33(d)为其简化图形符号。

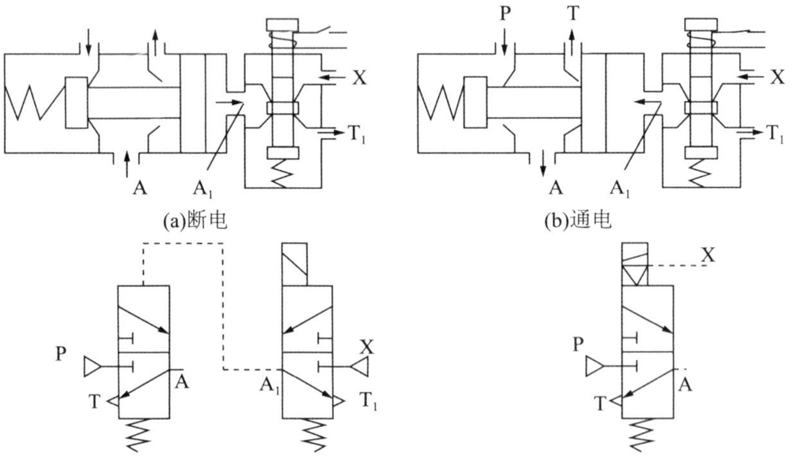

图 4-33　单电控外部先导式电磁换向阀的工作原理

图 4-34 所示为双电控外部先导式电磁换向阀的工作原理。如图 4-33(a)所示，当电磁先导阀 1 通电而电磁先导阀 2 断电时，由于主阀 3 的 K_1 腔进气，K_2 腔排气，使主阀阀芯移到右边。此时，P、A 口接通，A 口有输出；B、T_2 口接通，B 口排气。如图 4-34(b)所示，当电磁先导阀 2 通电而电磁先导阀 1 断电时，主阀 K_2 腔进气，K_1 腔排气，主阀阀芯移到左边，P、B 口接通，B 口有输出；A、T_1 口接通，A 口排气。双电控换向阀具有记忆性，接通时换向，断电时并不返回，可用单脉冲信号控制。图 4-34(c)所示为双电控外部先导式电磁换向阀的图形符号。

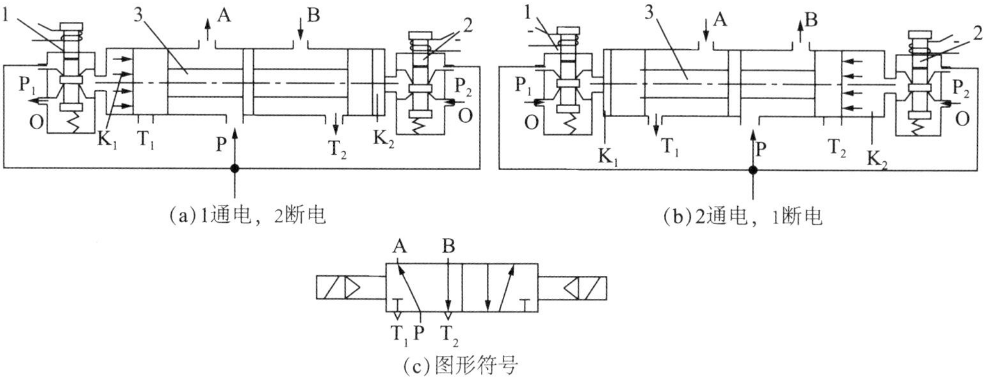

图 4-34　双电控外部先导式电磁换向阀的工作原理

1、2-电磁铁；3-阀芯

四、气动系统主要元件的常见故障及其排除方法

气动系统主要元件的常见故障及其排除方法见表 4-1 至表 4-6。

表 4-1　减压阀的常见故障及其排除方法

故障现象	原因分析	排除方法
出口压力升高	(1)弹簧损坏 (2)阀座有伤痕或阀座密封圈剥离 (3)阀体中夹入灰尘，阀芯导向部分黏附异物 (4)阀芯导向部分和阀体的 O 形密封圈收缩、膨胀	(1)更换弹簧 (2)更换阀体 (3)清洗、检查过滤器 (4)更换 O 形密封圈
压降过大	(1)阀口通径小 (2)阀下部积存冷凝水，阀内混入异物	(1)使用大通径的减压阀 (2)清洗、检查过滤器
溢流口总是漏气	(1)溢流阀座有伤痕(溢流式) (2)膜片破裂 (3)出口压力升高 (4)出口侧背压增高	(1)更换溢流阀座 (2)更换膜片 (3)参看“出口压力升高”栏 (4)检查出口侧装置的回路
阀体漏气	(1)密封件损伤 (2)弹簧松弛	(1)更换密封件 (2)张紧弹簧或更换弹簧
异常振动	(1)弹簧错位或弹簧的弹力减弱 (2)阀体的中心与阀杆的中心错位 (3)因空气消耗量周期变化而使阀不断开启、关闭，与减压阀引起共振	(1)把错位弹簧调整到正常位置，更换弹簧力 (2)检查并调整位置偏差 (3)改变阀的固有频率

表 4-2　溢流阀的常见故障及其排除方法

故障现象	原因分析	排除方法
压力虽上升，但不溢流	(1)阀内部的孔堵塞 (2)阀芯导向部分进入异物	(1)清洗 (2)清洗
压力虽没有超过设定值，但在溢流口处却溢出空气	(1)室内进入异物 (2)阀座损伤 (3)调压弹簧损坏 (4)膜片破裂	(1)清洗 (2)更换阀座 (3)更换调压弹簧 (4)更换膜片
溢流时发生振动(主要发生在膜片式阀上)，启闭压力差较小	(1)压力上升速度很慢，溢流阀放出的流量多，引起阀的振动 (2)从压力上升源到溢流阀之间被节流，故阀前部压力上升慢而引起振动	(1)出口处安装针阀，微调溢流量，使其与压力上升量匹配 (2)增大压力上升源到溢流阀的管道口径
从阀体和阀盖向外漏气	(1)膜片破裂(膜片式) (2)密封件损伤	(1)更换膜片 (2)更换密封件

表 4-3　方向阀的常见故障及其排除方法

故障现象	原因分析	排除方法
不能换向	(1)阀芯的滑动阻力大，润滑不良 (2)O 形密封圈变形 (3)粉尘卡住滑动部分 (4)弹簧损坏 (5)阀操纵力小 (6)膜片破裂	(1)进行润滑 (2)更换 O 形密封圈 (3)清除粉尘 (4)更换弹簧 (5)检查阀操纵部分 (6)更换膜片
阀产生振动	(1)空气压力低(先导型) (2)电源电压低(电磁阀)	(1)提高操纵压力，采用直动型 (2)提高电源电压，使用低电压线圈
交流电磁铁有蜂鸣声	(1)活动铁芯密封不良 (2)粉尘进入铁芯的滑动部分，使活动铁芯不能密切接触 (3)活动铁芯的铆钉脱落，铁芯叠层分开而不能吸合 (4)短路环损坏 (5)电源电压低 (6)外部导线拉得太紧	(1)检查铁芯接触和密封性，必要时更换铁芯组件 (2)清除粉尘 (3)更换活动铁芯 (4)更换固定铁芯 (5)提高电源电压 (6)引线应宽裕
电磁铁动作时间偏差大，或有时不能动作	(1)活动铁芯锈蚀，不能移动；在湿度高的环境中使用气动元件时，由于密封不完善而向磁铁部分泄漏空气 (2)电源电压低 (3)粉尘等进入活动铁芯的滑动部分使运动恶化	(1)铁芯除锈，修理好对外部的密封，更换坏的密封件 (2)提高电源电压或使用符合电压的线圈 (3)清除粉尘
线圈烧毁	(1)环境温度高 (2)快速循环使用 (3)吸引时电流大，单位时间耗电多，温度升高 (4)粉尘进入阀和铁芯之间，不能吸引活动铁芯 (5)线圈上有残余电压	(1)在产品规定温度范围内使用 (2)使用高级电磁阀 (3)使用气动逻辑回路，使绝缘损坏而短路 (4)清除粉尘 (5)使用正常电源电压，使用符合电压的线圈
切断电源，活动铁芯不能退回	粉尘夹入活动铁芯滑动部分	清除粉尘

表 4-4　气缸的常见故障及其排除方法

故障现象	原因分析	排除方法
外泄漏（活塞杆与密封衬套间漏气；气缸体与端盖间漏气；从缓冲装置的调节螺钉处漏气）	(1)衬套密封圈磨损 (2)活塞杆偏心 (3)活塞杆有伤痕 (4)活塞杆与密封衬套的配合面内有杂质 (5)密封圈损坏	(1)更换衬套密封圈 (2)重新安装，使活塞杆不受偏心负荷 (3)更换活塞杆 (4)除去杂质，安装防尘盖 (5)更换密封圈
内泄漏（活塞两端窜气）	(1)活塞密封圈损坏 (2)润滑不良，活塞被卡住 (3)活塞配合面有缺陷，杂质挤入密封面	(1)更换活塞密封圈 (2)重新安装，使活塞杆不受偏心负荷 (3)缺陷严重者更换零件，去除杂质
输出力不足、动作不平稳	(1)润滑不良 (2)活塞或活塞杆卡住 (3)气缸体内表面有锈蚀或缺陷 (4)进入了冷凝水、杂质	(1)调节或更换油雾器 (2)检查安装情况，消除偏心 (3)视缺陷大小而决定排除故障的方法 (4)加强对空气过滤器和除油器的管理，定期排放污水
缓冲效果不好	(1)缓冲部分的密封圈密封性能差 (2)调节螺钉损坏 (3)气缸速度太快	(1)更换密封圈 (2)更换调节螺钉 (3)研究缓冲机构的结构是否合理

表 4-5　空气过滤器的常见故障及其排除方法

故障现象	原因分析	排除方法
压力过大	(1)使用的滤芯过细 (2)过滤器流量范围太小 (3)流量超过过滤器的容量 (4)过滤器滤芯网眼堵塞	(1)更换适当的滤芯 (2)更换流量范围大的过滤器 (3)更换大容量的过滤器 (4)用净化液清洗(必要时更换)滤芯
从输出端溢出冷凝水	(1)未及时排出冷凝水 (2)自动排水器发生故障 (3)超过过滤器的流量范围	(1)养成定期排水习惯或安装自动排水器 (2)修理(必要时更换) (3)在适当流量范围内使用或更换大容量的过滤器
输出端出现异物	(1)过滤器滤芯破损 (2)滤芯密封不严 (3)用有机溶剂清洗塑料件	(1)更换滤芯 (2)更换滤芯的密封，紧固滤芯 (3)改用清洁的热水或煤油清洗
塑料水杯破损	(1)在有机溶剂的环境中使用 (2)空气压缩机输出某种焦油 (3)空气压缩机从空气中吸入对塑料杯有害的物质	(1)使用不受有机溶剂侵蚀的材料(如使用金属杯) (2)更换空气压缩机的润滑油，或使用无油的空气压缩机 (3)使用金属杯
漏气	(1)密封不良 (2)因物理(冲击)、化学原因使塑料杯产生裂痕 (3)漏水阀、自动排水器失灵	(1)更换密封件 (2)参看“塑料水杯破损”栏 (3)修理(必要时更换)

表 4-6　油雾器的常见故障及其排除方法

故障现象	原因分析	排除方法
油不能漏下	(1)没有产生油滴下落所需的压差 (2)油雾器反向安装 (3)油道堵塞 (4)油杯未加压	(1)加上文丘里管或换成小的油雾器 (2)改变安装方向 (3)拆卸进行修理 (4)通往油杯的空气通孔遭堵塞.需拆卸修理
油杯未加压	(1)通往油杯的空气通孔遭堵塞 (2)油杯大,油雾器使用频繁	(1)拆卸修理 (2)加大通往油杯的空气通孔,使用快速循环式油雾器
油滴数不能减少	油量调整螺钉失效	检修油量调整螺钉
空气向外泄漏	(1)油杯破损 (2)密封不良 (3)观察玻璃破损	(1)更换油杯 (2)检修密封 (3)更换观察玻璃
油杯破损	(1)用有机溶剂清洗 (2)周围存在有机溶剂	(1)更换油杯,使用金属杯或耐有机溶剂油杯 (2)与有机溶剂隔离

【任务实施】

1.认识各种气动元件和辅助元件；

2.认识空气压缩机、气动三联件等常用气动元件；

3.分析气动换向阀与液动换向阀的区别。

任务二　气动传动基本回路

【任务描述】

正确搭接气动方向控制回路和气动速度控制回路。

【知识准备】

气动系统与液压系统一样,无论简单还是复杂,均由一些具有不同功能的气动基本回路所组成。但由于工作介质空气和液压油不同,因此气动回路与液压回路相比较,有其自身的特点,如气动回路由空气压缩机站集中供气,不设排气管道,空气没有润滑性,气动元件的安装位置对其性能影响大等。充分认识这些特点,熟悉气动基本回路的组成、性能和用途,对分析气动控制系统都是大有用处的。

一、分析控制回路

1.换向回路

在气动系统中,通过控制进入执行元件的压缩空气的通、断或方向的改变来实现对执行元件的启动、停止或改变运动方向的控制回路称为换向回路。

1)单作用气缸换向回路

在图 4-35(a)所示回路中,当电磁铁通电时,气压使活塞杆伸出,当电磁铁断电时,活塞杆在弹簧作用下缩回。在图 4-35(b)所示回路中,两电磁铁均断电时能自动对中,使气缸在任意位置可以停留。其缺点是存在泄漏,定位精度不高。

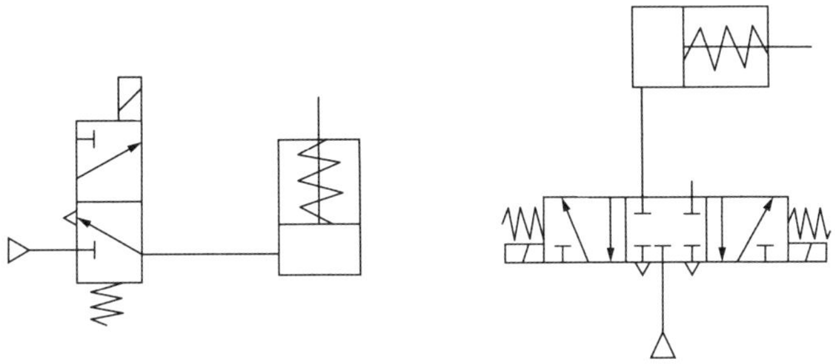

(a) 单电控换向阀　　(b) 双电控换向阀

图 4-35　单作用气缸换向回路

2)双作用气缸换向回路

图 4-36(a)所示为气控二位五通阀的换向回路。图 4-36(b)所示为两个二位三通阀代替一个二位五通阀的换向回路,当 A 有压缩空气时气缸被推出;反之,气缸缩回。图 4-36(c)所示为小通径的手动阀作为先导阀来控制主阀的换向回路。图 4-36(d)至图 4-36(f)所示的两端控制电磁铁线圈或按钮不能同时操作,否则将出现误动作,其回路相当于双稳的逻辑功能。

由以上分析可知,双作用气缸的换向,可用二位阀,也可用三位阀,换向阀的控制方式可以是气控、电控、机控或手控。

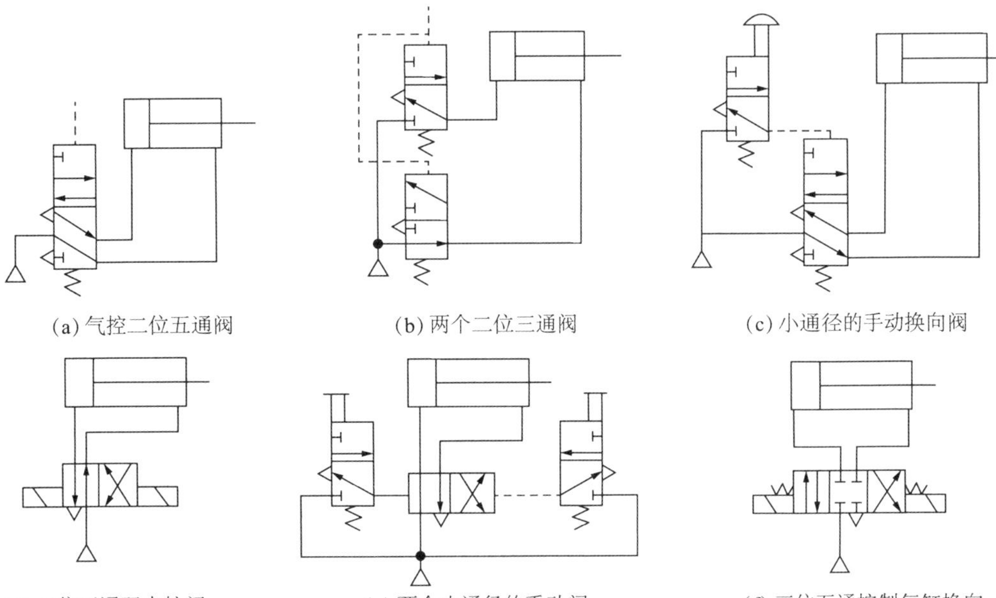

(a) 气控二位五通阀　　(b) 两个二位三通阀　　(c) 小通径的手动换向阀

(d) 二位五通双电控阀　　(e) 两个小通径的手动阀　　(f) 三位五通控制气缸换向

图 4-36　双作用气缸换向回路

2.缓冲回路

当气动执行元件运动速度较快，活塞惯性力较大时，除采用带缓冲的气缸外，往往需要采用缓冲回路来满足执行元件运动速度的要求，图 4-37 所示的为常用的缓冲回路。图 4-37(a)所示回路能实现快进—慢进缓冲—停止快退的循环，调整行程阀的安装位置就可以改变缓冲的开始时间。此回路适用于惯性力较大的气缸。图 4-37(b)所示回路的特点是，当活塞返回到行程末端时，气缸左腔的压力已下降到不能打开行程阀的程度，余气只能经节流阀、换向阀排入大气，因此活塞得到缓冲，这种回路适用于行程长、速度快的场合。

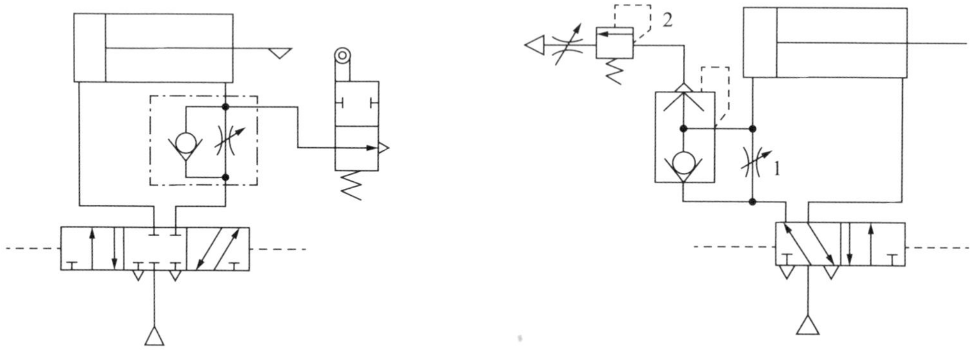

(a) 行程阀缓冲回路　　(b) 顺序阀缓冲回路

图 4-37　缓冲回路

二、压力控制回路

在气动系统中采用压力控制回路的目的主要有两个：一是提高系统的安全性，限制系统中的最高压力；二是给元件提供适宜和稳定的工作压力，使其能充分发挥元件的功能和性能。

在气动系统中常用的压力控制回路主要有气源压力控制回路、工作压力控制回路和高低压转换回路等。

1.气源压力控制回路

这种压力控制回路用于控制储气罐送出的气体压力不超过规定压力。因此，通常在储气罐上安装一只安全阀，用来发现一旦罐内超过规定的压力就向大气放气；也常在储气罐上装一电接点压力表，一旦罐内压力超过规定压力时，用它来控制空气压缩机断电，不再供气，保证储气罐内的压力在规定的范围内。

图 4-38 所示为气源压力控制回路。它采用了外控安全阀或电接点压力表来控制。当采用安全阀 1 控制时，若储气罐内压力超过规定压力，则安全阀开启，空气压缩机输出的压缩气体由安全阀排入大气，使储气罐内的压力保持在规定的范围内；当采用电接点压力表 2 控制时，若储气罐内压力超过规定压力，则它使空气压缩机停转，也能起到控制作用。

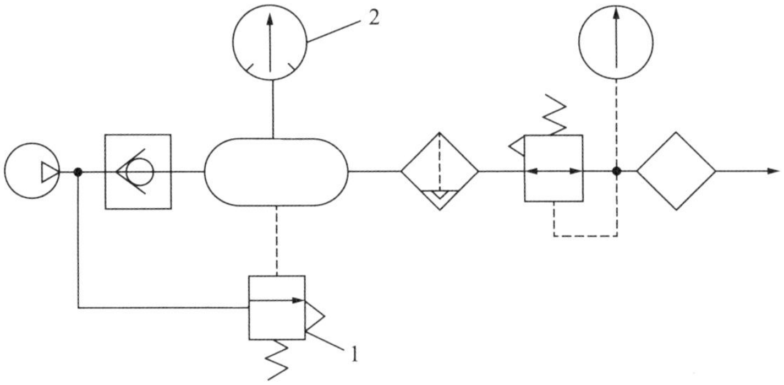

图 4-38 气源压力控制回路

1-安全阀;2-电接点压力表

采用安全阀控制时,结构简单、工作可靠,但气量浪费大;采用电接点压力表控制时,对电动机及控制要求高,常用于小型空气压缩机。

2.工作压力控制回路

通常气源的供气压力要高于气动系统所需要的工作压力,所以工作压力控制回路主要对气动系统的气源压力进行控制,使之经过减压阀减压稳压后得到控制系统需要的工作压力。图 4-39 所示的为常用的由空气过滤器、溢流减压阀和油雾器(也称气动三联件)组成的工作压力控制回路。组合时三个元件的相对位置不能改变。

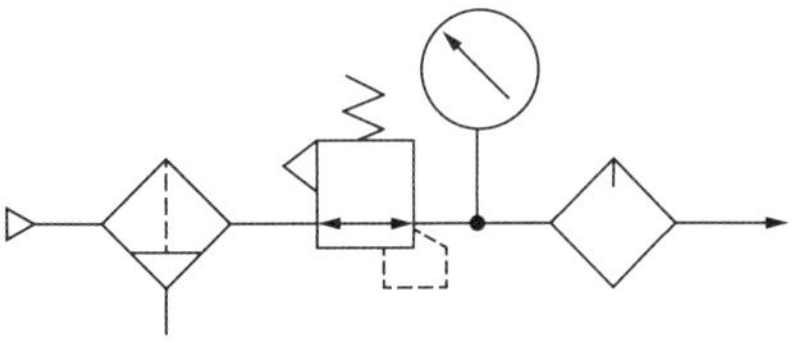

图 4-39 工作压力控制回路

3.高低压转换回路

在实际应用中,某些气动系统需要有高、低压力的选择。因此这种回路一般利用两个溢流减压阀与换向阀实现高低两种压力的转换。如图 4-40 所示,利用两个溢流减压阀就能调出 p_1 和 p_2 两种不同的压力。但有时还需要在同一管路上既能输出高压又能输出低压,此时可选用图 4-41 所示的回路,用一个二位三通换向阀来实现高、低压的切换。

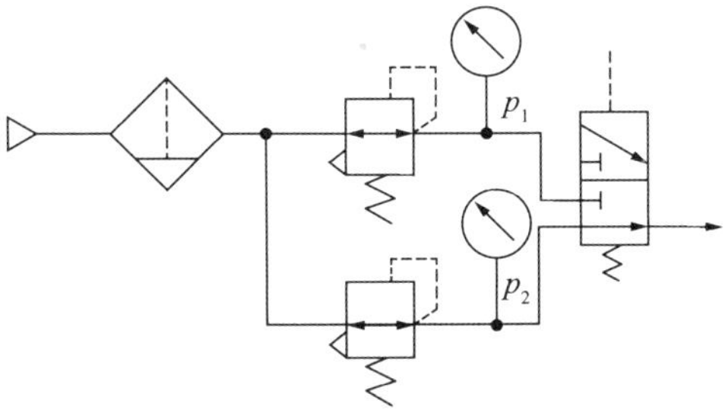

图 4-40 高低压转换回路

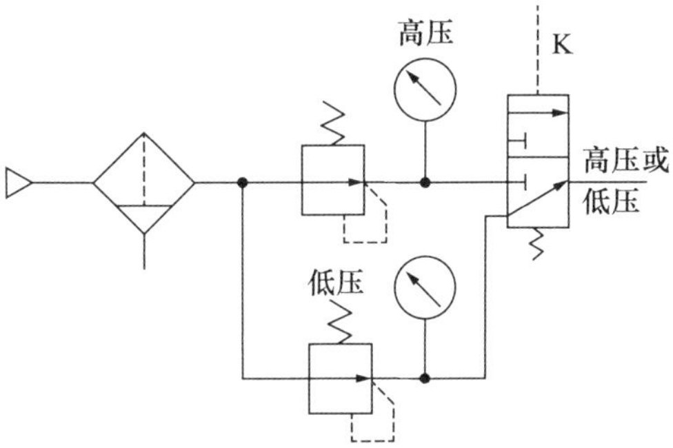

图 4-41 用换向阀切换高低压回路

三、速度控制回路

速度控制回路的功用在于调节或改变执行元件的工作速度。控制气缸速度的一般方法是改变气缸进、排气管路的阻力。因此，利用调速阀等流量控制阀来改变进、排气管路的有效截面积，即可实现速度控制。

1.单作用气缸的速度控制回路

图4-42(a)所示为用两个单向节流阀来分别控制活塞往复运动的速度。图4-42(b)所示为用节流阀调节活塞的速度，活塞向左运动时，气缸左腔通过快速排气阀排气。该回路的运动平稳性和速度刚度都较差，易受外载荷变化的影响，因此适用于对速度稳定性要求不高的场合。

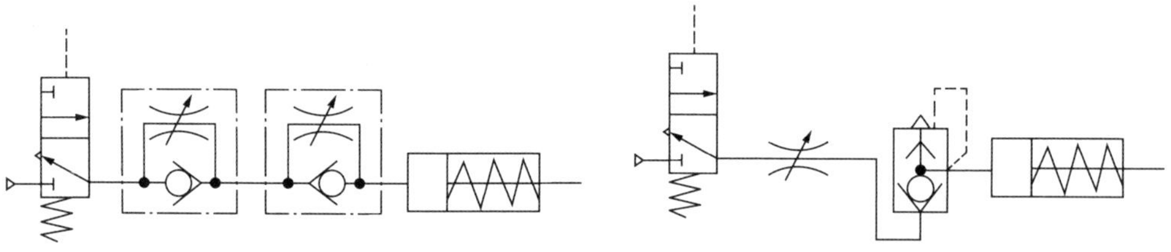

(a)　　　　(b)

图4-42　单作用气缸的速度控制回路

2.双作用气缸的速度控制回路

1)单向调速回路

双作用气缸有进气节流调速和排气节流调速两种调速方式。

图4-43(a)所示为进气节流调速回路。当气控换向阀不换向时，进气缸A腔的气流流经节流阀，B腔排出的气体直接经气控换向阀快排。当节流阀开度较小时，由于进入A腔的流量较小，压力上升缓慢，当气压达到能克服负载时，活塞前进，此时A腔容积增大，结果使压缩空气膨胀，压力下降，使作用在活塞上的力小于负载，因而活塞就停止前进。等压力再次升高时，活塞才再次运动，这种由于负载及供气的原因使活塞忽走忽停的现象，叫气缸的"爬行"。进气节流阀有两点不足之处：①当负载方向与活塞运动方向相反时，活塞运动易出现不平稳现象，即"爬行"现象；②当负载方向与活塞运动方向相同时，由于排气经换向阀快排，几乎没有阻尼，负载易产生"跑空"现象，使气缸失去控制。因此，进气节流回路，多用于垂直安装的气缸。

水平安装的气缸的控制回路，一般采用图4-42(b)所示的排气节流调速回路。当气控阀不换向时，气源过来的压缩空气经气控换向阀直接进入A腔，而B腔排出的气体必须经节流阀到气控换向阀才能排入大气，因而B腔内的气体具有一定的背压。此时活塞在A腔和B腔两端压力差的作用下运动，从而减少了"爬行"发生的可能性，调节节流阀的开度大小就可控制气流的排气速度，也就使活塞的运动速度得到控制。排气节流调速回路具有以下特点：①气缸速度随负载变化较小，运动较平稳；②能承受与活塞运动方向相同的负载。

综上所述，以上的回路适用于负载变化不大的场合，原因在于，当负载突然增大时，由于气体存在可压缩性，使得气缸内的气体压缩，活塞运动速度减慢；反之，当负载突然减小时，气缸内被压缩的空气，必然膨胀，使活塞的运动速度加快，这称为气缸的"自走"现象。所以，在要求气缸具有准确而平稳的速度时，尤其是负载变化较大时，应尽量使用气液相结合的调速方式。

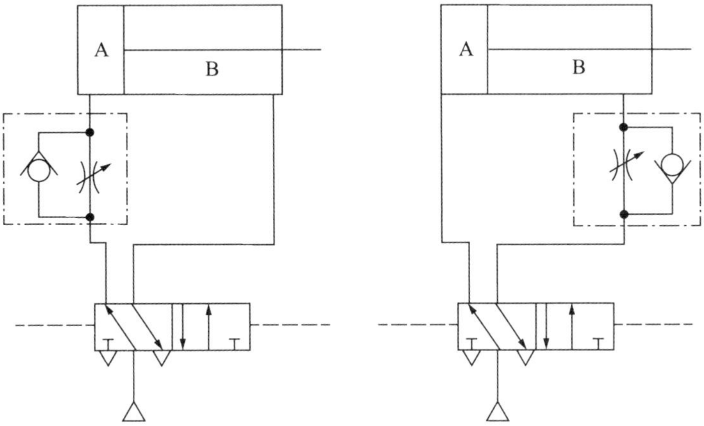

(a)进气节流调速回路　　(b)排气节流调速回路

图 4-43　双作用气缸的调速回路

2)双向调速回路

在气缸的进排气口设置节流阀，就构成了双向调速回路。图 4-44(a)所示为在气缸的进、出口处安装单向节流阀式的双向调速回路。图 4-44(b)所示为采用排气节流阀的双向节流调速回路。

3.气液联动调速回路

气液联动是以气压为动力，利用气液转换器把气压传动变为液压传动；或采用气液阻尼来获得能更平稳、更有效控制运动速度的气压传动；或使用气液增压器来使传动力增大等的传动方式。气液联动回路具有装置简单、运动平稳、停止准确、泄漏途径少、制造维修方便、耗能少等特点。

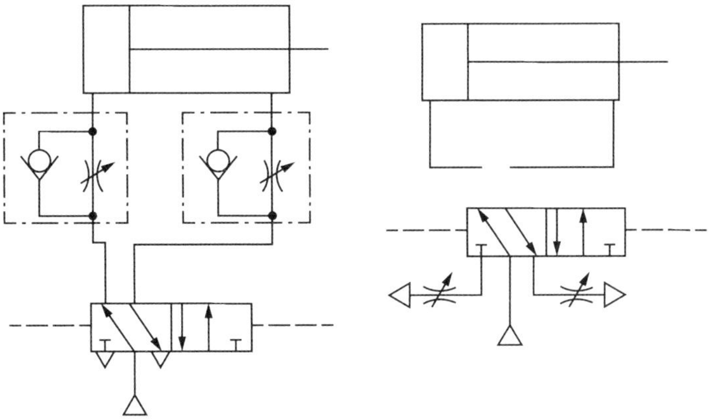

(a)进、出口安装单向节流阀　　(b)安装排气节流阀

图 4-44　双向调速回路

1)气液转换速度控制回路

图 4-45 所示为利用气液转换器的速度控制回路。气液转换器 1、2 将气压转换成液压，利用液压油驱动液压缸 3，从而得到平稳易控制的活塞运动速度，改变节流阀的开度大小就可调

节活塞的运动速度。这种回路充分发挥了气动供气方便和液压速度易调节的特点，但要求气、油之间密封性好，以防空气混入油中，降低运动速度的稳定性。

2)气液阻尼缸的速度控制回路

图 4-46 所示为气液阻尼缸速度控制回路。图 4-46(a)所示为能实现慢进—快退的回路，调节节流阀的开度，就能使活塞的前进速度变化；当活塞返回时，气液阻尼缸中液压缸的无杆腔的油液通过单向阀快速流入有杆腔，使返回速度加快，图中高位油箱起补充泄露油液的作用。图 4-46(b)所示为能实现快进—工进—快退的回路。当 K_2 有信号时，二位五通阀换向，活塞向左运动，液压缸无杆腔中的油液通过 a 口进入有杆腔，气缸快速向左移动；当活塞移动到一定的位置将 a 口关闭时，液压缸无杆腔的油液被迫经 b 口节流阀进入有杆腔，活塞运动速度变慢，进入工进阶段；当 K_2 信号消失，K_1 有信号时，二位五通阀换向，活塞向右快速返回。

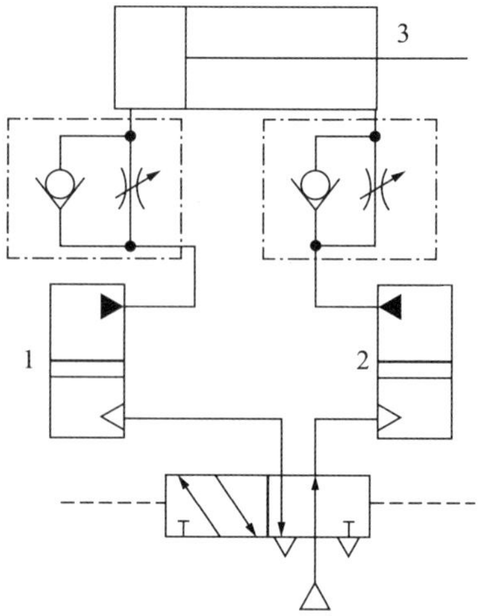

图 4-45　气液转换器速度控制回路

1、2-气液转换器；3-液压缸

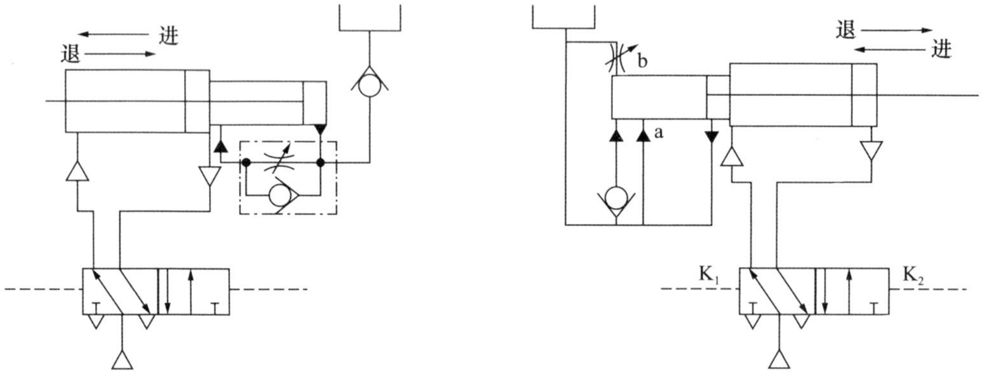

(a) 慢进—快退回路　　(b) 快进—工进—快退回路

图 4-46　气液阻尼缸速度控制回路

3)气液增压回路

图 4-47 所示为气液增压回路，气液增压缸 1 把较低的气体压力变为较高的液体压力，提高气液缸 2 的输出力。

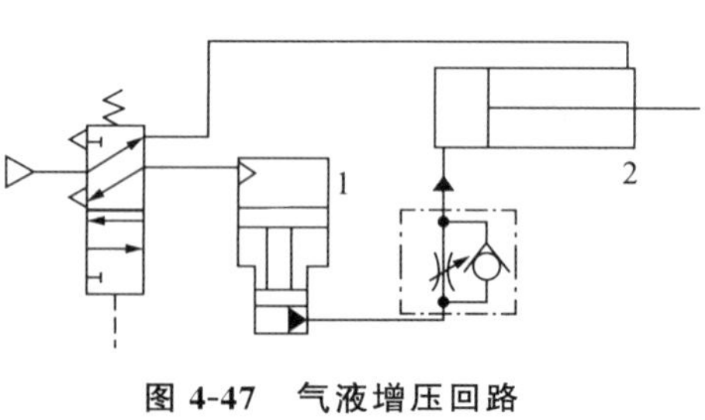

图 4-47　气液增压回路

1-气液增压缸；2-气液缸

四、同步控制回路

同步控制回路是指控制多个气缸以相同的速度运动或在预定的位置同时停止的回路。由于气体的可压缩性及负载的变化等因素，单纯利用调速阀来调节气缸的速度以达到各缸同步的方法是很难实现的。同步控制回路实际是速度控制的一种特例。当各执行机构的负载发生变动时，为了实现同步，通常可采用以下方法：①使用机械连接使各执行机构同步动作；②使流入和流出执行机构的流量保持一定。

1.利用机械连接的同步回路

图 4-48 所示为利用机械连接的同步控制回路。它采用刚性连接部件 C 连接，使两个尺寸相同的气缸 A、B 同步运动。这种方法虽然存在一定的机械误差，但能可靠地实现同步控制。

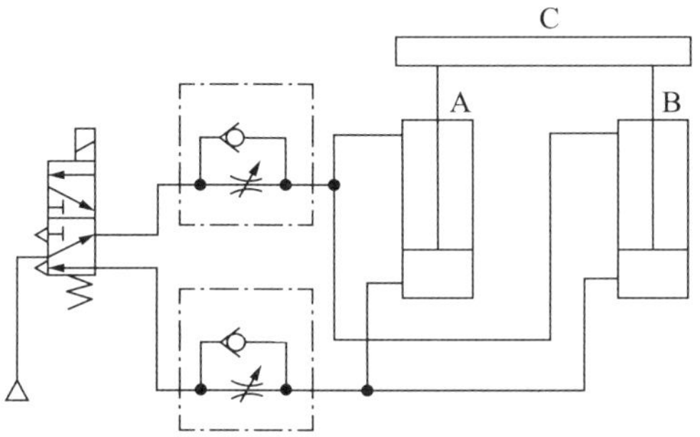

图 4-48　机械连接的同步控制回路

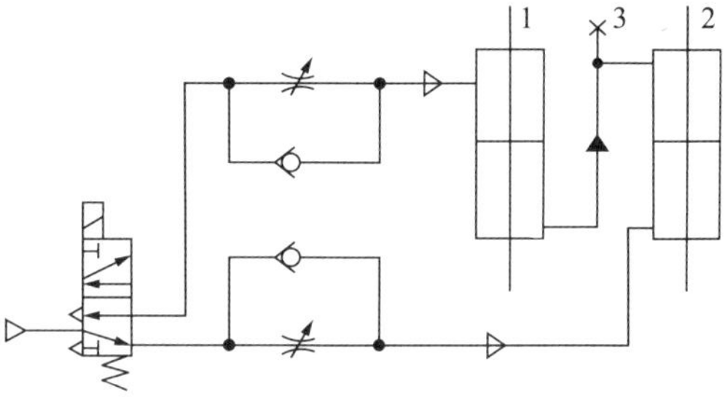

图 4-49　气液联动同步控制回路

1，2-气液缸；3-连接改气装置

2.气液联动的同步回路

图 4-49 所示为使用气液转换缸的同步控制回路。此回路使用两只双出杆气液转换缸，缸 1 的下腔和缸 2 的上腔通过配管相连，其中内部注满液压油，只要保证缸 1 下腔和缸 2 上腔的有效作用面积相等就可实现同步输出。回路中 3 连接放气装置，用于释放混入油中的气体。但是，这种回路的油量不能自动补充，所以会产生累积误差。

五、连续往复运动回路

为了提高系统的自动化程度，在气动系统中广泛应用各种形式的往复运动回路。所谓往复运动回路就是气缸活塞能自动实现往复运动的回路，有的可实现连续往复运动，因此可分为单往复运动回路和多往复运动回路等两类。

1.单往复运动回路

单往复运动回路又称一次往复运动回路，是指输入信号后，气缸进行前进、后退各一次的往复运动回路。图 4-50 所示为两种单往复运动回路。在图 4-50(a)所示回路中，按下手动阀 1，则二位五通阀处于左位，活塞杆伸出，在活塞杆上的挡块压下行程阀 3 后，二位五通阀处于右位，活塞杆缩回至原位停止，完成一次往复运动。

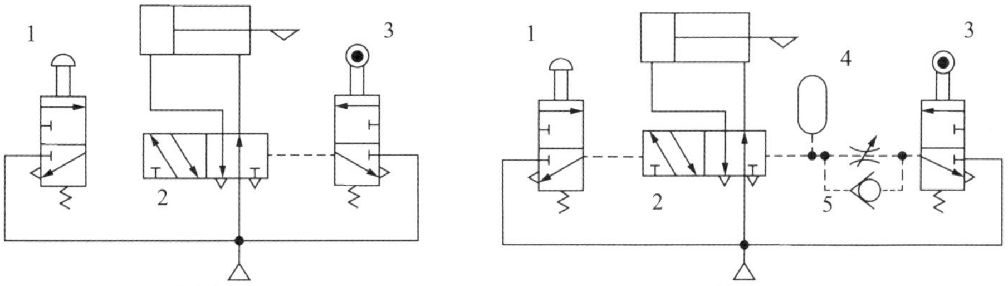

(a) 回路(一)　　(b) 回路(二)

图 4-50　单往复运动回路

1-手动阀；2-主换向阀；3-行程阀；4-气室；5-节流阀

图 4-50(b)所示回路的工作原理与图 4-50(a)所示回路的基本相同，只是在后者的基础上增加了延时功能。在活塞杆上的挡块压下行程阀 3 后，压缩气体先经节流阀 5 向气室 4 充气，经过一段时间后，气体压力才能升高到能使二位五通阀 2 复位，这样活塞杆便在行程终点停留一段时间后才能返回。

2.多往复运动回路

多往复运动回路是指输入一次信号后，气缸能实现连续往复运动循环的回路。如图 4-51 所示，在压下手动阀 1 后，压缩气体经行程阀 3 使二位五通阀 2 处于左位，活塞杆伸出直至行程终点，当挡块压下行程阀 4 时，二位五通阀 2 处于右位，活塞杆缩回至原位，再次压下行程阀 3，使主阀 2 再次换向，活塞杆便又向外伸出，如此便形成了连续的往复运动。若想停止循环，则提起手动阀 1 的按钮即可。

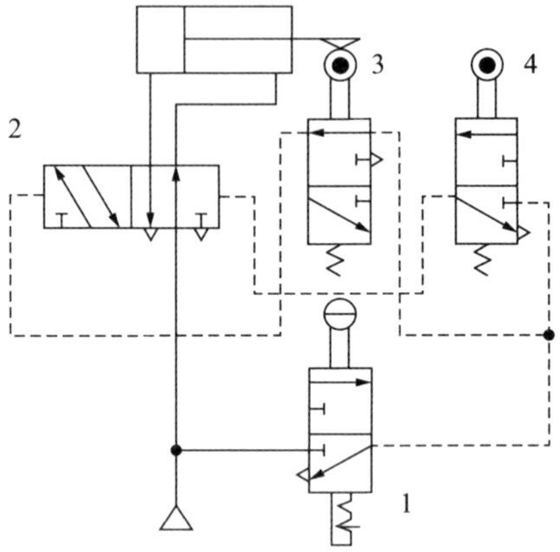

图 4-51　多往复运动回路

1-手动阀；2-气控换向阀；3、4-行程阀

六、气动系统的安装与调试及使用与维护

(一)气动系统的安装

1.管道的安装

(1)安装前要彻底清理管道内的粉尘及杂物。

(2)管子支架要牢固，工作时不得产生振动。

(3)接管时要充分注意密封，防止漏气，尤其注意接头处及焊接处。

(4)管路尽量平行布置，减少交叉，力求最短，转弯最少，并考虑到能自由拆装。

(5)安装软管要有一定的弯曲半径，不允许有拧扭现象，且应远离热源或安装隔热板。

2.元件的安装

(1)应注意阀的推荐安装位置和标明的安装方向。

(2)逻辑元件应按控制回路的需要，将其成组地装在底板上，并在底板上开出气路，用软管接出。

(3)移动缸的中心线与负载作用力的中心线要同心，否则会引起侧向力，使密封件加速磨损，活塞杆弯曲。

(4)各种自动控制仪表、自动控制器和压力继电器等在安装前应进行校验。

(二)气动系统的调试

1.调试前的准备

(1)要熟悉说明书等有关技术资料，力求全面了解系统的原理、结构、性能和操作方法。

(2)了解元件在设备上的实际位置、需要调整的元件的操作方法及调节旋钮的旋向。

(3)准备好调试工具等。

2.空载运行

空载运行一般不少于 2 h，注意观察压力、流量、温度的变化，如发现异常应立即停车检查，待排除故障后才能继续运转。

3.负载试运转

负载试运转应分段加载，运转一般不少于4 h，分别测出有关数据，记入试运转记录。

(三)气动系统的使用与维护

1.气动系统使用的注意事项

(1)开车前后要放掉系统中的冷凝水。

(2)定期给油雾器注油。

(3)开车前检查各调节手柄是否在正确位置，机控阀、行程开关、挡块的位置是否正确、牢固，对导轨等外露部分的配合表面进行擦拭。

(4)随时注意压缩空气的清洁度，对空气过滤器的滤芯要定期清洗。

(5)设备长期不用时，应将各手柄放松，防止弹簧永久变形而影响元件的调节性能。

2.压缩空气的污染及预防方法

压缩空气的质量对气动系统性能的影响极大，它若被污染，将使管道和元件锈蚀、密封件变形、堵塞喷嘴，使系统不能正常工作。压缩空气的污染主要来自水分、油分和粉尘三个方面，其污染原因及预防方法如下：

(1)水分。空气压缩机吸入的是含水分的湿空气，经压缩后提高了压力，当再度冷却时就要析出冷凝水，它侵入压缩空气中会使管道和元件锈蚀，影响其性能。

预防冷凝水侵入压缩空气的方法：及时排除系统各排水阀中积存的冷凝水，经常注意自动排水器、干燥器的工作是否正常，定期清洗空气过滤器、自动排水器的内部元件等。

(2)油分。这里是指使用过的因受热而变质的润滑油。空气压缩机使用的一部分润滑油呈雾状混入压缩空气中，受热后引起汽化，随压缩空气一起进入系统，将使密封件变形，造成空气泄漏，摩擦阻力增大，阀和执行元件动作不良，而且还会污染环境。

清除压缩空气中油分的方法：较大的油分颗粒，通过除油器和空气过滤器的分离作用使其同空气分开，从设备底部被排污阀排除；较小的油分颗粒，则可通过活性炭的吸附作用清除。

(3)粉尘。大气中含有的粉尘、管道内的锈粉及密封材料的碎屑等进入压缩空气中，将引起元件中的运动件卡死、动作失灵，喷嘴堵塞，元件加速磨损，使用寿命降低，导致故障发生，严重影响系统性能。

预防粉尘侵入空气压缩机的主要方法：经常清洗空气压缩机前的预过滤器，定期清洗空气过滤器的滤芯，及时更换滤清元件等。

3.气动系统的日常维护

气动系统日常维护的主要内容是冷凝水的排放管理、系统润滑的管理和空压机系统的管理。

(1)冷凝水排放的管理。压缩空气振动中的冷凝水会使管道和元件锈蚀，防止冷凝水侵入压缩空气的方法是及时排除系统各处积存的冷凝水。冷凝水排放涉及到从空压机、后冷却器、气罐、管道系统直到各处空气过滤器、干燥器和自动排水器等整个气动系统。在工作结束时，应当将各处冷凝水排放掉，以防夜间温度低于0 ℃导致冷凝水结冰。由于夜间管道内温度下降，会进一步析出冷凝水，在每天设备运转前，也应将冷凝水排出。经常检查自动排水器、干燥器是否正常工作，定期清洗分水滤气器、自动排水器。

(2)系统润滑的管理。气动系统中从控制元件到执行元件，凡有相对运动的表面都需要润滑。如果润滑不足，会使摩擦阻力增大，导致元件动作不良，因密封面磨损会引起泄漏。在气动装置运转时,应检查油雾器的滴油量是否符合要求,油色是否正常。如发现油杯中油量没有减少,应及时调整滴油量;调节无效,需检修或更换油雾器。

(3)空压机系统的管理。定期检查空压机是否有异常声音和异常发热,润滑油位是否正常。空压机系统中的水冷式后冷却器供给的冷却水是否足够。

4.气动系统的定期检修

定期检修的时间间隔通常为3个月。其主要内容如下:

(1)查明系统各泄漏处,并设法予以解决。

(2)通过对方向控制阀排气口的检查,判断润滑油是否适度,空气中是否有冷凝水。

如果润滑不良,则考虑油雾器规格是否合适,安装位置是否恰当,滴油量是否正常等。如有大量冷凝水排出,则考虑过滤器的安装位置是否恰当,排除冷凝水的装置是否合适,冷凝水的排除是否彻底。如果方向控制阀排气口关闭时仍有少量泄漏,则往往是元件损伤的初期阶段,检查后可更换受磨损元件以防止发生动作不良。

(3)检查安全阀、紧急安全开关动作是否可靠。定期检修时,必须确认它们动作的可靠性,以确保设备和人身安全。

(4)观察换向阀的动作是否可靠。根据换向时声音是否异常,判定铁芯和衔铁配合处是否有杂质。检查铁芯是否有磨损,密封件是否老化。

(5)反复开关换向阀,观察气缸动作,判断活塞上的密封是否良好。检查活塞杆外露部分,判定前盖的配合处是否有泄漏。

对上述各项检查和修复的结果做好记录,以作为设备出现故障时查找原因和设备大修时的参考。

气动系统的大修间隔期为一年或几年。其主要内容是检查系统各元件和部件,判定其性能和寿命,并对平时产生故障的部位进行检修或更换元件,排除修理间隔期间内一切可能产生故障的因素。

【任务实施】

组装双作用气缸双向调速回路,验证其工作原理,了解其性能特点,学习其常见故障的诊断及排除方法。

(1)选择组装回路所需要的元器件。

(2)在实验台上布置好各元器件的大体位置。

(3)按图4-43组装速度控制回路,并检查其可靠性。

(4)打开空气压缩机,接通气动回路。

(5)调节节流阀的开度大小,观察液压缸活塞杆运动的快慢,并记录数据。

(6)验证结束,拆装回路,清理元器件及实验台。

企业篇

项目五
典型液压传动系统案例

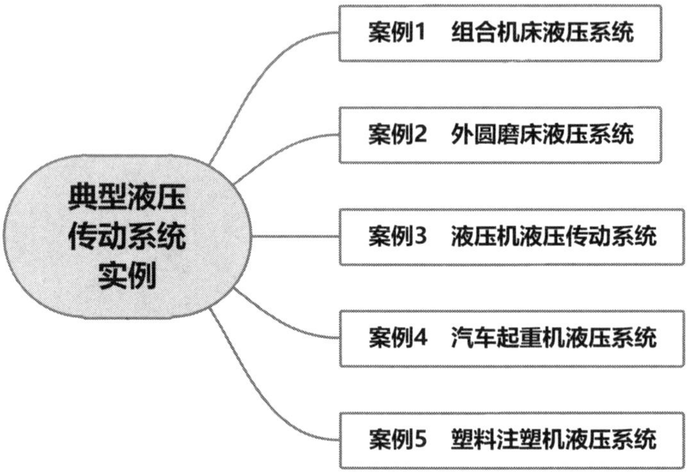

项目知识分布图

液压系统由各种不同功能的基本回路组成来实现设备执行机构的动作要求。其原理一般用液压系统图来表示。在液压系统图中各个液压元件及它们之间的连接与控制方式均按标准图形符号(或半结构式符号)画出。

阅读液压系统图,可按以下方法和步骤进行:

(1)了解液压系统的任务、工作循环、应具备的性能和需要满足的要求。

(2)查阅系统图中所有的液压元件及其连接关系,分析它们的作用。

(3)分析油路,了解系统的工作原理。

(4)根据系统所使用的基本回路的性能,对系统进行综合分析,归纳总结出整个系统的特点。

案例1 组合机床液压系统

一、动力滑台构成及工作循环

动力滑台是组合机床实现直线进给运动的动力部件,它由滑座、滑鞍、液压缸和各种挡铁所构成。滑座固定于床身,滑鞍则安装于滑座上,并在液压缸活塞的驱动下,借助滑座上导轨的准确导向完成直线往复运动。为了控制滑鞍的运动,在滑座左右两侧固定着电气行程开关和液压行程阀(机动换向阀),在其前端固定着一个轴向位置可调的螺钉式挡铁(一般称死挡铁),而在滑鞍两侧压板和支承板的T形槽内安装相应的电气和液压挡铁。随着滑鞍的运动,挡铁对电气行程开关或行程阀压合与脱开就可引发液压系统中相应元件的动作而实现对滑鞍运动的控制。图5-1所示为由滑台等部件组合而成的机床外形。

根据加工需要可在滑台上配置动力头、主轴箱或各种专用的切削头等工作部件,以完成钻、扩、铰、铣、镗、刮端面、加工倒角、加工螺纹等加工工序,并可实现多种进给工作循环。图5-2所示零件需加工带止口的孔,则其工作循环为快进→Ⅰ工进→Ⅱ工进→死挡铁停留→快退。其中Ⅱ工进用于加工止口孔并由死挡铁停留保证孔底的平直及轴向尺寸 a。

对动力滑台液压系统性能的主要要求是速度换接平稳、进给速度稳定、功率利用合理、系统效率高、发热少。

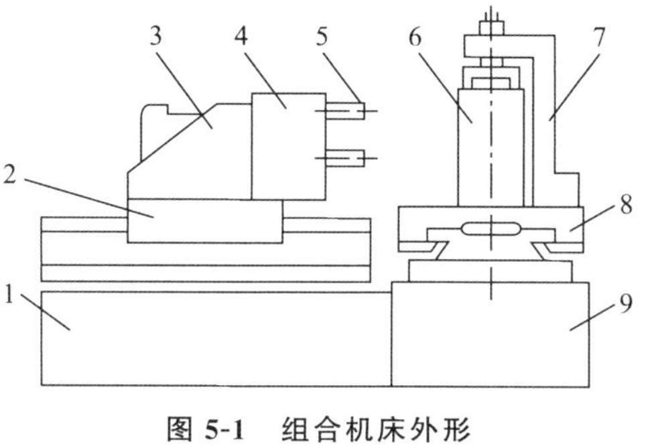

图5-1 组合机床外形

1-床身;2-动力滑台;3-动力头;4-主轴箱;5-刀具;6-工件;7-夹具;8-工作台;9-底座

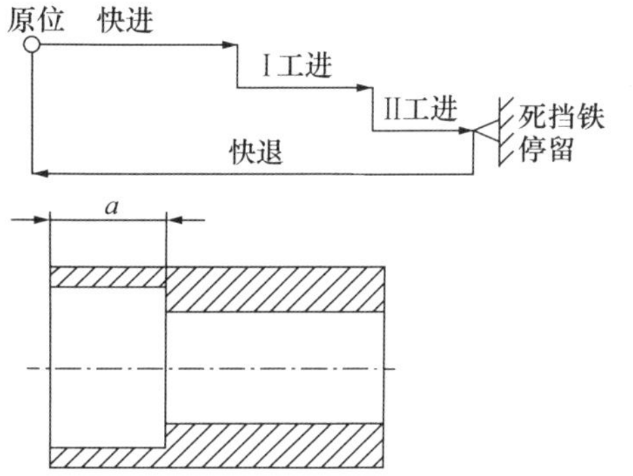

图5-2 带止口的孔和加工工作循环

二、1HY 系列滑台液压系统工作原理

系统完成工作循环时电磁铁和液压元件的动作原理见表 5-1。

表 5-1 工作循环时电磁铁和液压元件的动作原理

动作顺序	电磁阀和液压元件工作状态								信号来源
	1YA	2YA	3YA	顺序阀	先导阀	换向阀	电磁阀	行程阀	
快进	+	−	−	关	左位	左位	右位	右位	启动按钮或夹紧完成信号
Ⅰ工进	+	−	−	开	左位	左位	左位	左位	液压挡块压下行程阀信号
Ⅱ工进	+	−	+	开	左位	左位	右位	左位	电气挡铁压下行程阀信号
死挡铁停留	+	−	+	开	左位	左位	右位	左位	死挡铁
快退	−	+	−	关	中位	中位	右位	右位	压力继电器发信号
停止	−	−	−	关	中位	中位	右位	右位	原位挡铁压原位开关

图 5-3 所示为一个以限压式变量泵为液压源、单出杆活塞式液压缸为执行元件的 1HY 系列滑台的进给液压系统。

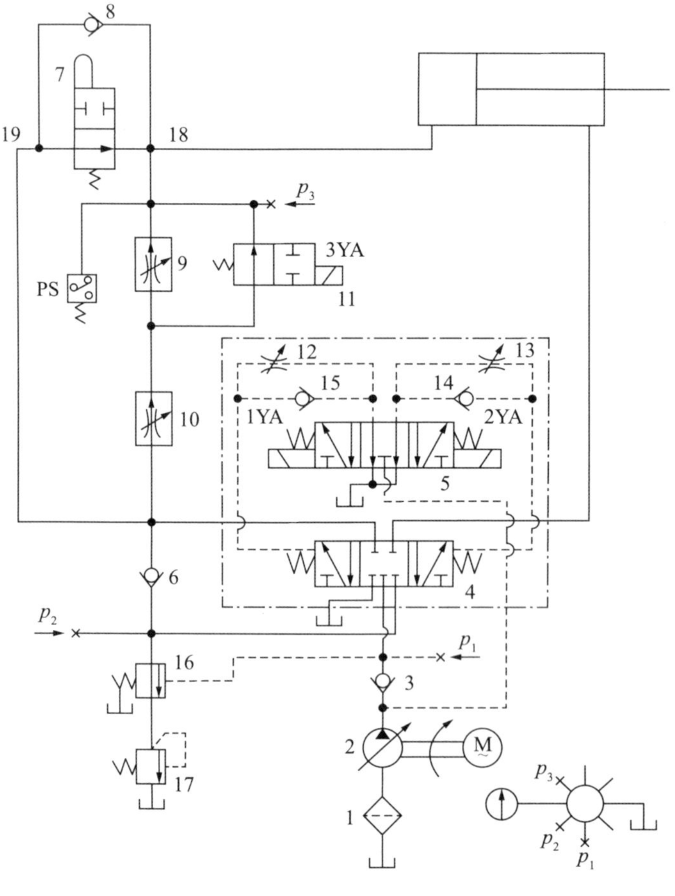

图 5-3 动力滑台液压系统原理

1-滤油器;2-变量泵;3、6、8、14、15-单向阀;4-液动阀;5-换向阀;7-行程阀;9、10-调速阀;11-电磁阀;12、13-节流阀;16-外控顺序阀;17-背压阀;18、19-油路

1.滑台快速前进

当电磁铁 1YA 得电时，换向阀左位接入系统，顺序阀因系统压力 p_{so} 较小仍处于关闭状态。这时液压缸差动连接，变量泵输出最大流量，泵的工作点落在定量区段直线上(图 5-4 中 d 点)，快进速度 $v_0=q_0/A_1$(A_1 为液压缸左腔面积)。系统中油液流动情况如下。

进油路：变量泵→单向阀→电液换向阀(左位)→行程阀(右位)→液压缸左腔。

回油路：液压缸右腔→电液换向阀(左位)→行程阀(右位)→液压缸左腔。

2.滑台一次工进

当滑台快进到预定位置，液压挡铁压下行程阀，压力油经过Ⅰ工进调速阀后进入液压缸左腔，变量泵工作点改变到变量区段直线上之 e 点(图 5-4)，工进速度 $v_1=q_{\mathrm{I}}/A_1$。系统中油液流动路线如下。

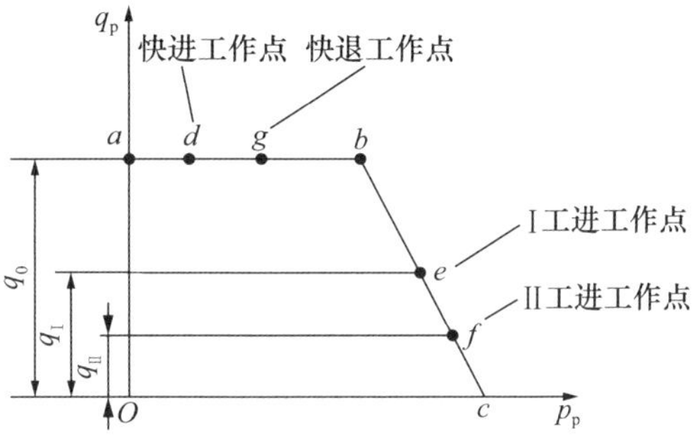

图 5-4　变量泵的工作点变化

进油路：变量泵→单向阀→电液换向阀(左位)→工进调速阀→电磁阀(左位)→液压缸左腔，活塞克服负载前进，系统压力(e 点泵压)升高，顺序阀被打开。

回油路：液压缸右腔→电液换向阀(左位)→顺序阀→背压阀→油箱。

3.滑台二次工进

当一次工进结束时，电气挡铁压下行程开关，电磁铁 3YA 得电，进油路上的压力油经Ⅰ工进调速阀、Ⅱ工进调速阀后进入液压缸左腔，变量泵工作点从 e 点变到 f 点，进给速度 $v_2=q_{\mathrm{II}}/A_1$。系统中油液流动路线如下。

进油路：变量泵→单向阀→电液换向阀(左位)→Ⅰ工进调速阀→Ⅱ工进调速阀→液压缸左腔。

回油路：液压缸右腔→电液换向阀(左位)→顺序阀→背压阀→油箱。

4.死挡铁停留

当滑台以Ⅱ工进速度行进到预定行程时，滑台运动部件碰上死挡铁而被迫停止前进，刀具在原地转动，加工出相应平面后，压力继电器被升高的液压缸压力所触发，发出快退信号而使“停留”结束。

5.滑台快退

因压力继电器信号使电磁铁 1YA 断电，电磁铁 2YA 得电，主换向阀切换到右位，进回油路反向，液压缸快退。此时系统压力下降，变量泵压力又自动增大，工作点返回到 ab 线的 g 点，快退速度 $v_3=q_0/A_2$(A_2 为液压缸右腔面积)。系统中油液的流动情况如下。

进油路：变量泵→单向阀→电液换向阀(右位)→液压缸右腔。

回油路：液压缸左腔→单向阀(和行程阀)→电液换向阀(右位)→油箱。在快退开始阶段，液压挡铁尚没有放开行程阀，必须靠单向阀提供回油道。

6.滑台原位停止

当滑台快速退回到原位，电气原位挡铁压下原位电气行程开关(终点开关)，电磁铁 3YA、电磁铁 2YA 先后断电，这时换向阀及其他各阀均回复到图 5-3 所示的位置，液压缸两腔封闭，滑台停止运动。系统保持一定的卸载压力。系统中油液流动情况如下。

卸荷油路：变量泵→单向阀（背压阀用）→电液换向阀（中位）→油箱。

1HY 系列滑台除用变量泵为油源外，双联定量泵油源也是常用的形式，这种形式的液压系统的工作原理和上述相似。

三、1HY 系列滑台液压系统的特点

由上述可知，该系统主要由下列基本回路组合而成：限压式变量泵和调速阀的联合调速回路、差动连接快速回路、电液换向阀的换向回路、行程阀和电磁阀的速度换接回路、串联调速阀的二次进给调速回路。这些回路的应用就决定了系统的主要性能，其特点如下：

（1）由于采用限压式变量泵，快速前进转换为工作进给后，无溢流功率损失，系统效率较高。又因采用差动连接增速回路，在泵的选择和能量利用方面更为经济合理。

（2）采用限压式变量泵、调速阀和行程阀进行速度换接和调速，使速度换接平稳；且采用机械控制的行程阀，位置控制准确可靠。

（3）采用限压式变量泵和调速阀联合调速回路，且在回油路上设置背压阀，提高了滑台运动的平稳性，并获得较好的速度负载特性。

（4）采用进油路串联调速二次进给调速回路，可使速度转换冲击较小，并便于利用压力继电器发出电信号进行自动控制。

（5）在滑台的工作循环中，采用死挡铁停留，不仅提高了进给位置精度，还扩大了滑台工艺适用范围，更适用于镗阶梯孔、锪孔和锪端面等工序。

案例 2　外圆磨床液压系统

一、外圆磨床工作范围及动作要求

M1432A 型万能外圆磨床主要用于磨削 IT5～IT7 精度的圆柱形或圆锥形外圆和内孔，表面粗糙度在 Ra 1.25～0.08。该机床的液压系统具有以下功能：

（1）实现工作台的自动往复运动，并能在 0.05～4 m/min 之间无级调速，工作台换向平稳，启动制动迅速，换向精度高。

（2）在装卸工件和测量工件时，为缩短辅助时间，砂轮架具有快速进退动作，为避免惯性冲击，控制砂轮架快速进退的液压缸设置有缓冲装置。

（3）为方便装卸工件，尾架顶尖的伸缩采用液压传动。

（4）工作台可做微量抖动。切入磨削或加工工件略大于砂轮宽度时，为了提高生产率和改善表面粗糙度，工作台可做短距离（1～3 mm）、频繁往复运动（100～150 次/min）。

（5）传动系统具有必要的联锁动作。

①工作台的液动与手动联锁，以免液动时带动手轮旋转引起工伤事故。

②砂轮架快速前进时，可保证尾架顶尖不后退，以免加工时工件脱落。

③磨内孔时，为使砂轮不后退，传动系统中设置有与砂轮架快速后退联锁的机构，以免撞坏工件或砂轮。

④砂轮架快进时，头架带动工件转动，冷却泵启动；砂轮架快速后退时，头架与冷却泵电动机停转。

二、M1432A 型万能外圆磨床液压系统工作原理

图 5-5 所示为 M1432A 型万能外圆磨床液压系统工作原理图。其工作原理如下。

1.工作台的往复运动

(1)工作台右行。如图 5-5 所示状态，先导阀、换向阀阀芯均处于右端，开停阀处于右位。其主油路如下：

进油路：油泵 19→换向阀 2 右位(P→A)→液压缸 22 右腔。

回油路：液压缸 22 左腔→换向阀 2 右位→先导阀 1 右位→开停阀 3 右位→节流阀 5→油箱 17。液压油推液压缸带动工作台向右运动，其运动速度由节流阀来调节。

(2)工作台左行。当工作台右行到预定位置，工作台上左边的挡块拨动与先导阀 1 的阀芯相连接的杠杆，使先导阀阀芯左移，开始工作台的换向过程。先导阀阀芯左移过程中，其阀芯中段制动锥 A 的右边逐渐将回油路上通向节流阀 5 的通道(D_2→T)关小，使工作台逐渐减速制动，实现预制动；先导阀阀芯继续向左移动到先导阀阀芯右部环形槽，使 a_2 点与高压油路 a_2' 相通，先导阀阀芯左部环槽使 a_1→a_1' 接通油箱，控制油路被切换。这时借助抖动缸推动先导阀向左快速移动(快跳)。其油路如下：

进油路：油泵 19→精滤油器 21→先导阀 1 左位(a_2'→a_2)→抖动缸 6 左端。

回油路：抖动缸 6 右端→先导阀 1 左位(a_1→a_1')→油箱。

因为抖动缸的直径很小，上述流量很小的压力油足以使之快速右移，并通过杠杆使先导阀阀芯快跳到左端，从而使通过先导阀到达换向阀右端的控制压力油路迅速打通，同时又使换向阀左端的回油路也迅速打通(畅通)。

这时的控制油路如下。

进油路：油泵 19→精滤油器 21→先导阀 1 左位(a_2'→a_2)→单向阀 I_2→换向阀 2 右端。

回油路：换向阀 2 左端回油路在换向阀阀芯左移过程中有三种变换。

首先，换向阀 2 左端 b_1'→先导阀 1 左位(a_1→a_1')→油箱。换向阀阀芯因回油畅通而迅速左移，实现第一次快跳。

其次，当换向阀阀芯 1 快跳到制动锥 C 的右侧关闭主回油路(B→T_2)通道时，工作台便迅速制动(终制动)。换向阀阀芯继续迅速左移到中部台阶处于阀体中间沉割槽的中心处时，液压缸两腔都通压力油，工作台便停止运动。

再次，换向阀阀芯在控制压力油作用下继续左移，换向阀阀芯左端回油路改为：换向阀 2 左端→节流阀 J_1→先导阀 1 左位→油箱。这时换向阀阀芯按节流阀(停留阀)J_1 调节的速度左移，由于换向阀体中心沉割槽的宽度大于中部台阶的宽度，所以在阀芯慢速左移的一定时间内，液压缸两腔继续保持互通，使工作台在端点保持短暂的停留。其停留时间在 0～5 s 内，由节流阀 J_1、J_2 调节。

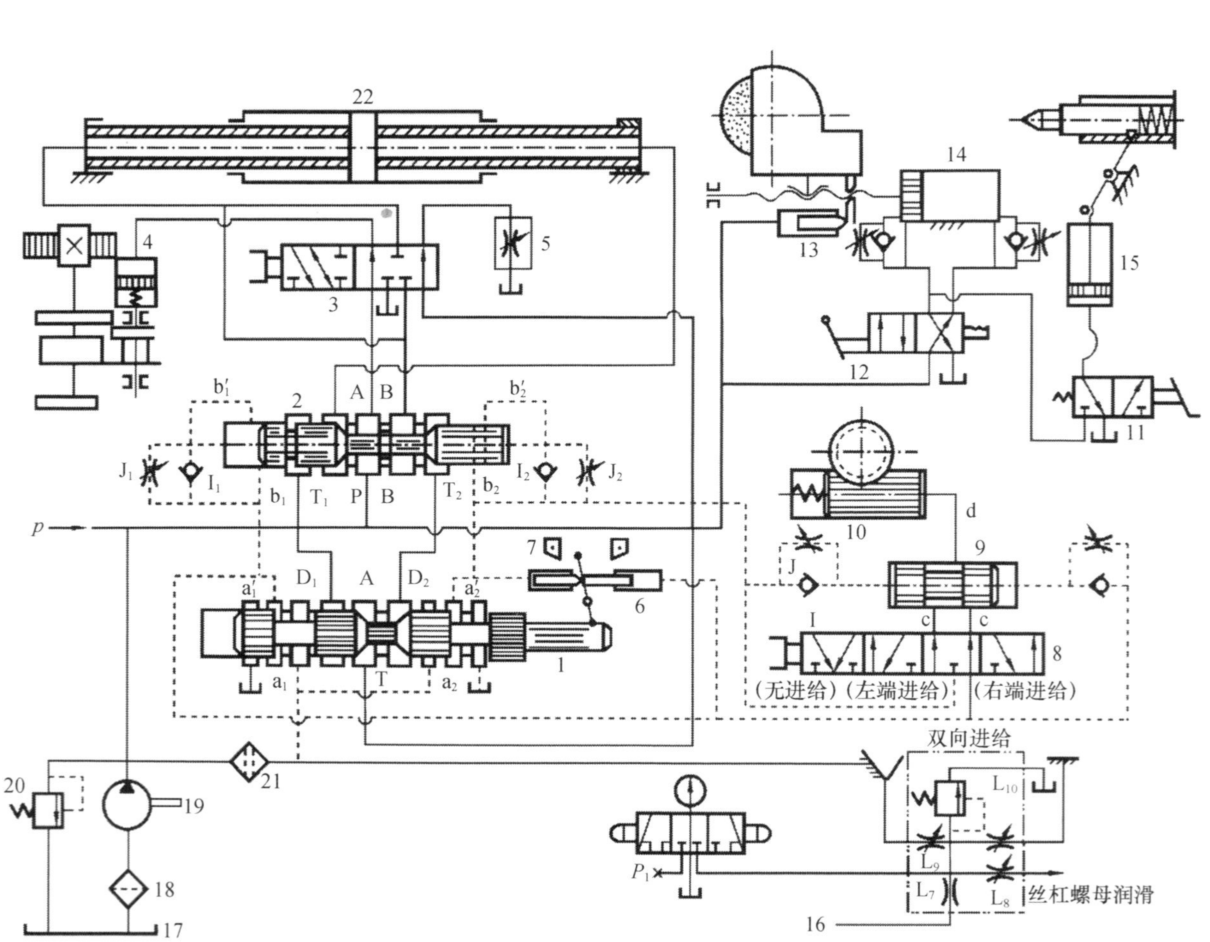

图5-5　M1432A型万能外圆磨床液压系统工作原理

1-先导阀;2-换向阀;3-开停阀;4-互锁缸;5-节流阀;6-抖动缸;7-挡块;8-选择阀;9-进给阀;10-进给缸;
11-尾架换向阀;12-手动换向阀;13-闸缸;14-快动缸;15-尾架缸;16-润滑稳定器;17-油箱;
18-粗过滤器;19-油泵;20-溢流阀;21-精滤油器;22-液压缸

最后，当换向阀芯慢速左移到左部环形槽与油路（$b_1 \to b'_1$）相通时，换向阀左端控制油的回油路又变为换向阀2左端→油路b_1→换向阀2左部环形槽→油路b'_1→先导阀1左位→油箱。这时由于换向阀左端回油路畅通，换向阀阀芯实现第二次快跳，使主油路迅速切换，工作台则迅速反向启动（左行）。这时的主油路如下。

进油路：油泵19→换向阀2左位（P→B）→液压缸22左腔。

回油路：液压缸22右腔→换向阀2左位（A→T）→先导阀1左位（D_1→T）→开停阀3右位→节流阀5→油箱。

当工作台左行到位时，工作台上的挡铁又碰杠杆推动先导阀右移，重复上述换向过程。实现工作台的自动换向。

2.工作台液动与手动的互锁

工作台液动与手动的互锁是由互锁缸4完成的。当开停阀3处于图5-5所示位置时，互锁缸4的活塞在压力油的作用下压缩弹簧并推动齿轮Z_1和Z_2脱开，这样，当工作台液动（往复运动）时，手轮不会转动。当开停阀3处于左位时，互锁缸4通油箱，活塞在弹簧力的作用下带着齿轮Z_2移动，Z_2与Z_1啮合，工作台就可用手摇机构摇动。

3.砂轮架的快速进、退运动

砂轮架的快速进退运动是由手动二位四通换向阀12（快动阀）操纵，由快动缸实现的。在图5-5所示位置时，快动阀右位接入系统，压力油经快动阀12右位进入快动缸14右腔，砂轮架快进到前端位置，快进终点是靠活塞与缸体端盖相接触来保证其重复定位精度的；当快动缸左位接入系统时，砂轮架快速后退到最后端位置。为防止砂轮架在快速运动到达前后终点处产生冲击，在快动缸两端设缓冲装置，并设有抵住砂轮架的闸缸13，用以消除丝杠和螺母间的间隙。

手动换向阀12（快动阀）的下面装有一个自动启、闭头架电动机和冷却电动机的行程开关和一个与内圆磨具联锁的电磁铁（图上均未画出）。当手动换向阀12处于右位使砂轮架处于快进时，手动阀的手柄压下行程开关，使头架电动机和冷却电动机启动。当翻下内圆磨具进行内孔磨削时，内圆磨具压下另一行程开关，使联锁电磁铁通电吸合，将快动阀锁住在左位（砂轮架在退的位置），以防止误动作，保证安全。

4.砂轮架的周期进给运动

砂轮架的周期进给运动是由选择阀8、进给阀9、进给缸10通过棘爪、棘轮、齿轮、丝杠来完成的。选择阀8根据加工需要可以使砂轮架在工件左端或右端时进给，也可在工件两端都进给（双向进给），也可以不进给，共四个位置可供选择。

图5-5所示的为双向进给，周期进给油路：压力油从a_1点→J_4→进给阀9右端；进给阀9左端→I_3→a_2→先导阀1→油箱。进给缸10→d→进给阀9→c_1→选择阀8→a_2→先导阀1→油箱，进给缸柱塞在弹簧力的作用下复位。当工作台开始换向时，先导阀换位（左移）使a_2点变高压、a_1点变为低压（回油箱）；此时周期进给油路为：压力油从a_2点→J_3→进给阀9左端；进给阀9右端→I_4→a_1点→先导阀1→油箱，使进给阀右移；与此同时，压力油经a_2点→选择阀8→c_1→进给阀9→d→进给缸10，推进给缸柱塞左移，柱塞上的棘爪拨棘轮转动一个角度，通过齿轮等推砂轮架进给一次。在进给阀活塞继续右移时堵住c_1而打通c_2，这时进给缸右端→d→

进给阀→c_2→选择阀→a_1→先导阀 a'_1→油箱，进给缸在弹簧力的作用下再次复位。当工作台再次换向，再周期进给一次。若将选择阀转到其他位置，如右端进给，则工作台只有在换向到右端才进给一次，其进给过程不再赘述。从上述周期进给过程可知，每进给一次是由一股压力油（压力脉冲）推进给缸柱塞上的棘爪拨棘轮转一角度。调节进给阀两端的节流阀 J_3、J_4 就可调节压力脉冲的时期长短，从而调节进给量的大小。

5.尾架顶尖的松开与夹紧

尾架顶尖只有在砂轮架处于后退位置时才允许松开。为操作方便，采用脚踏式二位三通阀 11（尾架换向阀）来操纵，由尾架缸 15 来实现。由图可知，只有当快动阀 12 处于左位、砂轮架处于后退位置，脚踏尾架阀处于右位时，才能有压力油通过尾架阀进入尾架缸推杠杆拨尾顶尖松开工件。当快动阀 12 处于右位（砂轮架处于前端位置）时，油路 L 为低压（回油箱），这时误踏尾架换向阀 11 也无压力油进入尾架缸 15，顶尖也就不会推出。尾顶尖靠弹簧力夹紧。

6.抖动缸的功用

抖动缸 6 的功用有两个：一是帮助先导阀 1 实现换向过程中的快跳；二是当工作台需要做频繁短距离换向时实现工作台的抖动。

当砂轮作切入磨削或磨削短圆槽时，为提高磨削表面质量和磨削效率，工作台需频繁短距离换向——抖动。这时要将换向挡铁调得很近或夹住换向杠杆，当工作台向左或向右移动时，挡铁带杠杆使先导阀阀芯向右或向左移动一个很小的距离，使先导阀 1 的控制进油路和回油路仅有一个很小的开口。通过此很小开口的压力油不可能使换向阀阀芯快速移动，这时，因为抖动缸柱塞直径很小，所通过的压力油足以使抖动缸快速移动。抖动缸的快速移动推动杠带先导阀快速移动（换向），迅速打开控制油路的进、回油口，使换向阀也迅速换向，从而使工作台作短距离频繁往复换向——抖动。

三、M1432A 型万能外圆磨床液压系统的特点

M1432A 型万能外圆磨床的液压系统是机床液压系统中要求较高、较复杂的一种。其主要特点如下：

（1）系统采用节流阀回油节流调速回路，功率损失较小。

（2）工作台采用了活塞杆固定式双杆液压缸，保证左、右往复运动的速度一致，并使机床占地面积不大。

（3）本系统在结构上采用了将开停阀、先导阀、换向阀、节流阀、抖动缸等组合一体的操纵箱，使结构紧凑、管路减短、操纵方便，又便于制造和装配修理。此操纵箱属行程制动换向回路，具有较高的换向位置精度和换向平稳性。

案例 3　液压机液压传动系统

液压机是一种利用液体静压力来加工金属、塑料、橡胶、木材、粉末等制品的机械，通常用于压制工艺和压制成形工艺，如锻造、冲压、冷挤、校直、弯曲、翻边、薄板拉伸、粉末冶金和压装

等。液压机有多种型号规格，其压制力从几百千牛到几十万千牛。用乳化液作介质的液压机，称为水压机，产生的压制力很大，多用于重型机械厂和造船厂等；用矿物油作介质的液压机称为油压机，产生的压制力较水压机的小，在许多工业部门得到广泛应用。

液压机的结构类型有单柱式、三柱式、四柱式等形式，其中以四柱式液压机最为典型，它主要由横梁、导柱、工作台、上滑块和下滑块顶出机构等部件组成，其外形如图 5-6 所示。

液压机的主要运动是上滑块机构和下滑块顶出机构的运动，上滑块机构由主液压缸（上缸）驱动，顶出机构由辅助液压缸（下缸）驱动。液压机的上滑块机构通过四个导柱导向、主缸驱动，实现上滑块机构“快速下行→慢速加压→保压延时→快速回程→原位停止”的动作循环。下缸布置在工作台中间孔内，驱动下滑块顶出机构实现“向上顶出→向下退回”或“浮动压边下行→停止→顶出”的两种动作循环，如图 5-7 所示。液压机的液压系统以压力控制为主，系统具有高压、大流量、大功率的特点。如何提高系统效率，防止系统产生液压冲击是该系统设计中需要注意的问题。

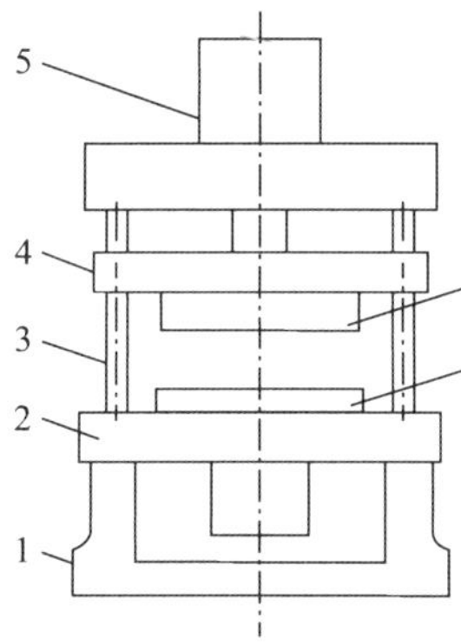

图 5-6　液压机外形示意图

1 床身；2-工作台；3-导柱；4-上滑块；5-上缸；6-上滑块模具；7-下滑块模具

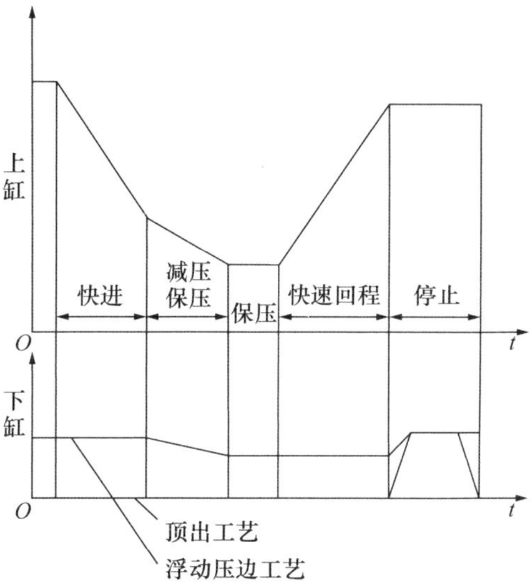

图 5-7　液压机工作循环

一、液压机液压系统工作原理

图 5-8 所示为 3 150 kN 通用液压机液压系统图，表 5-2 所示的为该机型的液压系统动作循环表。该系统采用主、辅泵供油方式，主液压泵 1 是一个高压、大流量、恒功率控制的压力反馈变量柱塞泵，远程调压阀 5 控制高压溢流阀 4 限定系统最高工作压力，其最高压力可达 32 MPa；辅助泵 2 是一个低压、小流量定量泵（与主泵为单轴双联结构），其作用是为电液换向阀、液动换向阀和液控单向阀的正确动作提供控制油源，辅助泵 2 的压力由低压溢流阀 3 调定。液压机工作的特点是上缸竖直放置，当上滑块组件没有接触到工件时，系统为空载高速运动，当上滑块组件接触到工件后，系统压力急剧升高，且上缸的运动速度迅速降低，直至为零，进行保压。该系统的工作原理如下。

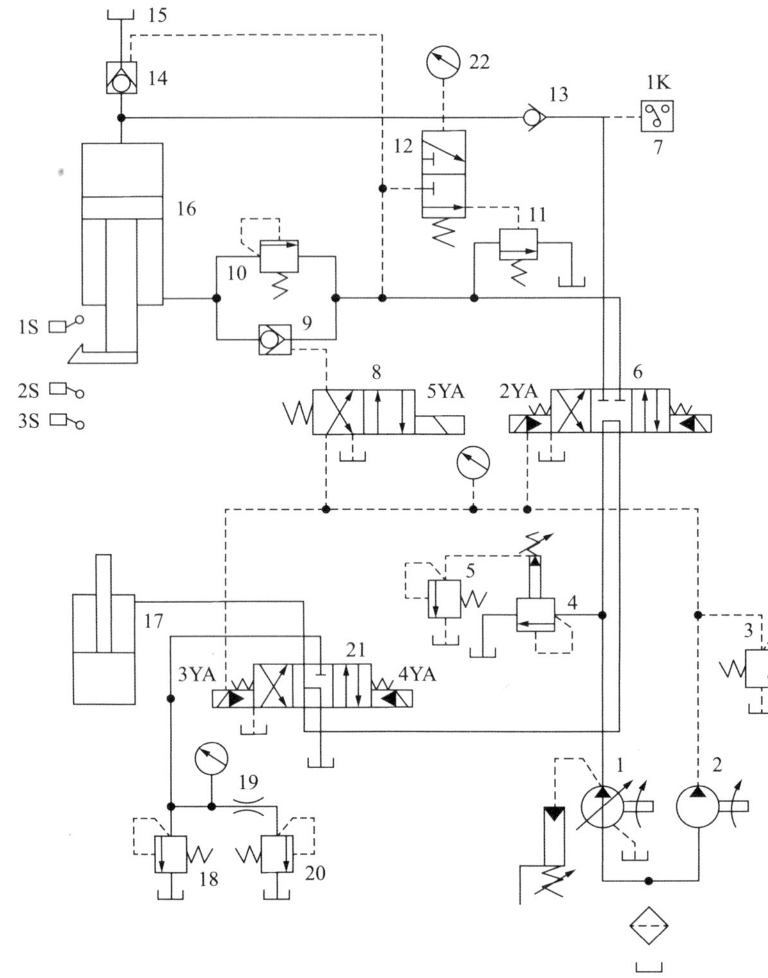

图 5-8　YT32-315 液压机液压系统图

1-主泵；2-辅助泵；3、4、18-溢流阀；5-远程调压阀；6、21-电液换向阀；7-压力继电器；8-电磁换向阀；9-液控单向阀；10、20-背压阀；11-顺序阀；12-液动换向阀；13-单向阀；14-充液阀；15-油箱；16-上缸；17-下缸；19-节流器；22-压力表

表 5-2　YT32-315 液压机液压系统动作循环表

动作程序		1YA	2YA	3YA	4YA	5YA
上缸	快速下行	+	−	−	−	+
	慢速加压	+	−	−	−	−
	保压	−	−	−	−	−
	泄压、回程	−	+	−	−	−
	停止	−	−	−	−	−
下缸	顶出	−	−	+	−	−
	退回	−	−	−	+	−
	压边	+	−	−	−	−
	停止	−	−	−	−	−

注："＋"表示电磁铁通电；"－"表示电磁铁断电。

1.启动

按下启动按钮，主泵 1 和辅助泵 2 同时启动，此时系统中所有电磁铁均处于失电状态，主泵 1 输出的油经电液换向阀 6 中位及阀 21 中位流回油箱(处于卸荷状态)，辅助泵 2 输出的油液经低压溢流阀 3 流回油箱，系统实现空载启动。

2.上缸快速下行

按下上缸快速下行按钮，电磁铁 1YA、5YA 得电，电液换向阀 6 换右位接入系统，控制油液经电磁换向阀 8 右位使液控单向阀 9 打开，上缸带动上滑块实现空载快速运动。此时系统的油液流动情况如下。

进油路：主泵 1→换向阀 6 右位→单向阀 13→上缸 16 上腔。

回油路：上缸 16 下腔→液控单向阀 9→换向阀 6 右位→换向阀 21 中位→油箱。

由于上缸竖直安放，且滑块组件的重量较大，上缸在上滑块组件自重作用下快速下降，此时主泵 1 虽处于最大流量状态，但仍不能满足上缸快速下降的流量需要，因而在上缸上腔会形成负压，上部油箱 15 的油液在一定的外部压力作用下，经液控单向阀 14(充液阀)进入上缸上腔，实现对上缸上腔的补油。

3.上缸慢速接近工件并加压

当上滑块组件降至一定位置(事先调好)时，压下行程开关 2S 后，电磁铁 5YA 失电，电磁换向阀 8 左位接入系统，使液控单向阀 9 关闭，上缸下腔油液经背压阀 10、电液换向阀 6 右位、电液换向阀 21 中位回油箱。这时，上缸上腔压力升高，充液阀 14 关闭。上缸滑块组件在主泵 1 供油的压力油作用下慢速接近要压制成形的工件。当上缸滑块组件接触工件后，由于负载急剧增加，使上腔压力进一步升高，压力反馈恒功率柱塞变量泵 1 的输出流量将自动减小。此时系统的油液流动情况如下。

进油路：主泵 1→电液换向阀 6 右位→单向阀 13→上缸 16 上腔。

回油路：上缸 16 下腔→背压阀 10→电液换向阀 6 右位→电液换向阀 21 中位→油箱。

4.保压

当上缸上腔压力达到预定值时，压力继电器 7 发出信号，使电磁铁 1YA 失电，电液换向阀 6 回中位，上缸的上、下腔封闭，充液阀 14 和单向阀 13 具有良好的密封性能，可使上缸上腔实现保压，其保压时间由压力继电器 7 控制的时间继电器调整实现。在上腔保压期间，主泵 1 经由电液换向阀 6 和电液换向阀 21 的中位后卸载。

5.上缸上腔泄压、回程

当保压过程结束，时间继电器发出信号，电磁铁 2YA 得电，电液换向阀 6 左位接入系统。由于上缸上腔压力很高，液动换向阀 12 上位接入系统，压力油经电液换向阀 6 左位、液动换向阀 12 上位使外控顺序阀 11 开启，此时主泵 1 输出油液经顺序阀 11 流回油箱。主泵 1 在低压下工作，由于充液阀 14 的阀芯为复合式结构，具有先卸荷再开启的功能，因此充液阀 14 在主泵 1 较低压力作用下，只能打开其阀芯上的卸载针阀，使上缸上腔的很小一部分油液经充液阀 14 流回油箱 15，上腔压力逐渐降低，当该压力降到一定值后，液动换向阀 12 下位接入系统，外控顺序阀 11 关闭，主泵 1 供油压力升高，使充液阀 14 完全打开，此时，系统的油液流动情况如下。

进油路：主泵 1→电液换向阀 6 左位→液控单向阀 9→上缸下腔。

回油路：上缸上腔→充液阀 14→上部油箱 15。

6.上缸原位停止

当上缸滑块组件上升至行程挡块压下行程开关1S，使电磁铁2YA失电，电液换向阀6中位接入系统，液控单向阀9将主缸下腔封闭，上缸在起点原位停止不动。泵1输出油液经电液换向阀6、电液换向阀21中位回油箱，主泵1卸载。

7.下缸顶出及退回

当电磁铁3YA得电，电液换向阀21左位接入系统。此时的油液流动情况如下。

进油路：主泵1→电液换向阀6中位→电液换向阀21左位→下缸17下腔。

回油路：下缸17上腔→电液换向阀21左位→油箱。

下缸17活塞上升，顶出压好的工件。当电磁铁3YA失电，4YA得电，电液换向阀21右位接入系统，下缸活塞下行，使下滑块组件退回到原位。

8.浮动压边

有些模具工作时需要对工件进行压紧拉伸，当在压力机上用模具作薄板拉伸压边时，要求下滑块组件上升到一定位置实现上下模具的合模，使合模后的模具既保持一定的压力将工件夹紧，又能使模具随上滑块组件的下压而下降(浮动压边)。这时，电液换向阀21处于中位，由于上缸的压紧力远远大于下缸往上的上顶力，上缸滑块组件下压时下缸活塞被迫随之下行，下缸下腔油液经节流器19和背压阀20流回油箱，使下缸下腔保持所需的向上的压边压力。调节背压阀20的开启压力大小即可起到改变浮动压边力大小的作用。下缸上腔则经电液换向阀21中位从油箱补油。溢流阀18为下缸下腔安全阀，只有在下缸下腔压力过载时才起作用。

二、系统特点

由上述可知，该液压机液压系统主要由压力控制回路、换向回路、快慢速转换回路和平衡锁紧回路等组成。其主要性能特点如下：

(1)系统采用高压大流量恒功率(压力补偿)柱塞变量泵供油，通过电液换向阀6、电液换向阀21的中位机能使主泵1空载启动，在主、辅液压缸原位停止时主泵1卸载，利用系统工作过程中工作压力的变化来自动调节主泵1的输出流量与上缸的运动状态相适应，这样既符合液压机的工艺要求又节省能量。

(2)系统利用上滑块组件的自重实现主液压缸(上缸)快速下行，并用充液阀14补油，使快速运动回路结构简单，补油充分，且使用的元件少。

(3)系统采用带缓冲装置的充液阀14、液动换向阀12和外控顺序阀11组成的泄压回路，结构简单，减小了上缸由保压转换为快速回程时的液压冲击。

(4)系统采用单向阀13、充液阀14保压，并使系统卸载的保压回路，在上缸上腔实现保压的同时实现系统卸载，因此系统节能高效。

(5)系统采用液控单向阀9和内控顺序阀组成的平衡锁紧回路，使上缸组件在任何位置能够停止，且能够长时间保持在锁定的位置上。

案例4　汽车起重机液压系统

汽车起重机是应用较广的一类起重运输机械。它机动性好，承载能力大，适应性强，能在温度变化大、环境条件较差的场合工作。图5-9所示为Q2-8型汽车起重机外形及结构示意图。它由汽车1、转台2、支腿3、吊臂变幅液压缸4、基本臂5、吊臂伸缩液压缸6和起升机构7等组成。它的最大起重量为80 kN，最大起重高度为11.5 m。

(a)实物图

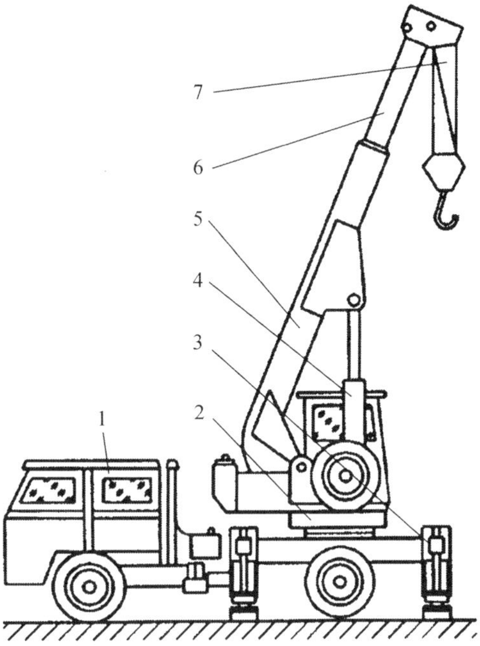

(b)结构示意图

图5-9　Q2-8型汽车起重机外形及结构示意图

1-汽车；2-转台；3-支腿；4-吊臂变幅液压缸；5-基本臂；6-吊臂伸缩液压缸；7-起升机构

一、Q2-8型汽车起重机的液压系统的工作原理

Q2-8型汽车起重机的液压传动系统如图5-10所示。该系统属于中高压系统，用一个轴向柱塞泵作动力源，由汽车发动机通过传动装置(取力箱)驱动工作。整个系统由支腿收放、转台回转、吊臂伸缩、吊臂变幅和吊重起升五个工作支路组成。其中，前、后支腿收放支路的换向阀A、B组成一个阀组(双联多路阀)。其余四支路的换向阀C、D、E、F组成另一阀组(四联多路阀)。各换向阀均为M型中位机能三位四通手动阀，相互串联组合，可实现多缸卸荷。根据起重工作的具体要求，操纵各阀不仅可以分别控制各执行元件的运动方向，还可以通过控制阀芯的位移量来实现节流调速。

系统中除液压泵、安全阀、阀组及支腿液压缸外，其他液压元件都装在可回转的上车部分。油箱也装在上车部分兼作配重。上车和下车部分的油路通过中心旋转接头连通。

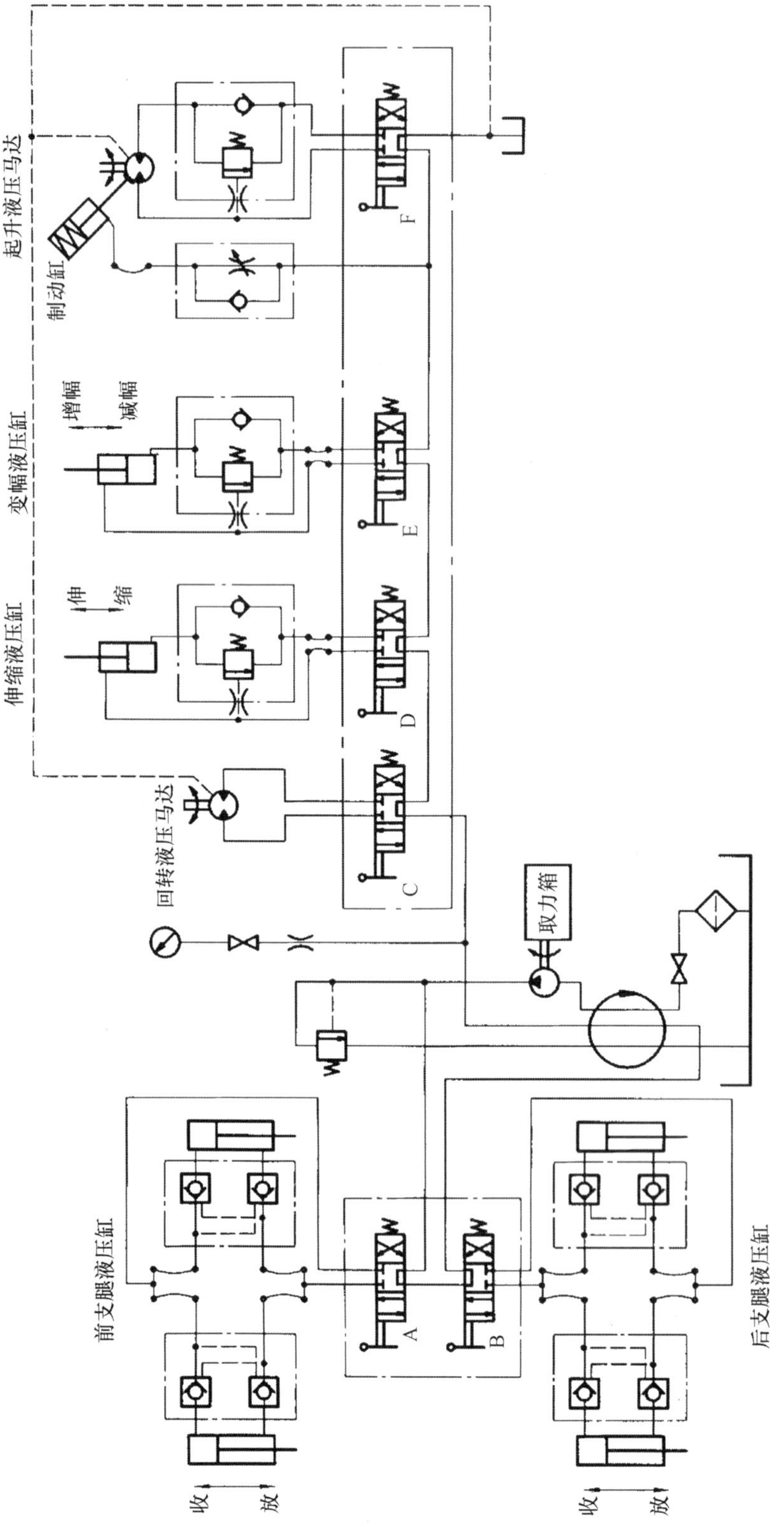

图5-10　Q2-8型汽车起重机的液压传动系统

1.支腿收放支路

汽车轮胎支承能力有限，且为弹性变形体，作业时很不安全，故在起重作业前必须放下前、后支腿，使汽车轮胎架空，用支腿承重。在行驶时又必须将支腿收起，轮胎着地，为此，在汽车的前、后端各设置两条支腿，每条支腿均配置有液压缸。前支腿两个液压缸同时用手动换向阀A控制其收、放动作，后支腿两个液压缸用手动换向阀B来控制其收、放动作。为确保支腿停放在任意位置并能可靠锁住，在每一个支腿液压缸的油路中设置一个由两个液控单向阀组成的双向波压锁。

当阀A在左位工作时，前支腿放下，其进、回油路线为：

进油路：液压泵→换向阀A→液控单向阀→前支腿液压缸→无杆腔。

回油路：前支腿液压缸有杆腔→液控单向阀→阀A→阀B→阀C→阀D→阀E→阀F→油箱。

后支腿液压缸用阀B控制，其油流路线与前支腿支路相同。

2.转台回转支路

回转支路的执行元件是一个大转矩液压马达，它能双向驱动转台回转。通过齿轮、蜗杆机构减速转台可获得1～3 r/min的低速。马达由手动换向阀C控制正、反转，其油路为：

进油路：液压泵→阀A→阀B→阀C→回转液压马达。

回油路：回转液压马达→阀C→阀D→阀E→阀F→油箱。

3.吊臂伸缩支路

吊臂由基本臂和伸缩臂组成，伸缩臂套装在基本臂内，由吊臂伸缩液压缸带动做伸缩运动。为防止吊臂在停止阶段因自重作用而向下滑移，油路中设置了平衡阀5(外控式单向顺序阀)。吊臂的伸缩由换向阀D控制，使伸缩臂具有伸出、缩回和停止三种工况。例如，当阀D在右位工作时，吊臂伸出，其油流路线为：

进油路：液压泵→阀A→阀B→阀C→阀D→阀5中的单向阀→伸缩液压缸无杆腔。

回油路：伸缩液压缸有杆腔→阀D→阀E→阀F→油箱。

4.吊臂变幅支路

吊臂变幅是用液压缸来改变吊臂的起落角度。变幅要求工作平稳可靠，故在油路中也设置了平衡阀6。增幅或减幅运动由换向阀E控制，其油流路线类同于伸缩支路。

5.吊重起升支路

起升支路是本系统的主要工作油路。吊重的提升和落下作业由一个大转矩液压马达带动绞车来完成。液压马达的正、反转由换向阀F控制，液压马达转速(即起吊速度)可通过改变发动机油门(转速)及控制换向阀F来调节。油路设有平衡阀，用以防止重物因自重而下落。由于液压马达的内泄漏比较大，当重物吊在空中时，尽管油路中设有平衡阀，重物仍会向下缓慢滑移，为此，在液压马达驱动的轴上设有制动器。当起升机构工作时，在系统油压作用下，制动器液压缸使闸块松开；当液压马达停止转动时，在制动器弹簧作用下，闸块将轴抱紧。当重物悬空停止后再次起升时，若制动器立即松闸，但马达的进油路可能未来得及建立足够的油压，就会造成重物短时间失控下滑。为避免这种现象产生，在制动器油路中设置单向节流阀使制动器抱闸迅速，松闸却能缓慢进行(松闸时间由节流阀调节)。该液压传动系统的动作原理见表5-3。

表 5-3　Q2-8 型汽车起重机液压传动系统的动作原理

<table>
<tr><th colspan="6">手动阀位置</th><th colspan="7">系统工作情况</th></tr>
<tr><th>A</th><th>B</th><th>C</th><th>D</th><th>E</th><th>F</th><th>前支腿液压缸</th><th>后支腿液压缸</th><th>回转液压马达</th><th>伸缩液压缸</th><th>变幅液压缸</th><th>起升液压马达</th><th>制动液压缸</th></tr>
<tr><td>左</td><td rowspan="2">中</td><td rowspan="4">中</td><td rowspan="6">中</td><td rowspan="8">中</td><td rowspan="10">中</td><td>放下</td><td rowspan="2">不动</td><td rowspan="4">不动</td><td rowspan="6">不动</td><td rowspan="8">不动</td><td rowspan="10">不动</td><td rowspan="10">制动</td></tr>
<tr><td>右</td><td>收起</td></tr>
<tr><td rowspan="10">中</td><td>左</td><td rowspan="10">不动</td><td>放下</td></tr>
<tr><td>右</td><td>收起</td></tr>
<tr><td rowspan="8">中</td><td>左</td><td rowspan="8">不动</td><td>正转</td></tr>
<tr><td>右</td><td>反转</td></tr>
<tr><td rowspan="6">中</td><td>左</td><td rowspan="6">不动</td><td>缩回</td></tr>
<tr><td>右</td><td>伸出</td></tr>
<tr><td rowspan="4">中</td><td>左</td><td rowspan="4">不动</td><td>减幅</td></tr>
<tr><td>右</td><td>增幅</td></tr>
<tr><td rowspan="2">中</td><td>左</td><td rowspan="2">不动</td><td>正转</td><td rowspan="2">松开</td></tr>
<tr><td>右</td><td>反转</td></tr>
</table>

该液压传动系统的主要特点如下：

(1)系统中采用了平衡回路、锁紧回路和制动回路。能保证起重机工作可靠，操作安全。

(2)采用三位四通手动换向阀，不仅可以灵活方便地控制换向动作，还可通过手柄操纵来控制流量，以实现节流调速。在起升工作中，将此节流调速方法与控制发动机转速的方法结合使用，可以实现各工作部件微速动作。

(3)换向阀串联组合，不仅各机构的动作可以独立进行，而且在轻载作业时，可实现起升和回转复合动作，以提高工作效率。

(4)各换向阀处于中位时系统即卸荷，能减少功率损耗，适于起重机间歇性工作。

二、汽车起重机液压系统常见故障分析

1.支腿故障

支腿故障的表现有：车轮始终落地，车体支不起来；在吊重时整个车体下落或车体前后倾斜；在回转时车体方向性倾斜。产生支腿故障的原因有：液压泵或溢流阀有故障，以及液压缸泄漏等造成的系统压力不足会使支腿支承不起车体重量而下落；部分或全部支腿液压缸泄漏、进气，以及部分或全部支腿液压锁密封不良、卡死会引起在吊重时整个车体下落或车体前后倾斜，在回转时车体方向性倾斜。

2.平衡故障

起重机在急剧转为下落、缩臂或减幅动作时，可能会产生“点头”现象；在下行过程中转为悬空停止时，可能会产生“停不准”或“溜车”现象。当出现“点头”现象时，应检查平衡阀；当出

现“停不准”现象时，应检查制动缸、节流阀或平衡阀；当出现“溜车”现象时，可能是液压马达、液压缸或平衡阀泄漏太大，还应检查制动缸的制动力大小是否符合要求。

3.动作故障

动作故障有吊臂不能伸缩、不能变幅、起升机构不能升降。产生故障的原因有：有关换向阀换向不到位；溢流阀调整不正确或有故障；液压马达和液压缸泄漏太大；平衡阀被卡死、堵塞。

案例 5　塑料注塑机液压系统

塑料注射成型机简称注塑机。它将颗粒状塑料加热熔化到流动状态，以高压快速注入模腔，处于熔融状态的塑料在模腔内保压一定时间后，冷却成型为塑料制品。注塑机液压传动系统的执行元件有合模缸、注射座移动缸、注射缸、工作循环、预塑液压马达和顶出缸。这些执行元件推动注塑机各工作部件完成图 5-11 所示的工作循环。

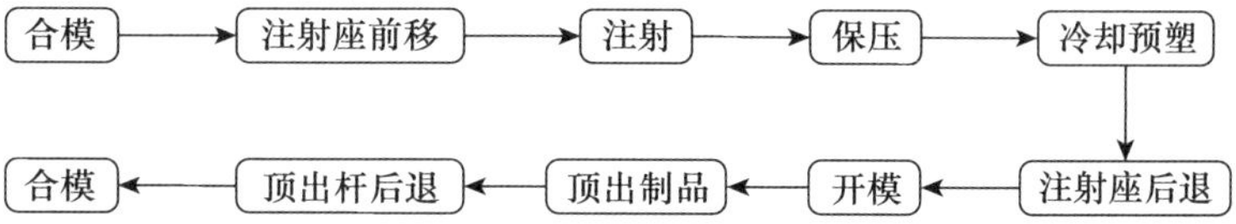

图 5-11　注塑机动作循环图

注塑机对液压传动系统的要求是：

(1)模具必须具有足够的合模力，以防止高压注射时模具胀开，塑料制品产生溢边现象。

(2)在合模、开模过程中，为了既提高工作效率又防止因速度太快而损坏模具和制品，其过程需要有多种速度。

(3)注射座要能整体前移和后退，并保持足够的向前推动力，以使注射时喷嘴与模具浇口紧密接触。

(4)由于原料的品种、制品的几何形状及模具系统不同，为保证制品质量，注射成型过程中要求注射压力和注射速度可调节。

(5)注射动作完成后需要保压。保压的目的是使塑料紧贴模腔而获得精确的形状。在制品冷却凝固收缩过程中，使熔化塑料不断补充进入模腔，防止充料不足而出现残次品，因此保压压力要求可调。

(6)顶出制品速度要平稳。

一、SZ-250A 型注塑机液压传动系统的工作原理

SZ-250A 型注塑机属于中小型注塑机，每次最大注射容量为 250 cm^3。图 5-12 所示为该注塑机的液压传动系统图。该液压传动系统用双联泵供油，用节流阀控制有关流量，用多级调压回路控制有关压力，以满足工作过程中各动作对速度和压力的不同要求。各执行元件的动作循环主要依靠行程开关切换电磁换向阀来实现，电磁铁的动作顺序见表 5-4。

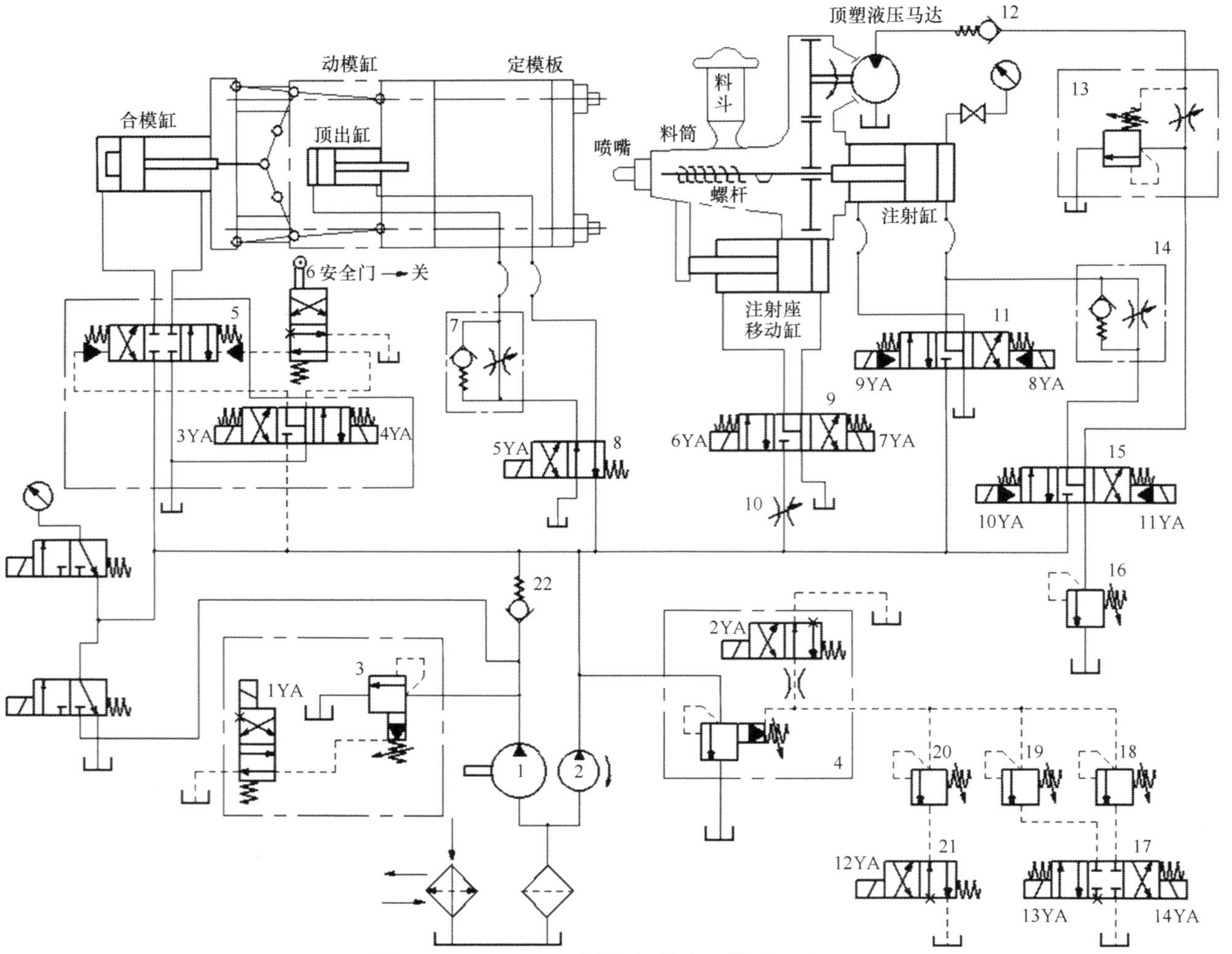

图5-12　SZ-250A型注塑机的液压传动系统图

1,2-流量泵;3-溢流阀;4-定压阀;5,11,15-电液换向阀;6-行程阀;7,14-单向节流阀;
8,9,17,21-电磁换向阀;10-节流阀;12,22-单向阀;13-旁通型调速阀;16-背压阀;18,19,20-调压阀

表 5-4　电磁铁的动作顺序

动作电磁铁		1YA	2YA	3YA	4YA	5YA	6YA	7YA	8YA	9YA	10YA	11YA	12YA	13YA	14YA
合模	慢速	—	+	+	—	—	—	—	—	—	—	—	—	—	—
	快速	+	+	+	—	—	—	—	—	—	—	—	—	—	—
	低压慢速	—	+	+	—	—	—	—	—	—	—	—	—	+	—
	高压慢速	—	+	+	—	—	—	—	—	—	—	—	—	—	—
注射座前移		—	+	—	—	—	—	+	—	—	—	—	—	—	—
注射	慢速	—	+	—	—	—	—	+	—	—	+	—	+	—	—
	快速	+	+	—	—	—	—	+	+	—	+	—	+	—	—
保压		—	+	—	—	—	—	+	—	—	+	—	—	—	+
预塑		+	+	—	—	—	—	+	—	—	—	+	—	—	—
防流涎		—	+	—	—	—	—	+	—	+	—	—	—	—	—
注射座后退		—	+	—	—	—	+	—	—	—	—	—	—	—	—
开模	慢速Ⅰ	—	+	—	+	—	—	—	—	—	—	—	—	—	—
	快速	+	+	—	+	—	—	—	—	—	—	—	—	—	—
	慢速Ⅱ	—	+	—	+	—	—	—	—	—	—	—	—	—	—
顶出	前进	—	+	—	—	+	—	—	—	—	—	—	—	—	—
	后退	—	+	—	—	—	—	—	—	—	—	—	—	—	—

1.合模

首先关闭注塑机安全门，行程阀 6 才能恢复常态位，合模动作才可进行。然后慢速启动合模缸，再快速前进。当动模板接近定模板时，合模缸以低压、慢速前移，即使两模板间有硬质异物，也不致损坏模具表面。在确认模具内无异物存在时，合模缸转为高压，并通过对称五连杆机构增力，使模具闭合并锁住。

(1)慢速合模。电磁铁 2YA、3YA 通电，大流量泵 1 通过溢流阀 3 卸载，小流量泵 2 的压力由溢流阀 4 调定。泵 2 的压力油经电液换向阀 5 右位进入合模缸左腔，推动合模缸慢速前移，其右腔油液经阀 5 回油箱。

(2)快速合模。电磁铁 1YA、2YA 和 3YA 通电，泵 1 的压力油经单向阀 22 与流量泵 2 的压力油合流后进入合模缸左腔，推动合模缸快速前进。最高压力由溢流阀 3 限定。

(3)低压慢速合模。电磁铁 2YA、3YA 和 13YA 通电，泵 1 卸载，泵 2 的压力由远程调压阀 18 控制。由于阀的调定压力低，泵 2 以低压推动合模缸缓慢、安全地合模。

(4)高压慢速合模。电磁铁 2YA、3YA 通电，泵 1 卸载，泵 2 压力由负压阀 4 调为高压。泵 2 压力油驱动合模缸高压合模，通过五连杆机构增力，且锁紧模具。

2.注射座前移

电磁铁 2YA、7YA 通电，泵 1 卸载，泵 2 压力仍由阀 4 控制。泵 2 压力油经节流阀 10 和电磁换向阀 9 右位进入注射座移动缸右腔，注射座慢速前移，使喷嘴与模具浇口紧密接触，注射座移动缸左腔油液经阀 9 回油箱。

3.注射

(1)慢速注射。电磁铁 2YA、7YA、10YA 和 12YA 通电,泵 2 压力由远程调压阀 20 调节并保持稳定值。泵 2 的压力油经电液换向阀 15 左位和单向节流阀 14 进入注射缸右腔,推动注射缸活塞慢速前进,注射螺杆将料筒前端的熔料经喷嘴压入模腔,注射缸左腔油液经电液换向阀 11 中位回油箱。注射速度由单向节流阀 14 调节。

(2)快速注射。电磁铁 1YA、2YA、7YA、8YA、10YA 和 12YA 通电,泵 1 和泵 2 压力油经阀 11 右位进入注射缸右腔,实现快速注射,左腔油液经阀 11 右位回油箱。此时,远程调压阀 20 起安全作用。

4.保压

电磁铁 2YA、7YA、10YA 和 14YA 通电,泵 2 压力(即保压压力)由远程调压阀 19 调节,泵 2 仅对注射缸右腔补充少量油液,以维持保压压力。多余油液经阀 4 溢回油箱。

5.预塑

保压完毕,电磁铁 1YA、2YA、7YA 和 11YA 通电,泵 1 和泵 2 压力油经阀 15 右位、旁通型调速阀 13 和单向阀 12 进入液压马达。液压马达通过减速机构带动螺杆旋转,从料斗加入的塑料颗粒随着螺杆的转动被带至料筒前端,加热熔化,并建立起一定压力。

液压马达转速由旁通型调速阀 13 控制。溢流阀 3 为安全阀。螺杆头部的熔料压力上升到能克服注射缸活塞退回的阻力时,螺杆开始后退。这时,注射缸右腔油液经阀 14、阀 15 右位和背压阀 16 回油箱,其背压力由阀 16 控制。同时,油箱中的油在大气压作用下经阀 11 中位,向注射缸左腔补充。当螺杆后退至一定位置,即螺杆头部的熔料达到所需注射量时,螺杆停止转动和后退,等待下次注射,与此同时,模腔内的制品冷却成型。

6.防流涎

如果喷嘴为直通敞开式,为防止注射座退回时喷嘴端部物料流出,应先使螺杆后退一小段距离,以减小料筒前端压力。为达到此目的,在预塑结束后,电磁铁 2YA、7YA 和 9YA 通电,泵 2 的压力油一路经阀 9 右位进入注射座移动缸右腔,使喷嘴与模具浇口接触,一路经阀 11 左位进入注射缸左腔,使螺杆强制后退。注射缸右腔和注射座移动缸左腔的油分别经阀 11 和阀 9 回油箱。

7.注射座后退

在保压、冷却和预塑结束后,电磁铁 2YA、6YA 通电,泵 2 的压力油经阀 9 左位使注射座退回。

8.开模

开模速度一般为慢→快→慢。

(1)慢速Ⅰ开模。当电磁铁 2YA、4YA 通电时,泵 1 卸载,泵 2 的压力油经电液换向阀 5 左位进入合模缸右腔,合模缸慢速后退,左腔油液经阀 5 回油箱。

(2)快速开模。当电磁铁 1YA、2YA 和 4YA 通电时,泵 1 和泵 2 的供油合流后推动合模缸快速后退。

(3)慢速Ⅱ开模。当电磁铁 1YA 断电,电磁铁 2YA、4YA 通电时,泵 1 卸载,泵 2 的压力油经电液换向阀 5 左位进入合模缸右腔,合模缸又以慢速后退,左腔油液经阀 5 回油箱。

9.顶出

(1)顶出杆前进。电磁铁 2YA、5YA 通电,泵 1 卸载,泵 2 的压力油经换向阀 8 左位和单向节流阀 7 进入顶出缸左腔，推动顶出杆稳速前进，顶出制品。顶出速度由单向节流阀 7 调节。

(2)顶出杆后退。电磁铁 2YA 通电，泵 2 压力油经阀 8 常态位使顶出杆退回。

二、SZ-250A 型注塑机液压传动系统的特点

(1)采用了液压机械增力合模机构，保证了足够的锁模力。除此之外，还可采用增压缸合模装置。

(2)注塑机液压系统动作多，各动作之间有严格顺序。本系统采用电气行程开关切换电磁换向阀，保证动作顺序。

(3)采用双聚供油，由流量阀控制流量来满足各动作对流量的不同要求，功率利用比较合理。

(4)用多个远程调压阀调压，满足了系统多级压力要求。

项目六
典型气压传动系统实例

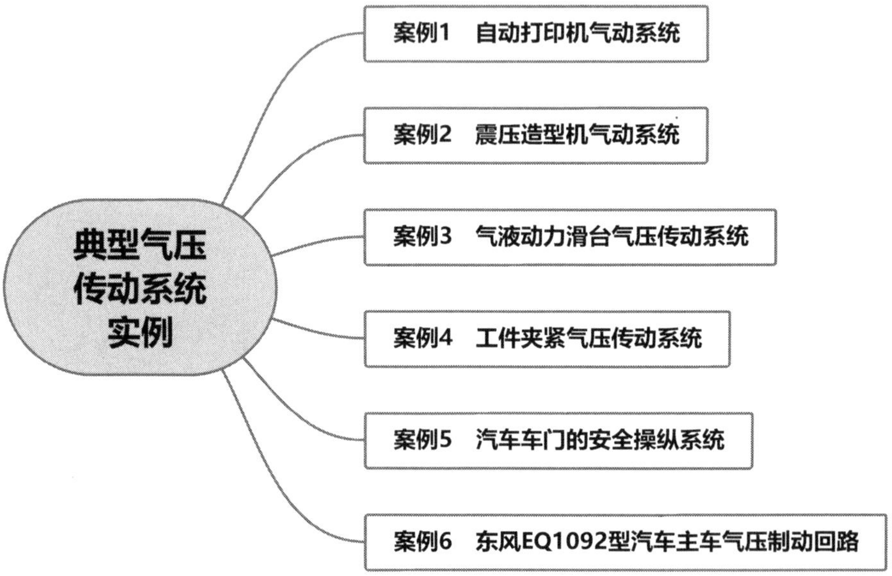

项目知识分布图

案例1　自动打印机气动系统

一、气动系统工作原理

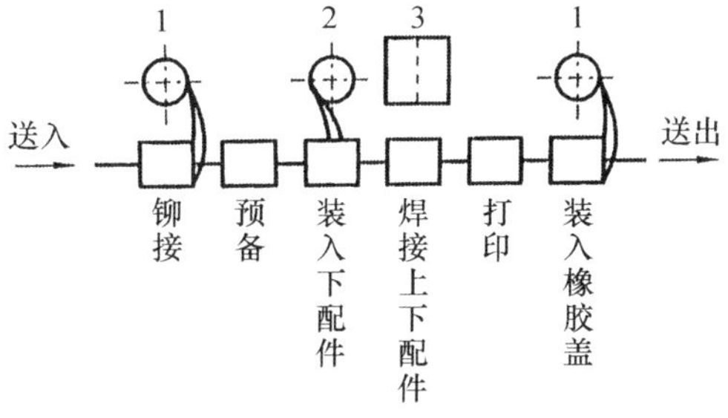

图 6-1　车轮减振器自动装配线示意图

1-工件送料器；2-升降送料器；3-储料器

图 6-1 所示为车轮减振器部件上盖的自动装配线示意图，由送入侧将固定位置放置好的工件，通过传送带送往各个工序，定位后就进行安装和扭紧螺钉装入上面的配件，焊接，打印，各种工件都由送料器(包括工件送料器 1 和升降送料器 2)与储料器 3 自动地供给。此外，为了增加装配的可靠性，还增加了螺钉松动、焊接角度及弹簧刚度等检查结构。

图 6-2 所示为自动打印装置回路。因为安装部件的打印是要印上制造年月日及产品编号等重要标记，所以要求打印清楚。装置是通过气缸和快速排气阀，由打印头的速度与重量的惯性冲击进行打印的。为了使其冲击力增加，其行程尽量取大些。图 6-3 所示为打印装置的气动系统，气缸有杆侧的快速排气使其压力急速降低而得到冲击力，为调节冲击力大小加设了减压阀，这种方式与液压相比结构简单、价格低。

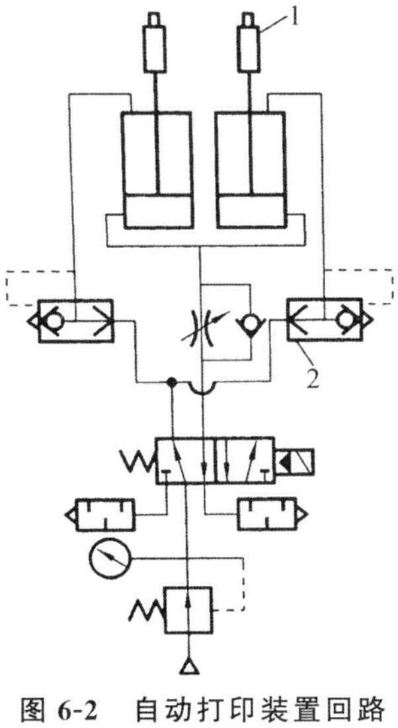

图 6-2　自动打印装置回路

1-工件；2-打印头

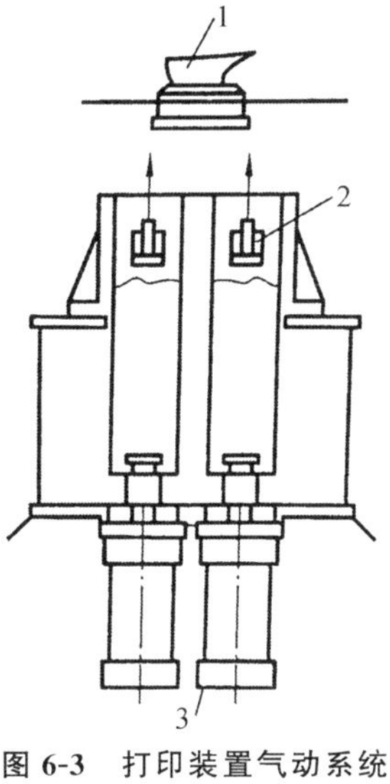

图 6-3　打印装置气动系统

1-打印头；2-快速排气阀；；3-气缸

二、气动系统的特点

(1)利用有一定行程的气缸驱动打印头运行速度快，形成的冲击力较大。针对不同材料部件，使用调压阀(减压阀)调整打印力的大小。

(2)气路简单、成本低，可靠性高。

案例 2 震压造型机气动系统

由于铸造生产劳动强度大，工作条件恶劣，因此气动技术在铸造生产中应用较早，且其自动化程度比较成熟和完善，本例是某铸造厂气动造型生产线上所用的四立柱低压微震造型机的电磁-气控系统。此系统在电控部分配合下可实现自动、半自动和手动三种控制方式。以下仅就气动部分进行介绍。

一、震压造型机的工作过程

在图 6-4 所示机器的示意图中，砂箱 3 由滚道 2 送入机器左上方，推杆气缸 1 将砂箱 3 推入机器，同时顶出前一个已造好的砂型 4，砂型 4 沿滚道 2 移动到合箱机(若是下箱则进翻箱机，合箱机和翻箱机图中均未画出)。推杆气缸 1 复位后，接箱气缸 10 上升举起工作台，在工作台将砂箱 3 举离滚道 2 一定高度并压在填砂框 8 上以后停止。砂斗推杆气缸 7 将定量砂斗 5 拉到填砂框 8 上方，压头 6 随之移出(砂斗 5 与压头 6 连为一体)，进行加砂，同时进行预震击。震击一段时间后，砂斗推杆气缸 7 将定量砂斗 5 推回原位，压头 6 随之又进入工作位置，压实气缸 9(压实气缸与震击气缸为一复合气缸，即震压气缸)将工作台连同砂箱 3 继续举起，压向压头，同时震击，使砂型紧实。在压实气缸上升时，接箱活塞返回原位。经过一定时间压实，压实活塞带动砂箱 3 和工作台下降，当砂箱 3 接近滚道减速，进行起模。砂型留在滚道上，工作台继续落回到原位，准备下一循环。

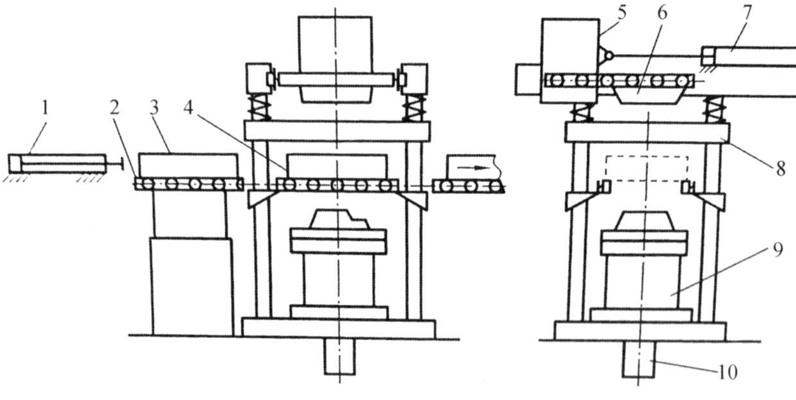

图 6-4 电磁-气控震压造型机示意图

1-推杆气缸；2-滚道；3-砂箱；4-砂型；5-定量砂斗；6-压头；7-砂斗推杆气缸；8-填砂框；9-震压气缸；10-接箱气缸

二、气动系统的工作原理

气动系统的工作原理如图 6-5 所示，按下按钮阀 6，气动换向阀 7 换位，使气源接通。当上一工序的信号使 4DT 接通时，电磁换向阀 15 换向，接箱气缸 G 上升，举起工作台并接住滚道上的空砂箱后停在加砂位置上。同时压合行程开关 5XK，使 2DT 通电，电磁换向阀 9

换向，B气缸把砂斗D拉到左端并压合3XK，使3DT通电，电磁换向阀16换向，进行加砂和震击。与此同时，采用时间继电器对加砂和震击计时，到一定时间后2DT、3DT断电，电磁换向阀9、16复位，加砂和震击停止。砂斗回到原位，同时压头C进入压实位置并压合4XK使5DT通电，电磁换向阀13换向，压实气缸F上升；4DT断电，电磁换向阀15复位，接箱气缸G经快速排气阀14排气，并快速落回原位。压实时间由时间继电器断电计时，压实到一定时间后，5DT自动断电，电磁换向阀13复位，压实活塞下降。为满足起模和行程终点缓冲的要求，由行程阀10、气动换向阀11、节流阀12和电磁换向阀13实现气缸行程中的变速。当砂箱下落接近滚道时，撞块压合行程阀10，气动换向阀11关闭，压实气缸经节流阀12排气，压实活塞低速下降。待模型起出后撞块脱离行程阀10，压实气缸由气动换向阀11和电磁换向阀13排气，活塞快速下降。快到终点时，再次压合行程阀10，活塞慢速回到原位并压合6XK使1DT通电，气动换向阀7换向，推杆气缸A前进把空箱推进机器，同时推出造好的砂型。在行程终点压合2XK，使1DT断电，气动换向阀7复位，推杆气缸A返回。至此，完成一个工作循环。

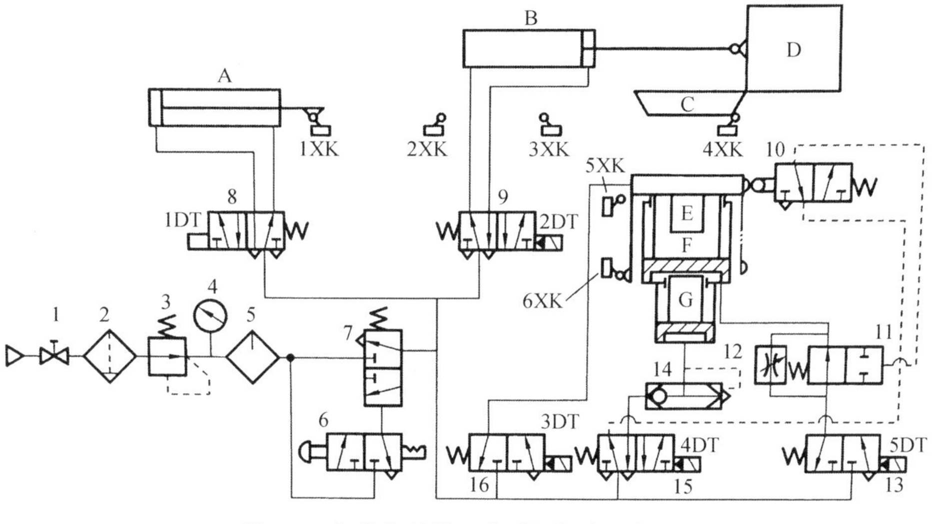

图6-5　电磁-气控震压造型机气动回路原理

1-总阀；2-分水滤气器；3-减压阀；4-压力表；5-油雾器；6-按钮阀；7、11-气动换向阀；8、9、13、15、16-电磁换向阀；10-行程阀；12-节流阀；14-快速排气阀；1XK～6XK-行程开关；A—砂箱推杆气缸；B-砂斗推杆气缸；C-压头；D-定量砂斗；E-震击气缸；F-压实气缸；G-接箱气缸

三、气动系统的特点

（1）该系统自动化程度高，可选择自动、半自动和手动三种操作方式，综合运用电控和气动控制的特点，借助电控实现各工序间的自动衔接和各动作间的连锁，所以提高了系统的自动化程度，能实现必要的安全保护，结构简单，传递速度快，对工作环境要求较低。

（2）此系统的工作噪声大，需要采取消除噪声的措施。

案例 3　气液动力滑台气压传动系统

气液动力滑台是采用气-液阻尼缸作为执行元件，在机械设备中用来实现进给运动的部件。图 6-6 所示为气液动力滑台气压传动系统原理。该滑台能完成“快进—慢进(工进)—快退—停止”和“快进—慢进—慢退—快退—停止”两种工作循环。

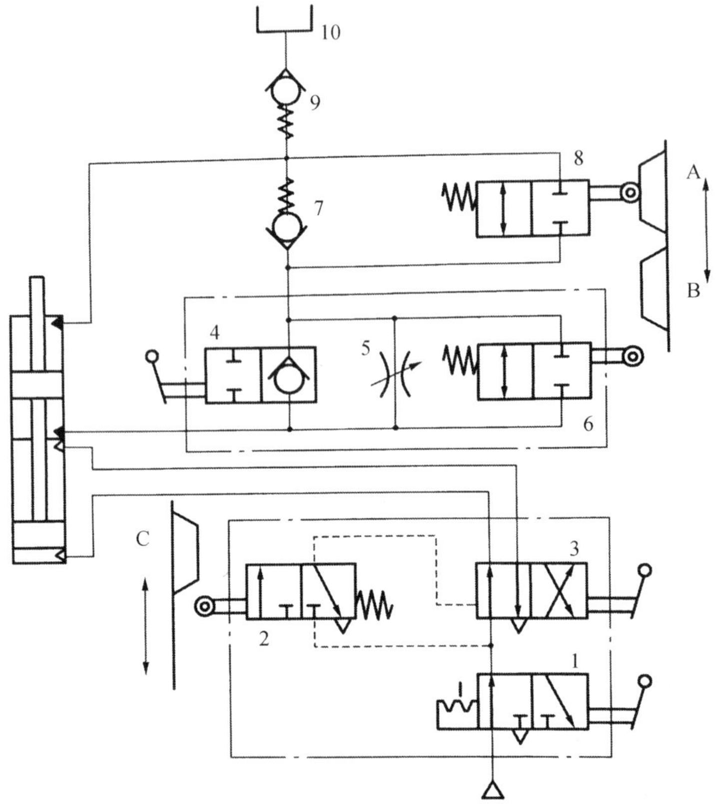

图 6-6　气液动力滑台气压传动系统原理

1、3、4-手动换向阀；2、6、8-行程阀；5-节流阀；7、9-单向阀；10-补油箱

1.快进—慢进(工进)—快退—停止

当手动换向阀 4 处于图 6-6 所示的状态时，就可实现“快进—慢进(工进)—快退—停止”的动作循环。其动作原理为：当手动换向阀 3 切换到右位时，实际上就是发出进给信号，在气压作用下气缸中的活塞开始向下运动，液压缸中活塞下腔的油液经行程阀 6 的左位、单向阀 7 进入液压缸活塞上腔，实现了快进；当快进到活塞杆上的挡铁 B 切换行程阀 6(使它处于右位)后，油液只能经节流阀 5 进入活塞上腔，调节活塞开始慢进(工进)；当慢进到挡铁 C 切换行程阀 2 至左位时，输出气信号使手动换向阀 3 切换到左位，这时气缸活塞开始向上运动；液压缸活塞上腔的油液经行程阀 8 的左位和手动换向阀 4 的右位(单向阀)进入液压缸下腔，实现了快退；当快退到挡铁 A 切换行程阀 8 而使其油液通路被切断时，活塞便停止运动，所以改变挡铁 A 的位置，就能改变“停”的位置。

2.快进—慢进—慢退—快退—停止

若手动换向阀 4 关闭(处于左位)就可实现“快进—慢进—慢退—快退—停止”的双向进给动作循环。其动作循环中“快进—慢进”的原理与上述相同。当慢进至挡铁 C 切换行程阀 2 至左位时,输出气信号使手动换向阀 3 切换到左位,气缸活塞开始向上运动,这时液压缸活塞上腔的油液经行程阀 8 的左位和节流阀 5 进入活塞下腔,即实现了慢退(反向进给);当慢退到挡铁 B 离开行程阀 6 的顶杆而使其复位(处于左位)后,液压缸活塞上腔的油液就经行程阀 6 的左位而进入活塞下腔,开始了快退;当快退到挡铁 A 切换行程阀 8 而使油液通路被切断时,活塞就停止运动。

图 6-6 中带定位机构的手动换向阀 1、行程阀 2 和手动换向阀 3 组合成一个组合阀,手动换向阀 4、节流阀 5 和行程阀 6 组合成另一个组合阀;补油箱 10 是为了补偿系统中的漏油而设置的,一般可用油杯来代替。

案例 4　工件夹紧气压传动系统

图 6-7 所示为机械加工自动线、组合机床中常用的工件夹紧气压传动系统原理。其工作原理是:当工件运行到指定位置后,垂直缸 A 的活塞杆首先伸出(向下)将工件定位锁紧后,两侧的气缸 B 和 C 的活塞杆再同时伸出,对工件进行两侧夹紧,然后进行机械加工,加工完成后各夹紧缸退回,将工件松开。

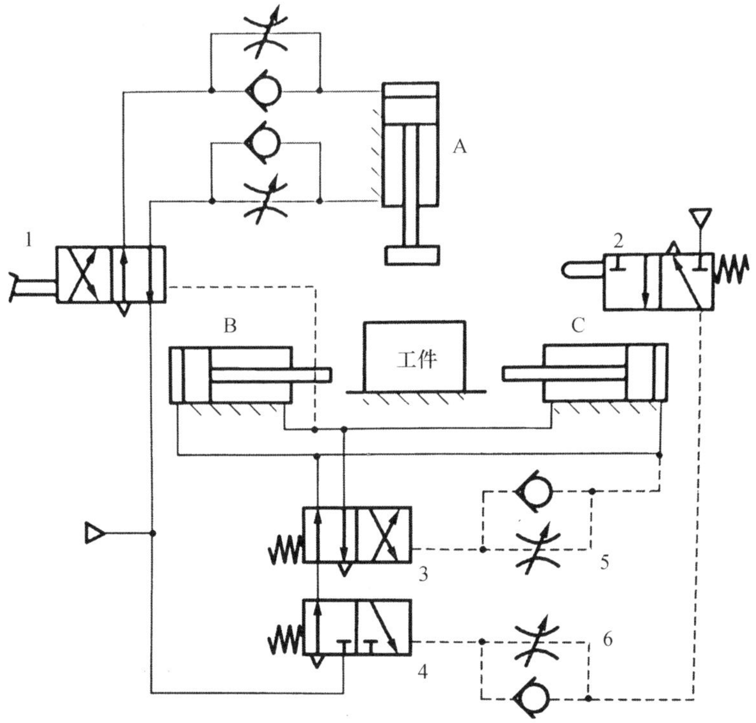

图 6-7　工件夹紧气压传动系统原理

1-脚踏换向阀;2-行程阀;3、4-换向阀;5、6-单向节流阀

具体工作原理如下:当用脚踩下脚踏换向阀 1 后,压缩空气进入缸 A 的上腔,使夹紧头下降而夹紧工件。当压下行程阀 2 时,压缩空气经单向节流阀 6 进入二位三通气控换向阀 4 的

右侧，使阀 4 换向(调节节流阀开口可以控制阀 4 的延时接通时间)。压缩空气通过换向阀 3 进入两侧气缸 B 和 C 的无杆腔，使活塞杆伸出而夹紧工件。然后开始机械加工，同时流过阀 3 的一部分压缩空气经过单向节流阀 5 进入阀 3 右端，经过一段时间(由节流阀控制)后，机械加工完，阀 3 右位接通，两侧气缸后退到原来位置。同时，一部分压缩空气作为信号进入阀 1 的右端，使阀 1 右位接通，压缩空气进入缸 A 的下腔，使夹紧头退回原位。

夹紧头上升的同时使阀 2 复位，阀 4 也复位(此时阀 3 仍为右位接通)，气缸 B、C 的无杆腔通大气，故阀 3 自动复位到左位，完成一个工作循环。该回路只有再踩下阀 1 才能开始下一个工作循环。

案例 5　汽车车门的安全操纵系统

图 6-8 所示为汽车车门安全操纵系统原理。它用来控制汽车车门的开关，且当车门在关闭过程中遇到障碍时，能使车门再自动开启，起安全保护作用。车门的开关靠气缸 12 来实现，气缸由气控换向阀 9 来控制。而气控换向阀 9 又由按钮换向阀 1、2、3、4 操纵，气缸运动速度的快慢由单向节流阀 10 或 11 来调节。通过阀 1 或阀 3 使车门开启，通过阀 2 或阀 4 使车门关闭。起安全保护作用的机动换向阀 5 安装在车门上。

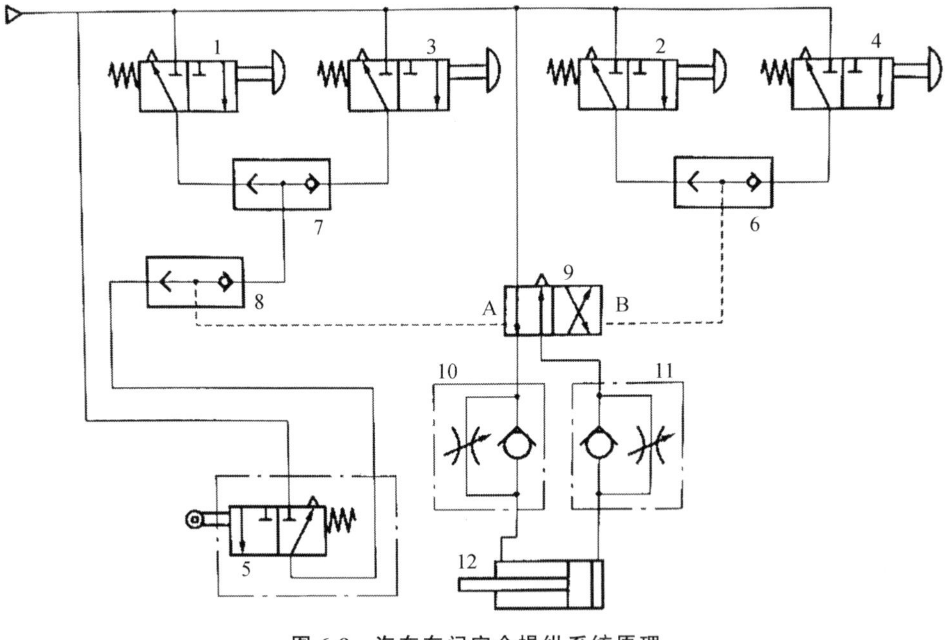

图 6-8　汽车车门安全操纵系统原理

1、2、3、4-按钮换向阀；5-机动换向阀；6、7、8-梭阀；9-气控换向阀；10、11-单向节流阀；12-气缸

当操纵阀 1 或阀 3 时，压缩空气便经阀 1 或阀 3 到梭阀 7 和 8，把控制信号送到阀 9 的 A 侧，使阀 9 向车门开启方向切换。压缩空气便经阀 9 的左位和阀 10 中的单向阀到气缸 12 的有杆腔，推动活塞使车门开启。当操纵阀 2 或阀 4 时，压缩空气经梭阀 6 到阀 9 的 B 侧，使阀 9 向车门关闭方向切换，压缩空气则经阀 9 的右位和阀 11 中的单向阀到气缸 12 的无杆腔，使车门关闭。车门在关闭过程中若碰到障碍物，便推动机动换向阀 5 使压缩空气经阀 5 把控制

信号由阀 8 送到阀 9 的 A 侧，使车门重新开启。但是，若阀 2 或阀 4 仍然保持按下状态，则阀 5 起不到自动开启车门的安全作用。

案例 6　东风 EQ1092 型汽车主车气压制动回路

图 6-9 所示为东风 EQ1092 型汽车主车气压制动回路。空气压缩机 1 由发动机通过皮带驱动，将压缩空气经单向阀 2 压入储气筒 3，然后再分别由两个相互独立的前桥储气筒 5 和后桥储气筒 6 将压缩空气输送到制动控制阀 7 中。当踩下制动踏板时，压缩空气经阀 7 同时进入前轮制动缸 10 和后轮制动缸 11（实际上为制动室），使前、后轮同时制动。松开制动踏板，前、后制动室的压缩空气则经阀 7 排入大气中，解除制动。

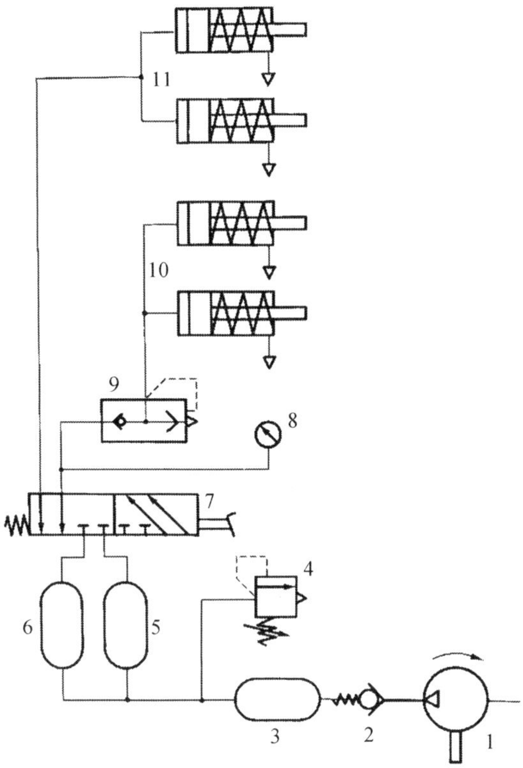

图 6-9　东风 EQ1092 型汽车主车气压制动回路

1-空气压缩机；2-单向阀；3-储气筒；4-安全阀；5-前桥储气筒；6-后桥储气筒；7-制动控制阀；8-压力表；9-快速排气阀；10-前轮制动缸；11-后轮制动缸

该车使用的是风冷单缸空气压缩机，缸盖上设有卸荷装置。空气压缩机与储气筒之间还装有调压阀和单向阀，当储气筒气压达到规定值后，调压阀就将进气阀打开，使空气压缩机卸荷，一旦调压阀失效，则由安全阀起过载保护作用。单向阀可防止压缩空气倒流。该车采用双腔膜片式并联制动控制阀（踏板式）。踩下踏板，使前、后轮制动（后轮略早）。当前、后桥回路中有一回路失效时，另一回路仍能正常工作，实现制动。在后桥制动回路中安装了膜片式快速放气阀，可使后桥制动迅速解除。压力表 8 指示后桥制动回路中的气压。该车采用膜片式制动室，利用压缩空气的膨胀力推动制动臂及制动凸轮，使车轮制动。

附录　常用液压与气动元件图形符号

附表 1　基本符号、管路及连接

名称	符号	名称	符号
工作管路		管端连接于油箱底部	
控制管路		密闭式油箱	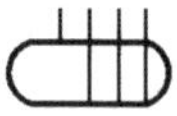
连接管路	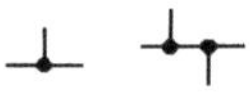	直接排气	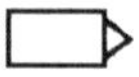
交叉管路		带连接排气	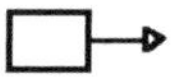
柔性管路		带单向阀快速接头	
组合元件线		不带单向阀快速接头	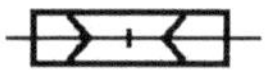
管口在液面以上的油箱	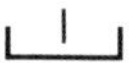	单通路旋转接头	
管口在液面以下的油箱		三通路旋转接头	

附表 2　控制机构和控制方法

名称	符号	名称	符号
按钮式人力控制	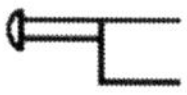	单向滚轮式机械控制	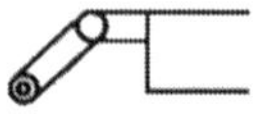
手柄式人力控制	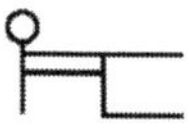	单作用电磁控制	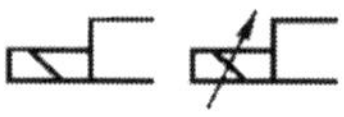
踏板式人力控制	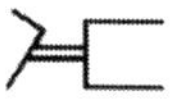	双作用电磁控制	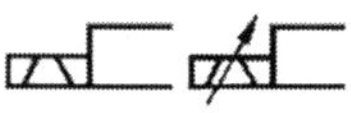
顶杆式机械控制	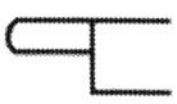	电动机旋转控制	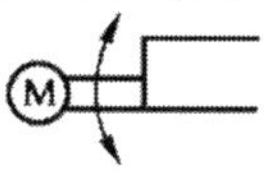

续表附表2

名称	符号	名称	符号
弹簧控制		加压或泄压控制	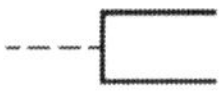
滚轮式机械控制	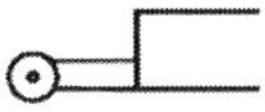	内部压力控制	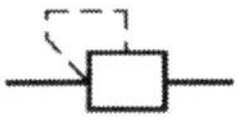
外部压力控制	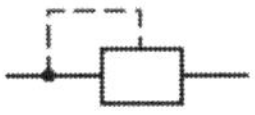	电液先导控制	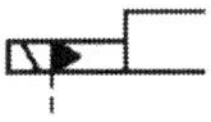
气压先导控制	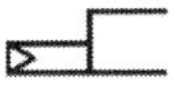	电气先导控制	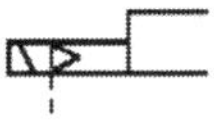
液压先导控制	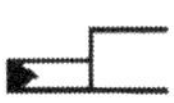	液压先导泄压控制	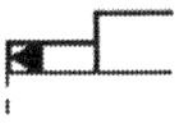
液压二级先导控制		电反馈控制	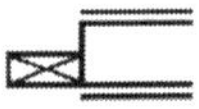
气液先导控制		差动控制	

附表 3 泵、马达和缸

名称	符号	名称	符号
单向定量液压泵		定量液压泵、马达	
双向定量液压泵		变量液压泵、马达	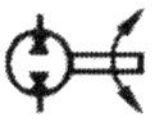
单向变量液压泵		液压整体式传动装置	
双向变量液压泵		摆动马达	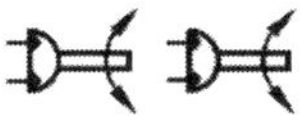
单向定量马达		单作用弹簧复位缸	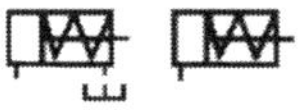
双向定量马达	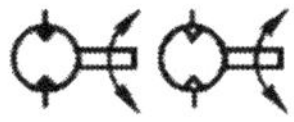	单作用伸缩缸	
单向变量马达		双作用单活塞杆缸	

续表附表3

名称	符号	名称	符号
双向变量马达		双作用双活塞杆缸	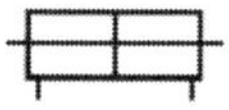
单向缓冲缸	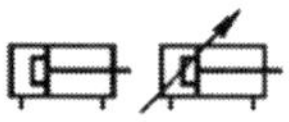	双作用伸缩缸	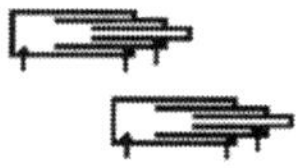
双向缓冲缸	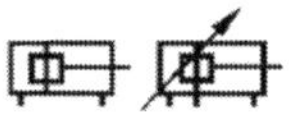	增压器	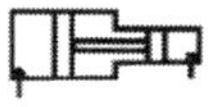

附表4　控制元件

名称	符号	名称	符号
直动型溢流阀	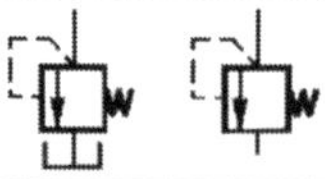	可调节流阀	
先导型溢流阀		溢流减压阀	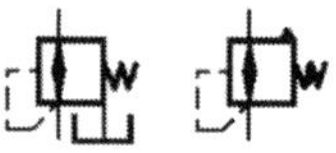
先导型比例电磁溢流阀	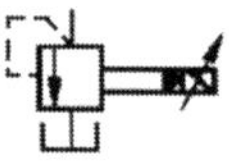	先导型比例电磁式溢流阀	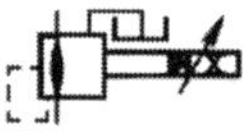
卸荷溢流阀	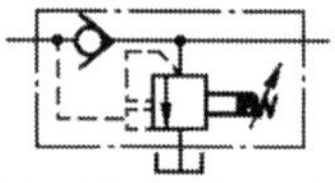	定比减压阀	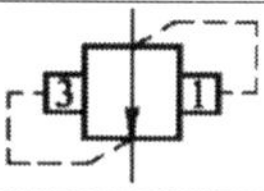
双向溢流阀	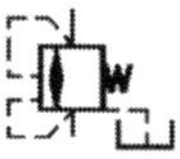	定差减压阀	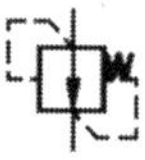
直动型减压阀	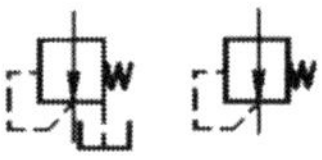	直动型顺序阀	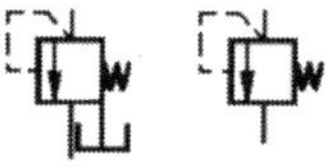
先导型减压阀	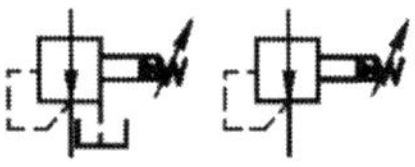	先导型顺序阀	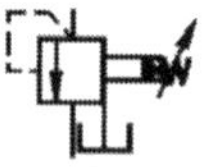
直动型卸荷阀	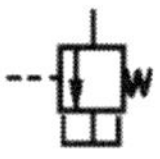	单向顺序阀(平衡阀)	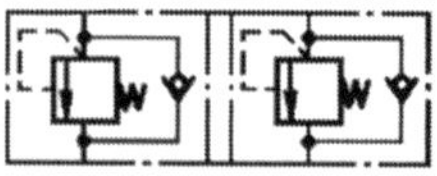
制动阀	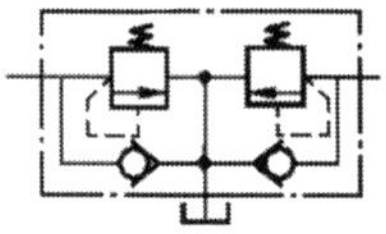	集流阀	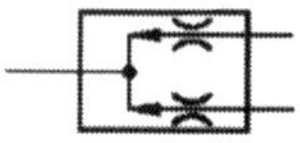
不可调节流阀		分流阀	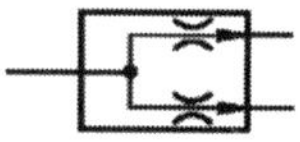
液控单向阀	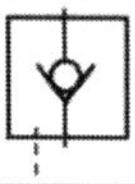	单向阀	

续表附表4

名称	符号	名称	符号
可调单向节流阀		液压锁	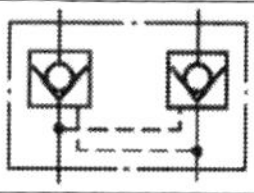
减速阀	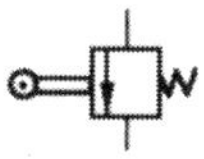	或门型梭阀	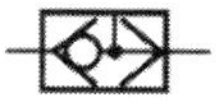
带消声器的节流阀	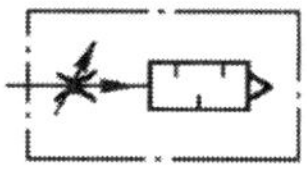	与门型梭阀	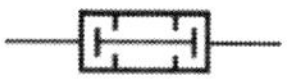
调速阀		快速排气阀	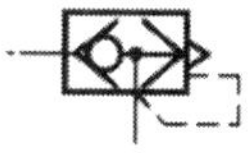
温度补偿调速阀		二位二通换向阀	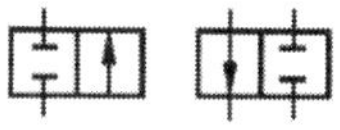
旁通型调速阀		二位三通换向阀	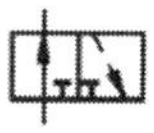
单向调速阀	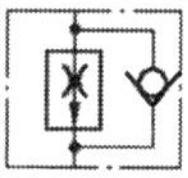	二位四通换向阀	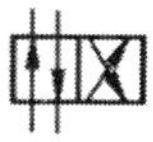
分流阀	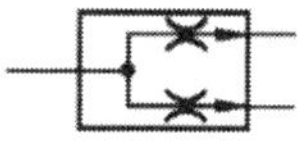	二位五通换向阀	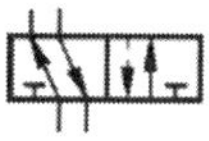
三位四通换向阀	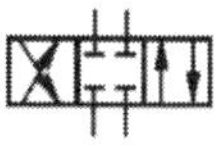	四通电液伺服阀	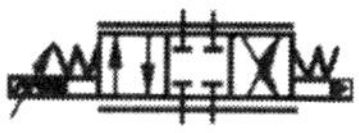
三位五通换向阀	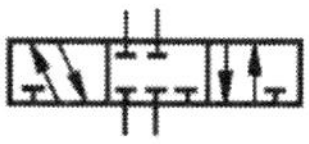		

附表 5　辅助元件

名称	符号	名称	符号
过滤器		气罐	
磁芯过滤器		压力计	
污染指示过滤器		液面计	
分水排水器		温度计	

续表附表5

名称	符号	名称	符号
空气过滤器	 	流量计	
除油器	 	压力继电器	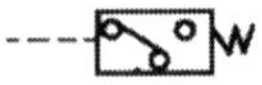
空气干燥器		消声器	
油雾器		液压源	
气源调节装置	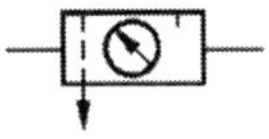	气压源	
冷却器		电动机	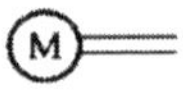
加热器		原动机	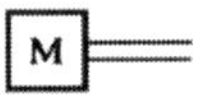
蓄能器		气-液转换器	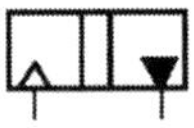